面向虚拟现实技术能力提升新形态系列教材

MySQL数据库原理与应用

主　编　章　逸　张泽民

副主编　黄蓓静　袁　苗　樊永亮

清華大學出版社

北　京

内 容 简 介

本书依据当前高校 MySQL 数据库教学与实验需求，以 MySQL 8.0 为基础编写而成。全书分为 10 章，内容包含：MySQL 概述，创建和管理数据库，创建和管理数据表，插入、修改和删除数据，查询数据，索引、视图、事务和数据库恢复，存储过程和触发器，MySQL DBA 常用技术，数据库设计与应用，VR 全息膳食管理系统的 MySQL 实现。大部分章节后安排课后习题，帮助读者巩固所学。

本书可作为本科院校相关专业教材，也可供高职高专院校及相关培训机构教学使用，还可作为参加全国计算机等级考试人员以及数据库应用系统设计开发人员参考用书。

图书在版编目(CIP)数据

MySQL 数据库原理与应用 / 章逸，张泽民主编. -- 北京 ： 清华大学出版社，2025.5. --(面向虚拟现实技术能力提升新形态系列教材). -- ISBN 978-7-302-68550-0

Ⅰ. TP311.132.3

中国国家版本馆 CIP 数据核字第 2025KJ7471 号

责任编辑：郭丽娜
封面设计：曹　来
责任校对：袁　芳
责任印制：刘　菲

出版发行：清华大学出版社
网　　址：https://www.tup.com.cn，https://www.wqxuetang.com
地　　址：北京清华大学学研大厦 A 座　　**邮　　编：**100084
社 总 机：010-83470000　　**邮　　购：**010-62786544
投稿与读者服务：010-62776969，c-service@tup.tsinghua.edu.cn
质量反馈：010-62772015，zhiliang@tup.tsinghua.edu.cn
课件下载：http://www.tup.com.cn，010-83470410
印 装 者：河北鹏润印刷有限公司
经　　销：全国新华书店
开　　本：185mm×260mm　　**印　　张：**15.75　　**字　　数：**378 千字
版　　次：2025 年 5 月第 1 版　　**印　　次：**2025 年 5 月第 1 次印刷
定　　价：49.00 元

产品编号：107650-01

前 言

随着我国信息技术与信息产业的发展，尤其是虚拟现实技术的广泛应用，以及数据库在虚拟现实技术中的广泛应用，社会亟需大量数据库人才，因此数据库技术已成为计算机、虚拟现实、信息技术等相关专业的一门重要课程。MySQL是一种开源、跨平台、低成本、高性能、简单实用的关系数据库管理系统，在Web应用方面，MySQL也被广泛使用。为了适应新形势、新需要，编者根据多年从事数据库相关课程教学实践与科研工作经验编写了本书，希望为广大读者提供一本既保持知识系统性，又反映当前数据库技术发展最新成果，概念准确、语言简洁、层次清晰、对处理复杂的实际问题有帮助的图书。特别是第10章综合案例覆盖了前9章的大多数知识点，讲解了3D模型存储的两种方式，并进行性能比较，能够帮助读者更好地理解3D模型在关系数据库中的存储和读取操作。

全书共分10章。第1章讲解了数据库基础、关系数据库技术构成、MySQL数据库简要介绍和安装；第2章讲解了MySQL创建和管理数据库，创建数据库包括创建数据表、字段、索引等，管理包括性能监控、数据备份与恢复、数据完整性和安全性的维护，以及用户权限和并发访问控制等；第3章讲解了MySQL创建和管理数据表，包含创建表、查询表、修改表和删除表；第4章讲解了MySQL插入、修改和删除数据；第5章讲解了MySQL查询数据，从基础SELECT语句到聚合函数、分组查询、连接查询、子查询等高级应用；第6章讲解了MySQL索引、视图、事务和数据库恢复操作；第7章讲解了MySQL存储过程和触发器基本操作；第8章讲解了数据库管理员从事数据库设计、安装、配置、优化、监控、备份、恢复、安全管理和故障排除等常用操作；第9章讲解了关系数据理论，包括规范化、数据库设计流程、数据库实施和维护基础概念和操作；第10章讲解了一个完整的MySQL实现3D模型存储综合案例。除第10章外均附课后习题，帮助读者巩固知识，发现问题。

本书由章逸（南昌师范学院）、张泽民（广西机电职业技术学院）担任主编；黄蓓静（广西机电职业技术学院）、袁苗（广西机电职业技术学院）、樊永亮（广西机电职业技术学院）担任副主编。具体编写分工如下:樊永亮负责编写第1、2、5～7章,袁苗负责编写第3、4章,黄蓓静负责编写第8～10章,章逸负责第1、3、4、8～10章审稿,张泽民负责第2、5～7章审稿,黄蓓静负责全书案例,张泽民负责全书案例测试。全书由章逸总纂并统稿。

由于数据库技术更新和发展迅速,加之编者学术水平有限,书中难免存在不妥之处,恳请读者批评和指正。

编　者

2024年9月

目 录

第1章 MySQL概述

在数字时代，数据无处不在。从个人的微信聊天记录、淘宝购物清单，到企业的客户资料、销售数据，再到政府的公民信息、交通监控录像，这些都离不开强大的数据存储和管理工具。MySQL作为关系数据库管理系统的翘楚，在全球范围内得到极为广泛的应用。作为本书的开篇，本章将从数据库基础、关系数据库技术构成、MySQL数据库的简要介绍和安装等方面展开讲解。通过本章学习，读者能对数据库有初步的认识，了解关系数据库的基本概念，理解MySQL在数据库领域的重要地位，并掌握如何在自己的计算机上安装和运行MySQL。

1.1 数据库基础

1.1.1 数据管理技术的产生和发展

数据库技术是应数据管理任务的需要而产生的。数据管理是指对数据进行分类、组织、编码、存储、检索、维护、传播和利用的一系列活动的总和。在应用需求的推动下，在计算机软硬件发展的基础上，数据管理技术经历了人工管理、文件系统、数据库系统三个阶段。这三个阶段的特点及比较如表1.1所示。

表1.1 数据管理技术三个阶段的比较

比较维度		人工管理阶段	文件系统阶段	数据库系统阶段
维度	应用场景	科学计算	科学计算、数据管理	大规模数据管理
	硬件	无随机存取存储设备只有磁带、卡片等顺序存储设备	磁盘、磁鼓	大容量磁盘、磁盘阵列
	软件	无操作系统与文件系统	操作系统与文件系统	数据库管理系统
	处理方式	批处理	联机实时处理、批处理	联机实时处理、分布式处理、批处理
特点	数据管理者	用户（程序员）	文件系统	数据库管理系统
	数据使用者	某一应用程序	某一应用	现实某一实体（部门、企业或人）
	数据共享	无共享、冗余度极高	共享性、冗余度高	共享性高、冗余度低

续表

比较维度		人工管理阶段	文件系统阶段	数据库系统阶段
特点	数据独立性	不独立，完全依赖程序	独立性差	物理独立性和逻辑独立性较高
	数据结构化	无结构	记录内有结构、整体无结构	整体结构化、用数据模型描述
	数据控制能力	应用程序控制	应用程序控制	数据库管理系统提供数据安全性、完整性，以及并发控制和恢复能力

1. 人工管理阶段

20世纪50年代中期及以前，数据管理技术处于人工管理阶段，此阶段具有以下特点。

1）数据不保存

当时计算机主要用于科学计算，一段程序对应输入一批数据，用完撤走，数据不保存。

2）数据不共享

一组数据只对应某一程序，当多个应用程序涉及相同数据时，也必须各自定义，数据无法共享。

3）应用程序管理数据

没有软件系统负责管理数据，应用程序不仅要规定数据的逻辑结构，而且要设计物理结构，包括存储结构、存取方法、输入方式等。

4）数据不独立

每当数据的逻辑结构或是物理存储结构发生变化时，必须对应用程序做相应修改，应用程序完全依赖于数据。

2. 文件系统阶段

20世纪50年代后期到60年代中期，数据管理进入了文件系统阶段，此阶段具有以下特点。

1）数据可以长期保存

数据可以以文件的形式长期保留在外存储器上，反复进行查询、修改、插入和删除等操作。

2）由文件系统管理数据

文件系统把数据组织成相互独立的数据文件，按文件名访问，按记录进行存取，提供了对文件进行打开与关闭、读取和写入的存取方式。文件系统实现了记录内的结构化。但文件系统管理的数据共享性差，冗余度高，独立性不强，数据存取单位是记录，不能细到数据项。

3. 数据库系统阶段

20世纪60年代后期以来，为解决多用户、多应用共享数据的需求，使数据服务尽可能多的应用，数据库技术随之产生，出现了统一管理数据的专门软件系统——数据库管理系统。数据库系统有以下几方面特点。

1）数据结构化

数据库系统实现了整体数据的结构化，整体结构化是指数据库中的数据不属于某一个应用，而是面向整个组织或企业，数据之间是有联系的。存取数据灵活，可存取某个或某组数据项，也可以是一条记录或一组记录。

2）数据易共享，冗余度低，易扩充

数据共享意味着能够减少数据冗余，节约存储空间。同时，数据共享还能避免数据间的不相容和不一致性。数据不一致是指同一数据不同副本的值不统一。在人工管理或文件系统阶段时，数据被重复存储，当不同的应用使用和修改不同的副本时，容易造成数据不一致，数据库中的数据共享避免了不一致现象。

由于数据面向整个系统，是结构化的，可以被多个应用共享使用，容易增加新的应用，这使得数据库系统弹性大，易扩充。

3）数据独立性

数据独立性包括物理独立性和逻辑独立性，它是借助数据库管理数据的一个显著优点，已成为数据库领域中的一个重要概念。物理独立性是指用户的应用程序与数据库中数据的物理存储相互独立。换言之，数据在数据库中怎样存储是由数据库管理系统管理，应用程序只需处理数据的逻辑结构。当数据的物理存储结构改变时，应用程序不用改变。

4）数据由数据库管理系统统一管理和控制

数据库管理系统提供数据的安全性保护、完整性检查、并发控制和数据库恢复功能。数据的安全性是指保护数据，防止非法访问或操作造成数据泄密和破坏。完整性是指数据的正确性、有效性和相容性。并发控制是指当多个用户并发进程同时访问与修改数据库时，如果发生相互干扰得到错误结果或破坏数据库完整性，数据库管理系统会对多用户的并发操作加以控制和协调。数据库恢复是指当计算机系统发生硬件故障、软件故障、操作员失误以及受到故意破坏时，数据库中的数据部分或全部丢失，或是正确性遭到破坏，数据库管理系统具有将数据库从错误状态恢复到某一已知的正确状态的功能。

综上所述，数据库是长期存储在计算机内有组织、结构化、可共享的数据集合，支持多用户访问，具备数据冗余度低和数据独立性高的特点。数据库管理系统在数据库的创建、使用和维护过程中对数据进行统一管理与控制，确保数据的完整性和安全性，并提供并发控制功能以协调多用户同时使用，在故障发生时能具备数据恢复能力，从而保证数据库的稳定与可靠。

1.1.2 数据模型

1. 数据库的4个基本概念

数据、数据库、数据库管理系统和数据库系统是与数据库技术密切相关的4个基本概念。

1）数据(data)

数据是指描述事物的符号记录，是数据库中存储的基本对象。数据不仅包含数字，还包含文本(text)、图形(graph)、图像(image)、音频(audio)、视频(video)等多种形式。在计算机系统中，常见的数据类型有数值型、字符型、日期型，其中数值型又分为整数型、实数型、浮点型等。数据的含义即数据的语义，数据与其语义是不可分割的。

在日常生活中，可以用以下方式描述一个人的基本情况：“张三是男性，18岁，2006年8月在江西省南昌市出生。”在计算机中，这些信息可以存储为以下结构化数据：

(张三,男,2006年8月,江西省南昌市)

这种记录不仅能够描述学生基本情况,而且是结构化的,能在计算机中实现表示和存储。

2) 数据库(database,DB)

数据库是长期存储在计算机内,有组织的、可共享的、关联性强的数据集合。数据库中的数据按照一定的数据模型组织、描述和存储,数据冗余度低、数据独立性高、易扩展,并且支持多用户共享访问。

3) 数据库管理系统(database management system,DBMS)

数据库管理系统是介于用户与操作系统之间的一种数据管理软件作为系统软件,它能实现高效地存储、管理与维护数据,并能提供科学组织数据的方法,其核心功能包括以下几个方面。

(1) 数据定义功能。数据库管理系统提供数据定义语言,用户可方便地通过数据定义语言定义数据库中的数据对象。数据定义语言主要用于定义数据对象的组成与结构。

(2) 数据组织、存储和管理。数据库管理系统允许分类组织、存储和管理各类数据,这些数据包括数据字典、用户数据以及数据的存储路径等内容。它的目标就是实现数据的高效率存储。为此,数据库管理系统需要明确使用何种文件结构和存储方式来组织存储集中的数据,并设计合理的方法来实现数据间的联系。

(3) 数据操纵功能。数据库管理系统提供数据操纵语言,允许用户对数据库中的数据进行查询、插入、删除和修改等基本操作。

(4) 数据库的事务管理和运行管理。在数据库建立、运用和维护时,数据库管理系统对其进行统一管理和控制,以确保事务的正确运行,保证数据的安全性与完整性同时,数据库管理系统能够支持多用户对数据的并发访问,并在系统发生故障后实现数据恢复。

(5) 数据库的建立和维护。数据库管理系统提供数据库初始数据的输入与转换功能,数据库转储与恢复功能、数据库的重组功能,以及性能监视与分析功能等。

(6) 其他功能。数据库管理系统支持与网络中其他软件系统的通信功能,支持两个数据库管理系统之间数据转换功能,以及异构数据库之间互访和互操作功能等。

4) 数据库系统(database system,DBS)

数据库系统是一种由数据库、数据库管理系统(及其应用开发工具)、应用程序和数据库管理员组成的,用于存储、管理和维护数据的系统。数据库管理员是指专门监督和管理数据库系统的人员或团队,负责全面管理和控制数据库系统,其承担的职责主要包括:决定数据库中的信息内容和结构;决定数据库的存储结构和存取策略;定义数据的安全性要求和完整性约束条件;监控数据库的使用和运行;对数据库改进、重组和重构。数据库系统各组成部分之间的关系如图1.1所示。

2. 数据模型

模型是对现实世界中某个对象特征的抽象。数据模型是对现实世界数据特征的抽象,用来描述数据、组织数据和对数据进行操作。在计算机学科中,模型通常分为两类:数据模型与概念模型。数据模型通常是通过对概念模型进行抽象与细化而得到的。

数据模型应满足三方面要求:一是能较为真实地模拟现实世界的数据特性;二是容易为人所理解;三是便于在计算机上高效处理。数据建模一般遵循以下过程:首先,将现实世界

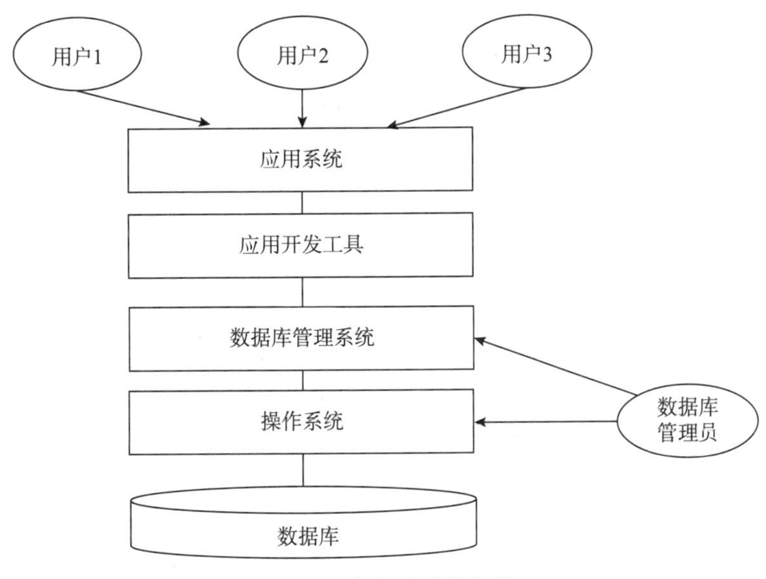

图 1.1 数据库系统结构

的数据特性抽象为信息世界的概念模型，其次，将概念模型转换为机器世界的数据模型。

概念模型也称信息模型，是根据用户需求对数据和信息进行的高层次抽象建模，是一种不一定需要被计算机处理的模型，例如，地球的模型有多种形式，如地球仪和地图，它们都是对地球特征的抽象表示，用户可根据使用场景选择合适的模型。同样，在数据库设计中，概念模型有助于设计人员或用户在不考虑具体实现细节的情况下，清晰地理解与交流数据需求。

数据模型分为逻辑模型和物理模型。逻辑模型从计算机系统的角度对数据进行抽象建模，主要用于数据库管理系统的实现。它主要包括层次模型、网状模型、关系模型、面向对象数据模型、对象关系数据模型、半结构化数据模型等。物理模型是对数据最底层的抽象，它描述数据在系统内部的表示方式和存取方法，例如在磁盘或磁带上的存储方式和存取方法。物理模型的实现是由计算机系统中的数据库管理系统完成，数据库设计人员需要了解和选择合适的物理模型，最终用户则不必考虑物理级的细节。数据模型是数据库系统的核心和基础，各种机器上实现的数据库管理系统软件均依赖于某种数据模型或支持某种数据模型。

3. 数据模型的组成要素

数据模型是严格定义的一组概念的集合，描述系统的静态特征、动态特性和完整性约束，通常由数据结构、数据操作和完整性约束三个要素组成。

1）数据结构

数据结构用于组织和存储数据，定义了数据元素的集合及其相互关系。数据库的数据结构可以用来以多种方式定义和组织数据，主要包括层次结构、网状结构、关系结构等。层次结构将数据组织成树形结构，每个节点可以有多个子节点，但只能有一个父节点，这种结构适合处理具有层级关系的数据。关系结构则基于二维表格形式，以行和列的形式组织数据，适合处理具有复杂关联关系的数据。

注意： *在数据库设计中，数据结构和逻辑模型是两个密切相关且相互影响的重要概念。数据结构为数据库提供了组织和存储数据的基础，而逻辑模型则基于数据结构，抽象出*

数据的整体逻辑结构及其相互关系。

2）数据操作

数据操作主要描述在相应的数据结构上允许执行的操作的集合，包括操作及有关的操作规则，是对系统动态特征的描述。对数据库的操作主要有查询和操纵两大类，操纵操作包括插入、删除、修改。数据模型必须定义这些操作的确切含义、操作符号、操作规则，以及实现操作的语言。

3）完整性约束

完整性约束主要描述数据结构内的数据及其联系所具有的制约和依存规则，用以限定符合数据模型的数据库状态以及状态变化，以保证数据的正确性、有效性和相容性。例如，性别属性值应限定为“男”或“女”。

在描述数据模型时，需要从数据结构、数据操作和完整性约束三个方面进行全面阐述。其中，数据结构是刻画模型性质的最基本方面。

4. 三种常见数据模型

数据库领域中主要的数据模型包括三种：层次模型、网状模型、关系模型。

层次模型和网状模型统称为非关系模型，在 20 世纪 70 与 80 年代曾占主导地位，但由于它们在使用和实现上涉及数据库物理层的复杂结构，现已逐渐被关系模型取代。

关系模型是目前最重要的数据模型，关系数据库系统采用关系模型作为数据的组织方式。1970 年，美国 IBM 公司的研究员埃德加·科德（E. F. Codd）首次提出关系模型，为关系数据库的发展奠定了理论基础，他因此获得了 1981 年的 ACM 图灵奖。

1）关系模型的数据结构及相关概念

关系模型的数据结构是一张由行和列交叉组成的规范化的二维表，被称为关系，表中的一行称为元组，一列称为属性。表中某个属性或属性组如果可以唯一确定一条元组，那么这个属性或属性组称为该关系的主码，例如，通过学生学号能唯一确定学生信息，学生学号则被称为主码。学生性别却不能唯一确定学生，所以性别不能称为主码。

对关系的描述称为关系模式，一般表示为

```
关系名(属性 1,属性 2,...,属性 n)
```

例如：

```
项目(项目编号,项目名称,项目资方,项目开工日期,项目预算,项目计划完工日期)
```

关系模型要求关系必须规范化，即关系的每个分量必须是一个不可分的数据项，不允许表中有表，如表 1.2 所示，不符合规范化的要求。

表 1.2　不规范化的关系

项目编号	项目名称	项目方	
		项目方名称	项目方地址

2）关系模型的数据操作与完整性约束

关系模型的数据操作主要包括查询、插入、删除和更新。这些操作必须满足关系的完整性约束。关系模型中的数据操作是集合操作，操作对象和操作结果都是关系，即若干元组的集合,而不像非关系模型中基于单记录的操作方式。用户只要指出“干什么”或“找什么”,而不必详细说明“怎么干”或“怎么找”,从而大大地提高了数据的独立性和用户生产率。

关系的完整性约束包括三大类:实体完整性、参照完整性和用户自定义完整性约束。

实体完整性约束要求关系中的所有主属性都不能为空值。

参照完整性约束要求关系中不允许引用不存在的实体,与实体完整性约束是关系模型必须满足的完整性约束条件,目的是保证数据的一致性,参照完整性约束又称引用完整性。例如,在“项目”关系记录项目的基本信息,而在“项目开工记录表”关系中记录项目开工的详细信息,“项目开工记录表”中的项目编号应是“项目”关系中已存在的项目编号,以确保引用的正确性。

用户自定义完整性约束是指针对特定关系数据库的约束条件,它反映某一具体应用中数据必须满足的语义要求。例如,性别属性的取值范围被限定为“男”或“女”。这种约束确保了数据符合业务逻辑和应用需求。

1.1.3 数据库系统结构

可以从多种不同层次和角度考查数据库系统的结构。从严谨的数据库体系架构定义来看,数据库系统的内部结构一般采用三级模式二级映像结构。而从数据库最终用户与程序员角度看,数据库系统的内部结构分为单用户结构、主从式结构、分布式结构、客户/服务器结构、浏览器/服务器结构等。本小节具体只介绍三级模式二级映像结构。

1. 数据库系统模式的概念

在数据模型中有“型”和“值”的概念。型是指对某一类数据的结构和属性的说明,值是型的一个具体实例。例如,项目(项目编号 char(4),项目名称 varchar(20),项目资方 varchar(20),项目开工日期 date,项目预算 bigint,项目计划完工日期 date)这里描述的是型,即表的结构。而该型的一个具体实例则可能是:(201000121,江汉省梦市大数据局核心机房建设,江汉省梦市,2023/10/01,5000 万,2024/06/30)。

模式是对数据库中全体数据的逻辑结构和特征的描述,它仅仅定义了数据的结构,即对型的描述,并不涉及具体值。模式的一个具体值称为该模式的一个实例,同一个模式可以有很多实例。例如,项目关系有记录 100 条,每一条记录对应一个实例,即一个具体的项目,而关系的结构和特征描述(模式)则只有一个。模式是相对稳定的,而实例是相对变动的,因为模式反映的是数据的结构及其关系,而实例反映的是数据库某一时刻的数据状态。

2. 数据库系统结构中的三级模式

数据库系统结构中的三级模式是指模式、内模式和外模式,如图 1.2 所示。

1) 模式

模式,也称为逻辑模式,是对数据库中全体数据的逻辑结构和特征的描述,代表所有用户的公共数据视图。它是数据库系统结构的中间层,既不涉及数据的物理存储细节和硬件环境,又与具体的应用程序、应用开发工具及高级程序设计语言无关。模式提供了数据库数据在逻辑上的视图。一个数据库只有一个模式,它基于某一种数据模型,统一综合地考虑所有用户的需求,并将这些需求整合成一个逻辑整体。在定义模式时,不仅要定义数据的逻辑结构,还要定义数据之间的联系。数据逻辑结构包括数据项的名字、类型、取值范围等,数据

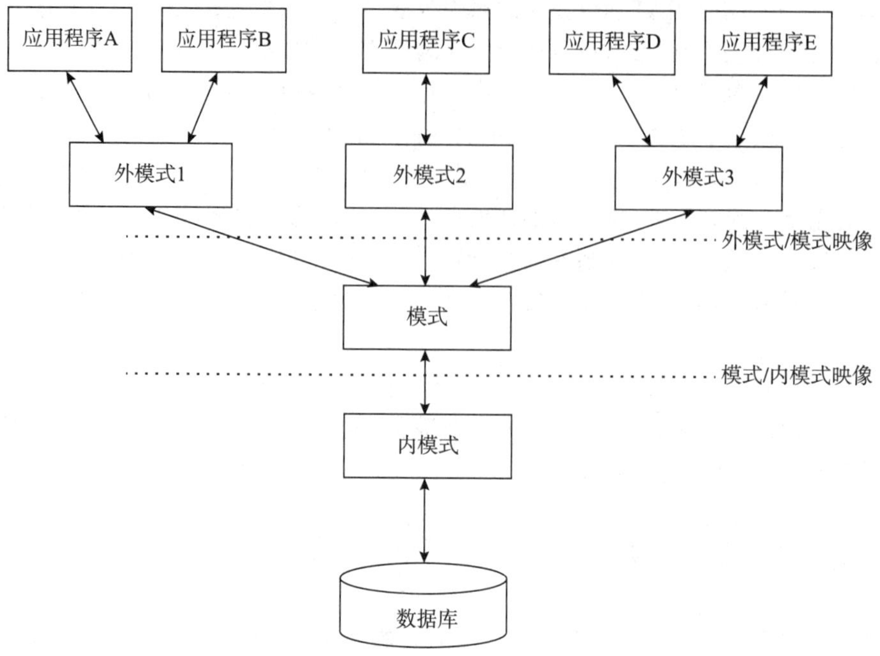

图 1.2 数据库系统的三级模式二级映像结构

之间的联系包括与数据有关的安全性、完整性要求。

2）内模式

内模式，也称为存储模式，一个数据库只有一个内模式。它描述了数据的物理结构和存储方式，即数据在数据库内部的组织方式。例如，记录存储方式究竟是堆存储，还是按照某个属性值升序存储，或者按照属性值聚簇存储；索引究竟是按照 B＋树索引，还是按照 hash 索引；数据存储采用的是压缩存储还是非压缩存储，加密还是不加密；数据存储记录结构究竟是定长结构还是变长结构；一条记录究竟是跨物理页存储，还是限制在单物理页内。

3）外模式

外模式，也称为子模式或用户模式，是对应用程序员和最终用户能够看见和使用的局部数据的逻辑结构和特征的描述，描述了某一应用相关数据的逻辑结构与特征。外模式是模式的子集，一个数据库可以有多个外模式。因为每位用户在应用需求、查看数据方式、数据保密要求等方面存在差异，所以外模式描述因用户不同而不同。即便对模式中的同一数据，其在外模式中的结构、类型、长度、保密级别等方面也可以不同。外模式是保证数据库安全性的有力措施，每位用户只能看见并访问所对应的外模式中的数据，而数据库中的其他数据对于用户则是不可见的。

3. 数据库的二级映像机制与数据独立性

数据库系统的三级模式是数据的三个抽象级别，由数据库管理系统管理数据的具体组织，使用户能够逻辑且抽象地处理数据，而不必关心数据在计算机中的具体表示方式与存储方式。为了能在系统内部实现三个抽象层次的联系和转换，数据库管理系统提供了二级映像，即外模式/模式映像和模式/内模式映像，如图 1.2 所示。这两层映像保证了数据库系统中的数据具有较高的逻辑独立性和物理独立性。

1）外模式/模式映像

模式描述的是数据的全局逻辑结构，外模式描述的是数据的局部逻辑结构。对于同一个模式，可以有多个外模式，每个外模式都有一个外模式/模式映像，定义了该外模式与模式之间的对应关系。这些映像定义通常包含在各自外模式的描述中。

当模式改变时，由数据库管理员对各外模式/模式的映像作相应改变，可保持外模式不变。因为应用程序依据外模式编写，所以应用程序可不必修改，从而保证了数据与程序逻辑独立性。

2）模式/内模式映像

数据库中只有一个模式，也只有一个内模式，因此模式/内模式映像是唯一的，它定义了数据全局逻辑结构与存储结构之间的对应关系。当数据库的存储结构改变时，由数据库管理员对模式/内模式映像做相应改变，使模式保持不变，从而应用程序也不必改变，保证了数据与程序的物理独立性。

数据库模式是全局逻辑结构，是数据库的中心和关键，独立于数据库其他层次，因此设计数据库模式结构时应首先确定数据库的逻辑模式。内模式依赖于模式，独立于数据库的外模式，将全局逻辑结构中所定义的数据结构及其联系可按照一定的物理存储策略进行组织，以达到较好的时间与空间效率。外模式面向具体应用程序，定义在逻辑模式上，独立于内模式和存储设备，当应用需求发生变化，外模式可做相应改动。

数据库系统的二级映像机制保证了数据库外模式的稳定性，同时保证了底层应用程序的稳定性。数据与程序之间的独立性使得数据定义和描述可从应用程序中分离出来，从而支持更灵活和高效的数据管理。

1.2 关系数据库技术构成

1.2.1 关系数据库

1970 年，埃德加·科德在美国计算机学会会刊 *Communications of the ACM* 上发表了论文 *A Relational Model of Data for Large Shared Data Banks*，首次提出了关系模型的概念，开创了关系数据库领域。此后，他又连续发表了多篇论文，系统地定义并发展了关系模型的相关概念，奠定了关系数据库的理论基础。本节介绍关系模型的三要素：数据结构、数据操作和完整性约束。

1. 关系模型的数据结构及形式化定义

关系模型的数据结构非常简单，只包含单一的数据结构，它的逻辑结构是一张二维表。仅用几张二维表就能表示出现实世界中的实体以及实体之间的各种关联。下面介绍关系模型的数据结构相关概念。

（1）域：一组具有相同数据类型和语义的值的集合。例如，“性别”属性的取值范围可以定义为集合{"男","女"}。

（2）关系：一张二维表，表的每行称为元组，表示一个记录；每列对应一个域，列的名称叫作属性。若关系中的某一属性组的值能唯一标识一个元组，并且该属性组是最小集合，即无法去除任何属性而保持唯一性，则称该属性组为候选码。若一个关系有多个候选码，则选定其中一个为主码。候选码的每个属性称为主属性，不包含在任何候选码中的属性称为非主属性或非码属性。如果关系的所有属性的组合是唯一的候选码，则称该关系的候选码为全码。

以项目关系为例，如表 1.3 所示。

表 1.3　项目关系

项目编号	项 目 名 称	项目资方	项目开工日期	项目预算/万元	项目计划完工日期
201000121	江汉省梦市大数据局核心机房建设(一期)	江汉省梦市市政府	2023/10/01	5000	2024/06/30
201000122	江汉省大学校园网建设	江汉省大学	2023/10/01	7000	2024/12/30
201000123	江汉省梦市大数据局核心机房建设(二期)	江汉省梦市市政府	2024/07/20	5000	2024/12/30

注：行代表元组；列代表属性。

在项目关系中，有 6 个属性，该关系也可称为 n 目关系。在这 6 个属性当中，项目编号能够唯一标识一个元组，每个项目能通过项目编号被唯一标识，因此这个关系中的项目编号是候选码，也是唯一的候选码，因此在这个关系中是主码。

关系可以有三种类型：基本关系(通常称为基本表或基表)、查询表和视图表。基本表是实际存在的表，直接存储数据；查询表是通过查询操作生成临时结果集；视图表是由基本表或其他视图表导出的表，本身并不存储数据，只存储视图的定义。

基本关系具有以下 6 条性质。

(1) 列同质性：每一列中的分量是同一类型的数据，来自同一个域。

(2) 列独立性：不同列可出自同一个域，每一列称为一个属性，不同的属性有不同的属性名。

(3) 候选码唯一性：任意两个元组的候选码不能取相同值。

(4) 行无序性：行的顺序可以任意交换，不影响数据的逻辑意义。

(5) 列无序性：列的顺序可以任意交换，不影响数据的逻辑意义。

(6) 每个分量是不可分的数据项。

2. 关系操作

关系模型中常用的关系操作包括查询、插入、删除和修改操作。查询操作为主要操作，可分为选择、投影、连接、除、并、差、交和笛卡儿积等，其中选择、投影、并、差、笛卡儿积是 5 种基本操作。

早期的关系操作能力通常用代数方式或逻辑方式表示，称为关系代数和关系演算。关系代数用对关系的运算表达查询，关系演算用谓词来表达。关系演算又可按谓词变元的基本对象是元组变量还是域变量分为元组关系演算和域关系演算。

后期出现了结构化查询语言(structured query language，SQL)。SQL 不仅具有丰富查询功能，而且具有数据定义和数据控制功能，是集查询、数据定义语言、数据操纵语言和数据控制语言于一体的关系数据语言。特别指出，SQL 语言是一种高度非过程化语言，用户不必请求数据库管理为其建立特殊的存取路径，存取路径的选择由关系数据库管理系统优化机制完成。MySQL数据库管理系统就属于关系数据库管理系统，查询语言采用的是结构化查询。

3. 关系的完整性

如前所述，关系模型中存在实体完整性、参照完整性、用户自定义完整性三类完整性约束，其中实体完整性和参照完整性是关系模型必须满足的完整性约束，被称为关系的两个不变性，应该由数据库管理系统自动支持。用户自定义完整性是应用领域需要遵循的约束，体现了具体领域中的语义约束。

1）实体完整性

实体完整性的规则为：若属性A是基本关系R的主属性，则A不能取空值。空值是指“不知道”或“不存在”的值。例如，在表1.3所示的项目关系中，项目编号为主码，则其不能取空值。

按照实体完整性规则，如果主码由若干属性组成，则所有这些主属性都不能取空值。例如，在表1.4所示的项目中标登记表关系中，项目甲方与项目乙方为主码，则项目甲方与项目乙方两个属性都不能取空值。

表1.4 以项目甲方与项目乙方为主码的项目中标登记

项目甲方	项目乙方	项目编号	中标时间
汉江省梦市政府	汉江省大数据局	20230023	2012.10.23
汉江省梦市政府	汉江省大数据局	20230021	2012.10.23

需要说明的是：

（1）实体完整性是针对基本关系而言的。一个基本表通常对应现实世界的一个实体集。

（2）现实世界中的实体是可区分的，即它们具有某种唯一性标识。例如，每个项目编号都是不同的。

（3）关系模型中以主码作为唯一性标识。

（4）主码中的属性不能取空值。如果取了空值，说明存在某个不可标识的实体，这与第（2）条相矛盾。

2）参照完整性

现实世界中的实体之间存在某些联系，在关系模型中实体及实体间联系由关系描述，例如，在上文所述的项目和项目中标登记表两个关系中，都有项目编号。在项目关系中，项目编号是主码，但从业务逻辑上来看，项目必须先在项目中标登记表中登记，然后在项目关系中登记基本信息，因此项目关系中的项目编号取值应参照项目中标登记表的取值。换言之，项目关系中的项目编号的值是中标登记表中项目编号的子集或空值。

上述情况就表现为参照完整性：如果基本关系R的一个或一组属性A不是R_1的码，但A是R_2的主码，则称A是R_1的外码，R_1为参照关系，R_2为被参照关系。R_2中的A属性取值应是R_1的A属性取值的子集或空值。

3）用户自定义完整性

用户自定义完整性是针对某一具体关系数据库的约束，它反映某一具体应用所涉及的数据必须满足的语义要求。例如，性别应满足约束条件，在集合{"男","女"}中取值。关系模型应提供定义和检验这类完整性的统一机制，而不是由应用程序来实现这一功能。

1.2.2 SQL 概述

SQL 是关系数据库的标准语言，也是一个通用的、功能极强的关系数据库语言，其功能不仅是查询，而是包括数据库模式创建、数据操作、事务管理、安全性控制和完整性定义等一系列功能，能覆盖数据库生命周期中的所有主要操作。SQL 强大的功能也使其成为关系数据库管理系统的核心语言。

1. SQL 特点

SQL 主要包括以下特点。

1）综合统一

SQL 集数据定义、数据操纵、数据控制于一体，语言风格统一，可以独立完成数据库生命周期中的全部活动，可以定义、修改和删除关系模式，还可以定义和删除视图，以及插入数据、建立数据库、对数据库中的数据进行查询和更新、数据库重构和维护、数据库安全性、完整性控制，以及事务控制等。

2）高度非过程化

用 SQL 进行数据操作时，用户只需要提出“做什么”，而无须指明“怎么做”，无须了解存取路径，因为存取路径和 SQL 操作过程都由系统自动完成。

3）面向集合的操作方式

SQL 采用“一次一集合”操作方式，不仅操作对象、查找结果可以是元组集合，而且一次插入、删除、更新操作的对象也可以是元组集合。

4）以同一种语法结构提供多种使用方式

SQL 既是独立的语言，又是嵌入式语言。作为独立语言，用户可以在终端直接输入 SQL 命令操作；作为嵌入式语言，SQL 语句能嵌入高级语言程序中。这种统一的语法结构提供多种不同使用方式，提升了语言的灵活性。

5）语言简洁，易学易用

SQL 功能强大，仅用 9 个关键字即可完成核心功能，如表 1.5 所示。

表 1.5　SQL 的 9 个核心关键字

SQL 功能	关　键　字
数据查询	SELECT
数据定义	CREATE、DROP、ALTER
数据操纵	INSERT、UPDATE、DELETE
数据控制	GRANT、REVOKE

2. SQL 基本概念

支持 SQL 的关系数据库管理系统同样支持关系数据库的三级模式结构，如图 1.3 所示，其中外模式包括若干视图和部分基本表，模式包括若干基本表，内模式包括若干存储文件。

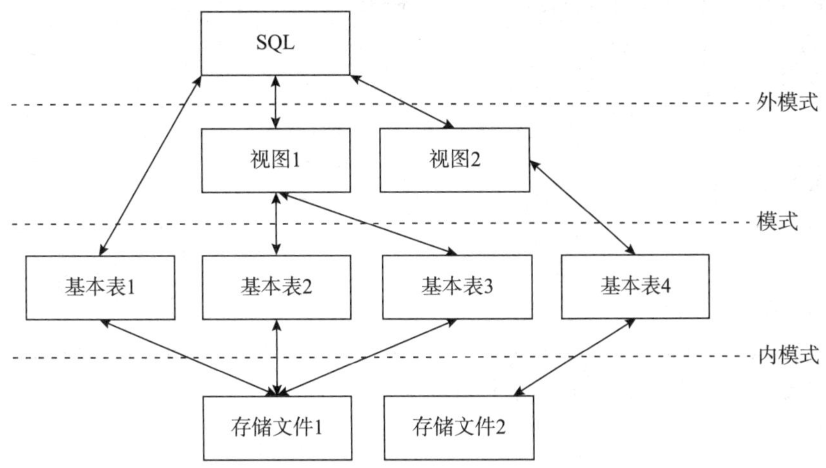

图 1.3 SQL 对关系数据库三级模式结构的支持

用户可以用 SQL 对基本表和视图进行查询或其他操作。在关系模型中,基本表和视图都是关系。基本表是本身独立存在的实体,在关系数据库管理系统中,一个关系就对应一个基本表。一个或多个基本表对应一个存储文件,一个表可以带若干索引,索引也存放在存储文件中。存储文件的逻辑结构组成了关系数据库的内模式,描述了数据的物理存储方式。对于存储文件的物理结构,最终用户是看不到的。视图是从一个或几个基本表导出的虚拟表,它本身不独立存储在数据库中。数据库中仅存放视图的定义,而不存放视图对应的数据,这些数据仍然存放在导出视图的基本表中。视图在概念上与基本表等同,用户可以在视图上再定义视图,从而支持复杂数据的抽象与逻辑操作。

1.2.3 数据库访问接口

数据库访问接口根据其实现方式和应用范围可分为多种类型,以下是一些常见类型。

1. ODBC 接口

ODBC(open database connectivity)是一种面向数据库的通用标准接口,主要应用于 Windows 操作系统,可以连接多种数据库类型,例如 Access、SQL Server、Oracle 等。ODBC 接口提供一套应用程序接口,用于程序访问数据库。

伪代码如下:

```
import pyodbc
# 连接数据库
conn=pyodbc.connect(
  "driver={SQL Server Native Client 11.0};"
  "Server=server_name;"
  "Database=database_name;"
  "Trusted_Connection=yes;"
)
# 执行 SQL 命令
cursor=conn.cursor()
```

```
cursor.execute("SELECT * FROM table_name")

# 输出结果
for row in cursor
print(row)
# 关闭数据库连接
cursor.close()
conn.close()
```

2. JDBC 接口

JDBC(Java database connectivity)是 Java 中的标准数据库访问接口。它包含一组类和接口,通过数据库驱动程序与各种关系数据库进行交互。

伪代码如下:

```
import java.sql.*;

//连接数据库
Connection conn=DriverManager.getConnection(
"jdbc:mysql://localhost:3306/database_name", "root","password");

//执行 SQL 命令
Statement stmt=conn.createStatement();
ResultSet rs=stmt.executeQuery("SELECT * FROM table_name");

//输出结果
while(rs.next()){
   System.out.println(rs.getString("column_name"));
}

//关闭数据库连接
rs.close();
stmt.close();
conn.close();
```

3. ORM 接口

ORM(object relational mapping)接口是一个对象与关系数据库之间的映射工具,通过将实体和关系映射到一起,把数据库的操作转换为面向对象的操作。ORM 接口提供了一些高级功能,例如查询构建器、数据模型生成、事务控制等。

伪代码如下:

```
from sqlalchemy import create_engine
from sqlalchemy.orm import sessionmaker
from model import User

# 连接数据库
engine=create_engine('sqlite:///example.db')
```

```
Session=sessionmaker(bind=engine)
session=Session()
# 执行 ORM 操作
user=User(name='John Doe',email='jdoe@ example.com')
session.add(user)
session.commit()
# 查询
users=session.query(User).filter(User.name.like('% Doe% ')).all()

# 关闭数据库连接
session.close()
```

数据库接口广泛应用于各种类型的应用程序中，例如 Web 应用、桌面应用、移动应用等。数据库接口可用于管理数据、支持用户管理、增强系统安全性等，是连接应用程序和数据库系统的桥梁，为数据访问和操作提供灵活性和统一性。用户可根据应用程序需求，结合接口的灵活性、性能和安全性等因素，选择合适的数据库接口。

1.3 了解 MySQL 数据库

1.3.1 数据库软件

数据库软件主要由两部分组成：客户端和服务器。其中，客户端是与用户直接交互的软件，负责接收和处理用户的请求。当用户需要查询、更新或修改数据时，客户端软件会将请求通过网络发送给服务器。服务器软件运行在数据库服务器上，负责数据的存储、访问与处理，执行所有的数据添加、删除与更新操作。用户看不到这些操作，他们只会看到最终的结果。

基于客户端-服务器架构的数据库管理系统（database management system，DBMS）有很多，例如 MySQL、Oracle 和 Microsoft SQL Server 等。这些系统广泛应用于各种场景中，包括桌面应用和移动应用。

基于客户端-服务器架构的 DBMS 可以分为两类：一类是基于共享文件系统，如 Microsoft Access 和 FileMaker，通常用于桌面用途，不常用于高端或关键应用；另一类是基于客户端-服务器，如 MySQL、Oracle 以及 Microsoft SQL Server 等，这些数据库通常用于更复杂和高流量的应用场景。

总之，客户端-服务器软件通过将数据的处理和管理集中在一台服务器上，使得多个用户可以同时访问和操作数据库中的数据，提高了数据处理的效率和安全性。

1.3.2 MySQL 版本

MySQL 最初是由瑞典的 MySQL AB 公司开发，而后被 Sun Microsystems 公司收购。如今 Sun Microsystems 公司又被 Oracle 公司收购，因此 MySQL 现属于 Oracle 公司旗下

的产品。

MySQL 采用了双重许可政策,分为社区版和商业版,由于其体积小、速度快、总体拥有成本低,故此一般中小型网站的开发都选择 MySQL 作为网站数据库。以下是 MySQL 的一些主要版本介绍。

1. MySQL Community Edition

这是 MySQL 的开源版本,免费提供给个人和开发者使用。这个版本包含了 MySQL 数据库的基本功能,并且由于其开源性质,有着广泛的社区支持和贡献。

2. MySQL Enterprise Edition

这是 MySQL 的商业版本,提供了更多高级功能和支持服务。这个版本适用于需要额外功能、技术支持的企业级应用。该版本包括了一些额外的工具和服务,如在线备份、高级安全功能和技术支持等。

3. MySQL Cluster

这是 MySQL 的集群版本,适用于需要高可用性和高可扩展性的应用场景。该版本允许用户将多个 MySQL 服务器封装成一个服务器,以提供更高的性能和可靠性。这个版本也是开源的,并且可以在多个节点上进行分布式处理。

4. MySQL Cluster CGE

这是 MySQL 的高级集群版本,提供了更高级的功能和优化。该版本适用于需要处理大量数据和并发连接的企业级应用,提供了如实时备份、故障恢复等高级功能。

此外,MySQL 还提供了其他工具和组件,如 MySQL Workbench,这是一款专为 MySQL 设计的 ER 数据库建模工具,用于数据库设计、数据建模、SQL 开发等操作。MySQL Workbench 也分为社区版和商用版,可分别满足不同用户的需求。

MySQL 第一个版本于 1995 年发布。截至本书出版之际,MySQL 的最新版本是 9.2.0,该版本是 2025 年 1 月发布的。下面简单列举 MySQL 最常用的几大版本的特性和更新功能。

MySQL 5.0:

- 引入了视图、存储过程和触发器等特性;
- 支持 XA 事务,增强了事务处理能力;
- 提供了对 XML 的支持,允许在 MySQL 中存储和查询 XML 数据。

MySQL 5.1:

- 引入了分区表,提高大数据集的管理效率;
- 增强了复制功能,支持基于行的复制和全局事务 ID;
- 提供了事件调度器,允许定时执行特定任务;
- 改进了查询优化器,提升查询性能。

MySQL 5.7:

- 引入了生成列,允许根据其他列的值计算得到新的列;
- 提供了对 JSON 的原生支持,包括 JSON 数据类型和相关函数;
- 改进了查询优化器和 InnoDB 存储引擎,进一步提高了性能;
- 加强了安全性,包括更强大的密码策略和新的安全相关功能;
- 提供了 sys schema,包含了一系列用于性能分析和故障排除的视图和函数。

MySQL 8：

MySQL 9 介绍

- 引入了公共表表达式和窗口函数，增强了 SQL 的表达能力；
- 提供了新的数据字典，使得元数据的管理更加统一和高效；
- 加强了对 JSON 的支持，提供了更多的 JSON 函数和操作符；
- 改进了复制功能，支持组复制和事务数据定义语句的复制；
- 加强了安全性，包括默认的身份验证插件和密码策略、新的加密功能等；

注意：虽然 MySQL 9 系列已经发布，但其特色集中在创新功能上，而 MySQL 8 更具稳定性和安全性。而且 MySQL 8 相较于之前的版本在许多方面也有显著的优势，因此本书将以 MySQL 8 为主要版本进行介绍。

1.3.3　MySQL 优势

目前常用的关系数据库包括 MySQL、Oracle、SQL Server、PostgreSQL 等。相比于其他关系数据库，MySQL 具有以下优势。

1. 开源免费

MySQL 是一种开源的关系数据库管理系统，可以免费使用。这使得它成为许多开发者和中小型企业的首选数据库解决方案。此外，用户还可以通过修改和定制源代码来满足自己的特定需求。

2. 跨平台支持

MySQL 可以在多个操作系统上运行，包括 Windows、Linux、macOS 等，为用户提供了广泛的平台支持，使得在不同的系统上部署和管理 MySQL 变得相对容易。

3. 高性能

MySQL 具有较高的性能，可以处理大量的数据并支持高并发访问。它采用了多线程和缓存技术来提高查询和读写速度，并且使用索引技术来快速定位数据，从而提高查询效率。

4. 简单易用

MySQL 具有简单易用的特点，提供了直观的命令行界面和用户友好的图形化管理工具，使得用户可以轻松地完成数据库管理和操作。此外，MySQL 还支持多种编程语言的接口，便于与其他应用程序集成。

5. 可扩展性

MySQL 支持水平扩展和垂直扩展，可以根据需求进行灵活扩展以适应不断增长的数据量和用户访问需求。通过添加更多的服务器、分区表或使用集群技术，MySQL 可以适应不同规模的应用需求。

6. 安全性

MySQL 采用了多种技术来确保数据的安全性和可靠性。例如，MySQL 支持事务处理，可以在数据发生故障时自动恢复；它还支持数据备份和恢复，以及主从复制等功能，可以提高数据的可用性和容错能力；同时，MySQL 还提供了访问控制和加密等安全功能，可以保护数据的安全性。

7. 社区支持

MySQL 拥有庞大的用户社区，拥有丰富的技术文档、教程和论坛支持，用户可以通过社区获得帮助和解决问题。这使得 MySQL 成为一个活跃的开源项目,吸引了大量的开发者和贡献者。

注意:虽然 MySQL 具有许多优势,但对于某些特定应用场景(如复杂事务处理、高度定制化或特定商业功能需求),采用其他数据库可能更适合。因此,在选择数据库时,应根据具体的需求和应用场景进行综合评估。

1.3.4 MySQL 8 新功能

MySQL 8 是 MySQL 当前的最新版本,在之前的版本基础上引入了多项功能增强和改进,以下介绍一些它的主要的新功能和改进。

1. 数据字典

MySQL 8 引入了全新的原生数据字典,实现了对元数据的统一管理,取代了以前的 .frm、.par、.opt 等文件。数据字典存储在内部事务表中,提升了数据库性能与可管理性。此外,数据字典还增加了原子 DDL 操作,从而减少了架构更改的风险。

2. 角色管理

MySQL 8 中加入了角色管理功能。通过为用户分配角色,管理员无须逐一调整用户权限。这有利于简化权限管理,提高安全性。

3. 窗口函数

MySQL 8 开始支持窗口函数,例如 ROW_NUMBER()、RANK()、DENSE_RANK()等。窗口函数能够在结果集的一个窗口范围内进行计算,适用于处理时间序列数据、分析排名等复杂查询场景,大幅提升查询性能。

4. 改进的 JSON 支持

MySQL 8 版本对 JSON 支持进行了增强。新增的 JSON 表达式允许用户在查询中直接操作 JSON 数据,实现更灵活、高效的数据处理。此外,还增加了聚合函数 JSON_ARRAYAGG()和 JSON_OBJECTAGG(),将参数聚合为 JSONO 数组或对象,并优化了 JSON 数据的更新操作。

5. 全球化与字符集

默认字符集变更为 utf8mb4,提供更完美的 Unicode 支持。同时,增强了对不同语言、时区的支持,进一步满足全球化应用需求。

6. 提升性能与可扩展性

针对 InnoDB 存储引擎进行了多方面优化,包括改善 I/O 负载处理能力、优化元数据操作等。此外,还新增了隐藏索引和降序索引等特性,这些改进显著提升了数据库的并发性能和可扩展性。

7. 安全性

加强了密码策略、用户认证等功能,保障数据安全。同时,增强了对 SSL/TLS 连接的支持,进一步降低了数据泄露的风险。此外,还新增了 caching_sha2_password 授权插件、密码历史记录和 FIPS 模式支持等特性,提高了数据库的安全性和性能。

8. GIS 功能

增强了地理信息系统(GIS)的功能,支持空间数据类型,增强空间索引,提供了更多 GIS

相关函数，进一步满足地理空间数据的处理需求。

9. 错误日志管理

改进了错误日志管理功能，用户可以更方便地进行日志过滤、自定义输出格式等操作，实现高效的错误监控，便于问题排查。

除了上述特性外，MySQL 8 还提供了更灵活的 NoSQL 支持，不再依赖模式(schema)。同时，还优化了 InnoDB 存储引擎在自增、索引、加密、死锁、共享锁等方面的表现。这些新特性和改进都使得 MySQL 8 更加适应现代应用的需求。

1.4　MySQL 8.3 的安装与配置

1.4.1　在 Windows 平台下安装与配置 MySQL 8.3

1. 安装 MySQL 8.3

在 Windows 平台下安装 MySQL 8.x 可选择两种方式：一种是运行可执行文件，另一种是解压缩包并进行相应的配置。建议初学者通过第一种方式来进行，下面就来逐步介绍如何安装。

1）下载 MySQL 8.x 可执行文件

可从 MySQL 的官方网站下载 Windows 系统对应的安装包，安装包扩展名通常是 .msi。如图 1.4 所示，编者下载的是版本 MySQL 8.3。读者可以根据实际情况选择其他 8.x 版本，安装过程基本一致。

图 1.4　从 MySQL 官网下载可执行文件

2）运行可执行文件

待下载完成，双击可执行文件进行安装，安装对话框应如图 1.5 所示。

图 1.5　MySQL 8.3 安装对话框

3）接受最终用户许可协议

双击运行可执行文件，出现如图 1.6 所示的“最终用户许可协议”窗口，勾选 I accept the terms in the License Agreement(我接受许可协议中的条款)复选框，并单击 Next(下一步)按钮。

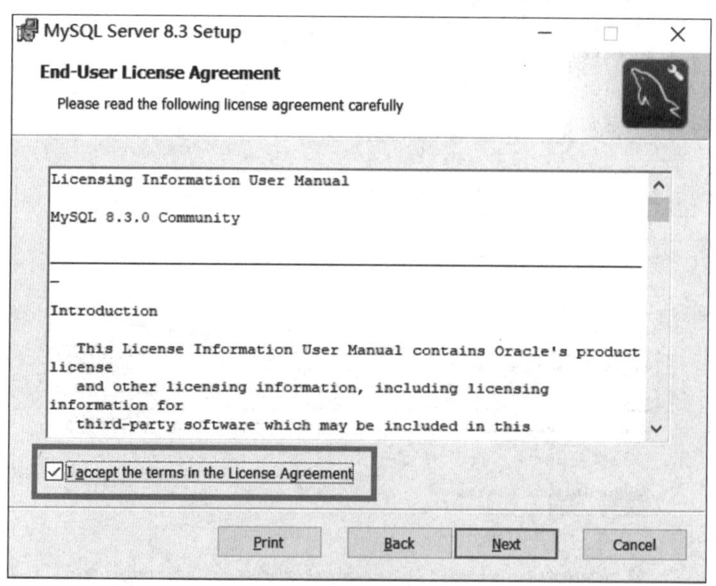

图 1.6　MySQL 8.3“最终用户许可协议”窗口

4）自定义安装步骤

如图 1.7 所示，在接下来的“安装模式选择”窗口中选择“自定义安装”模式进行安装，该模式自由度较高，选择该模式可以自定义 MySQL 安装路径、需要安装的组件等。选择好后，单击 Next(下一步)按钮。

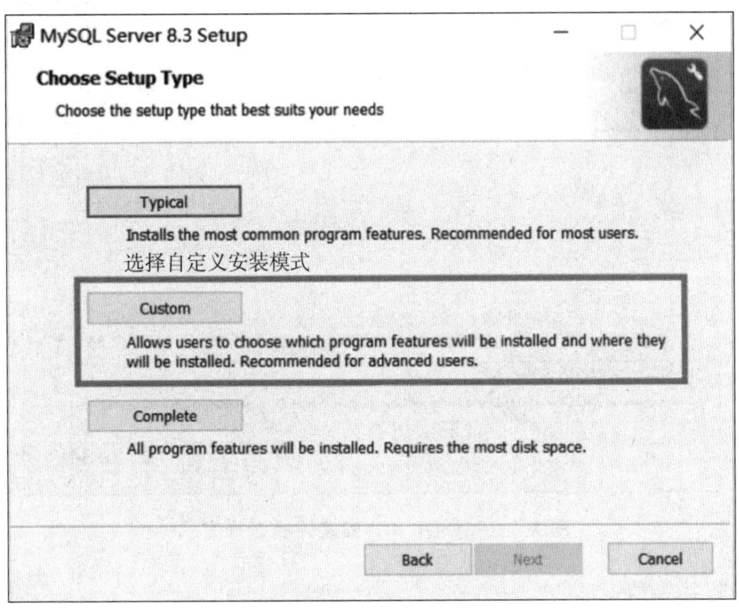

图 1.7　MySQL 8.3“安装模式选择”窗口

5）选择安装路径

如图 1.8 所示，单击 Browse(浏览)按钮，选择 MySQL 安装路径。这里选择安装到 d:\MySQL\MySQL Server 8.3 这一目录下，如图 1.9 所示。

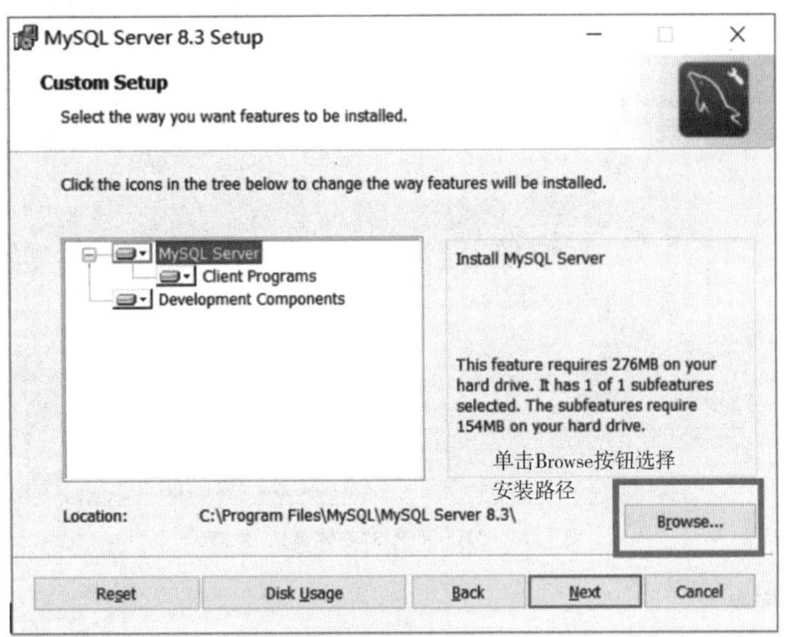

图 1.8　选择安装路径

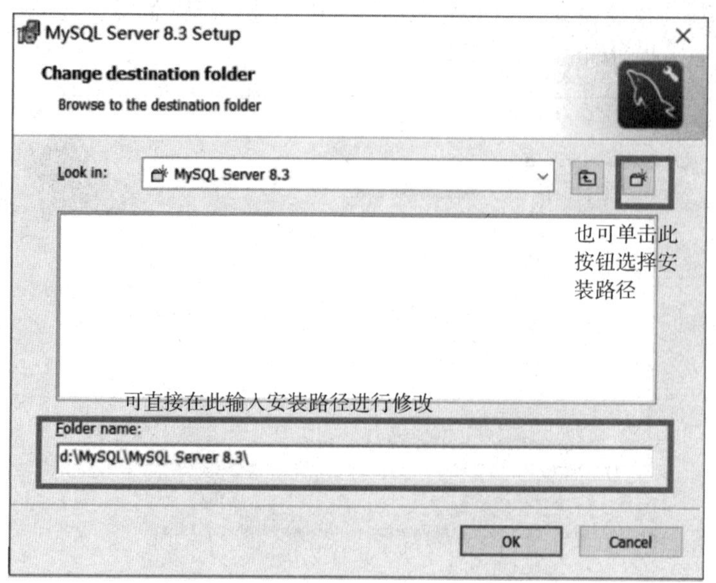

图 1.9　MySQL 8.3 安装路径选择方式

6）确认安装并等待

如图 1.10 所示，到达“安装确认”窗口，单击 Install（安装）按钮确认安装，单击之后需要耐心等待安装完成。

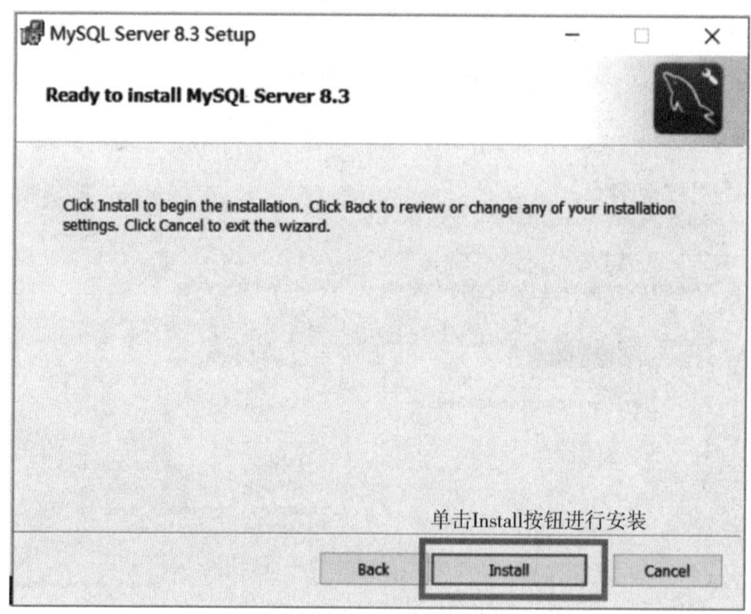

图 1.10　MySQL 8.3“安装确认”窗口

7）安装完成

安装完成以后，出现图 1.11 所示的“安装完成”窗口，勾选 Run MySQL Configurator（运行 MySQL 配置）复选框，单击 Finish（完成）按钮可立即进行 MySQL 配置。

图 1.11　MySQL 8.3“安装完成”窗口

2. 配置 MySQL 8.3

1）打开配置向导

完成 MySQL 8.3 的安装后进入图 1.12 所示的“配置向导”窗口，单击 Next（下一步）按钮。

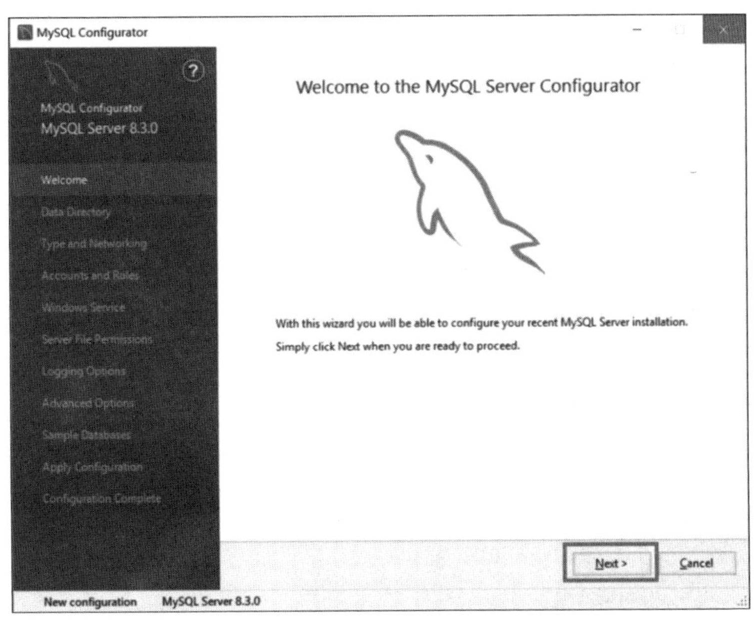

图 1.12　MySQL 8.3“配置向导”窗口

2）配置数据路径

如图 1.13 所示，单击溢出菜单（...）按钮设置数据路径，这里将路径设置为 D:\data\

MySQL Server 8.3。完成后,单击 Next(下一步)按钮。

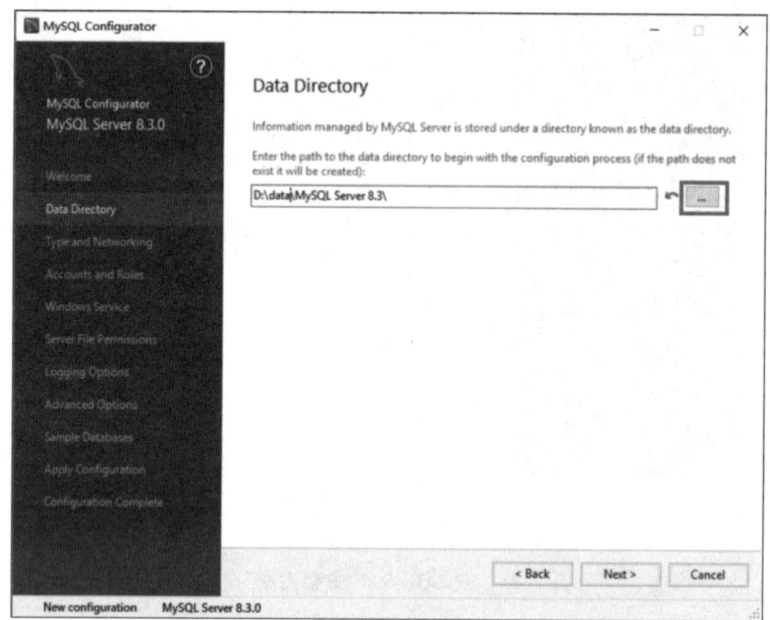

图 1.13　MySQL 8.3"数据路径设置"窗口

3）设置配置类型和网络配置

如图 1.14 所示,在"配置类型与网络配置"窗口中,可以进行配置类型和网络的设置。初学者保持默认设置即可,即连接采用的是 TCP/IP 协议,端口是 3306(默认端口)。完成设置后单击 Next(下一步)按钮。

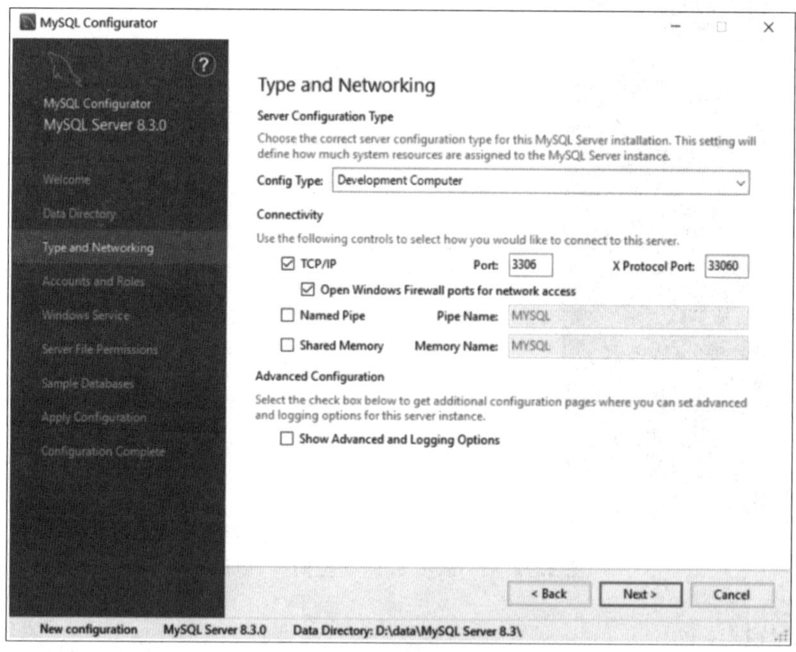

图 1.14　MySQL 8.3"配置类型与网络配置"窗口

4）设置 Root 密码

此时将会出现如图 1.15 所示的“账户与角色设置”窗口，输入需要设置的密码即可，然后单击 Next(下一步)按钮。

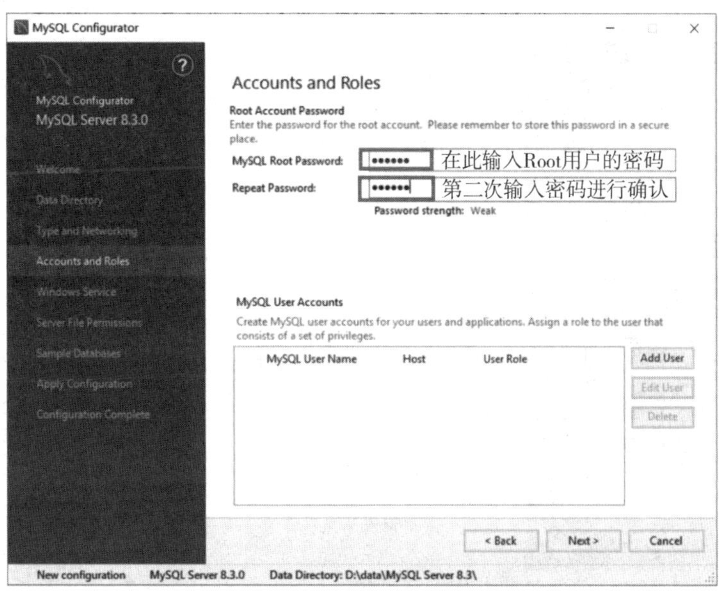

图 1.15 设置 Root 用户密码

5）应用配置

接下来，对于 Windows Service、Server File Permissions 和 Sample Databases 等配置窗口中的参数，保持默认，直接单击 Next(下一步)按钮即可，直至到达如图 1.16 所示的“应用配置”窗口，直接单击 Execute(执行)按钮执行以上配置。

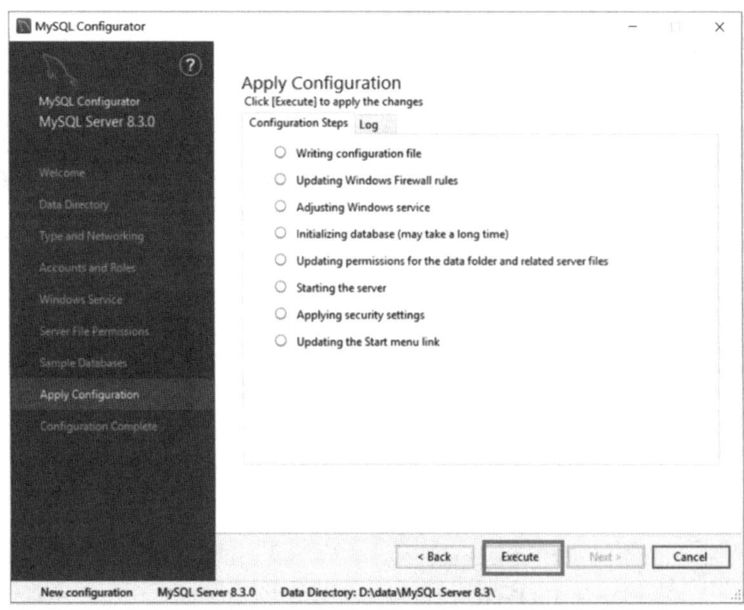

图 1.16 “应用配置”窗口

6）等待配置生效

如图 1.17 所示，在生效的配置前会出现绿色的对钩，完成后单击 Next（下一步）按钮进入“配置完成”窗口，然后单击 Finish 按钮即可。

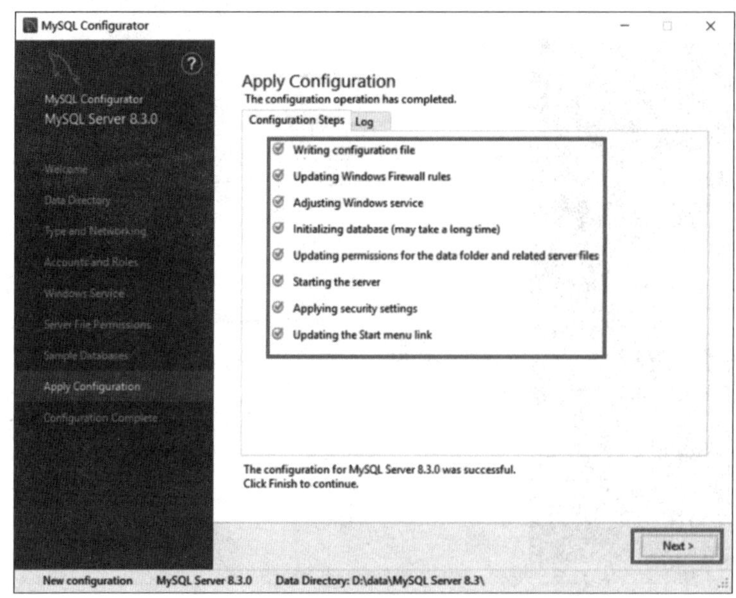

图 1.17　MySQL 8.3“配置完成”窗口

1.4.2　启动服务并登录 MySQL 数据库

1. 启动 MySQL 服务

1）打开“管理工具”并打开“服务”面板

进入“控制”面板，找到“管理工具”，如图 1.18 所示。双击“服务”，打开“服务”面板，如图 1.19 所示。

图 1.18　在“控制”面板中找到“管理工具”

图 1.19 “控制”面板中的“服务”

2）启动 MySQL 服务

在“服务”面板中，找到 MySQL 服务，右击该服务，在弹出的快捷菜单中可看到“启动”“停止”“暂停”等选项，如图 1.20 所示。若该服务是停止状态，则选择“启动”选项即可启动服务。若服务处于运行状态但仍有部分功能不正常，可以选择“重新启动”选项进行服务重启。

图 1.20 在“服务”面板中进行 MySQL 服务启动

2. 登录 MySQL 数据库

1）进入 MySQL 命令行管理模式

在 MySQL 服务启动后，单击"开始"菜单，输入 MySQL，选择 MySQL 8.3 Command Line Client（MySQL 8.3 命令行管理工具），如图 1.21 所示。在 MySQL 命令行管理工具中输入 Root 用户的密码，即可进入命令行管理模式，如图 1.22 所示。

图 1.21　选择 MySQL 8.3 命令行管理工具

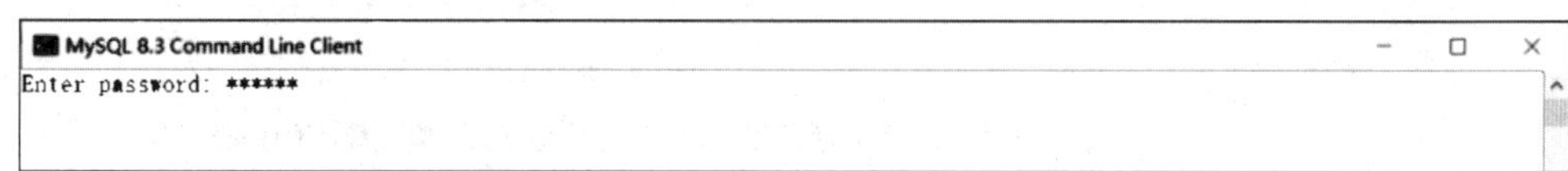

图 1.22　MySQL 8.3 命令行管理工具

2）执行数据库指令

在 MySQL 命令行管理工具中，只需在 mysql>提示符后输入命令即可执行相应的指令，如图 1.23 所示，使用命令 show databases 列出所有的数据库。

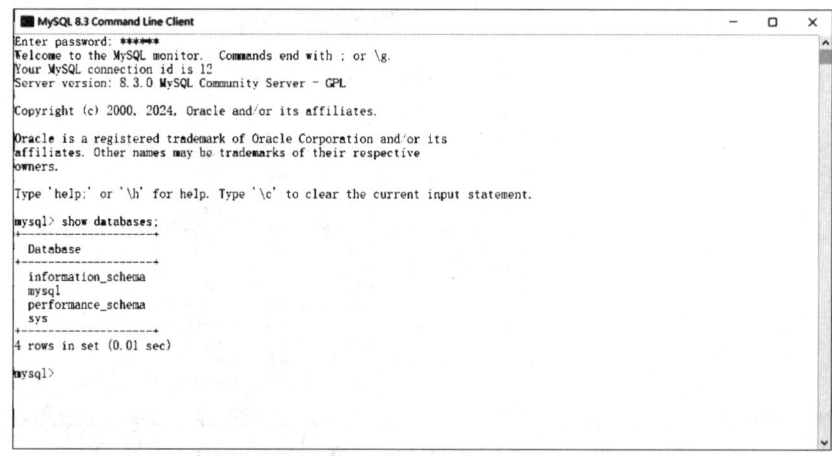

图 1.23　MySQL 8.3 命令行管理工具使用

3. 配置 Path 变量

在 Windows 平台中配置 MySQL 的 Path 变量，可以按照以下步骤进行操作。

1）寻找安装路径

找到 MySQL 安装路径。如图 1.24 所示，MySQL 的安装路径为 D:\MySQL\MySQL Server 8.3。

软件 (D:) › MySQL › MySQL Server 8.3

名称	修改日期	类型	大小
bin	2024/1/26 22:34	文件夹	
docs	2024/1/26 22:34	文件夹	
etc	2024/1/26 22:34	文件夹	
include	2024/1/26 22:34	文件夹	
lib	2024/1/26 22:34	文件夹	
share	2024/1/26 22:34	文件夹	
configurator_settings.xml	2024/1/26 23:04	XML 源文件	1 KB
LICENSE	2023/12/14 14:52	文件	273 KB
LICENSE.router	2023/12/14 14:52	ROUTER 文件	113 KB
README	2023/12/14 14:52	文件	1 KB
README.router	2023/12/14 14:52	ROUTER 文件	1 KB

图 1.24　寻找 MySQL 安装目录

2）配置环境变量

右击“此电脑”，然后选择“属性”，如图 1.25 所示，依次完成以下操作。

（1）在系统窗口中，单击左侧的“高级系统设置”按钮。

（2）在弹出的窗口中，单击“环境变量”按钮。

（3）在“系统变量”列表中，找到名为 Path 的变量，然后双击它以便能够编辑。

（4）在“编辑环境变量”窗口中，单击“新建”按钮。

（5）输入 MySQL 的安装路径，并在其后面加上\bin（如 d:\MySQL\MySQL Server 8.3\bin），其中 bin 目录存放 MySQL 的客户端和工具。

（6）确认所有更改，然后关闭所有打开的窗口。

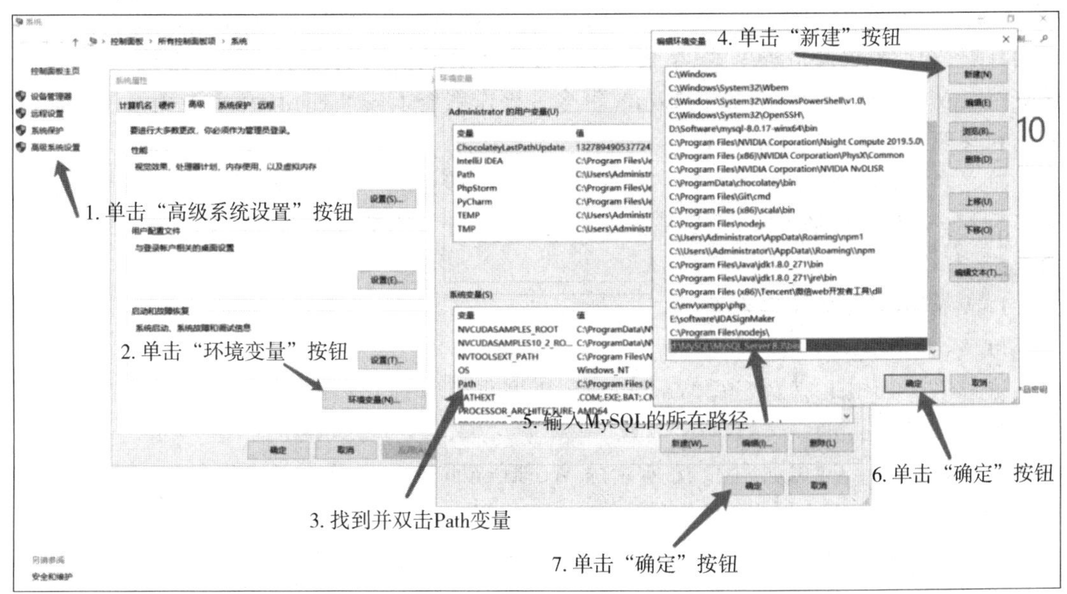

图 1.25　配置 MySQL 的 Path 变量

此时，已经成功将 MySQL 的安装路径添加到系统的 Path 变量中。可以在命令提示符或 PowerShell 中直接运行 MySQL 相关的命令了，效果如图 1.26 所示。

```
管理员: 命令提示符 - mysql -uroot -p
Microsoft Windows [版本 10.0.17763.2300]
(c) 2018 Microsoft Corporation. 保留所有权利.

C:\Users\Administrator>mysql -uroot -p
Enter password: ******
Welcome to the MySQL monitor.  Commands end with ; or \g.
Your MySQL connection id is 19
Server version: 8.3.0 MySQL Community Server - GPL

Copyright (c) 2000, 2024, Oracle and/or its affiliates.

Oracle is a registered trademark of Oracle Corporation and/or its
affiliates. Other names may be trademarks of their respective
owners.

Type 'help;' or '\h' for help. Type '\c' to clear the current input statement.

mysql>
```

图 1.26 使用命令提示符连接数据库测试

Workbench 连接数据库

1.4.3 MySQL 常用图形管理工具 Workbench

MySQL Workbench 是 MySQL 官方推出的唯一一款图形化的客户端工具，分为免费的社区版和付费的企业版。虽然存在免费和付费两个版本，但社区版的功能并不逊色，足以满足大部分用户的需求。两个版本的主要区别在于企业版提供了一些额外的功能，如企业备份等。MySQL Workbench 提供了一系列强大的功能，例如执行查询语句、查看性能报告、可视化查询计划、管理配置及检查模式、生成 E-R 图（实体关系图）、数据迁移等。此外，这款工具还支持在 Windows、macOS 以及 Linux 等多种操作系统上安装使用，几乎覆盖了所有开发人员和管理人员可能使用的平台。

总之，MySQL Workbench 是一款非常好用、功能强大的 MySQL 图形工具，可以满足大多数 MySQL 用户的需求，无论是数据库设计与管理，还是开发与优化，它都能提供全面的支持。

1. Workbench 的下载和安装

1）Workbench 的下载

访问 Workbench 官网下载 Workbench，下载页面如图 1.27 所示。

2）Workbench 的安装

双击 msi 文件，弹出如图 1.28 所示的 Workbench 安装向导。直接单击 Next（下一步）按钮。

接着会出现“安装路径选择”对话框，单击 Change（更改）按钮重新选择安装路径，如图 1.29 所示。

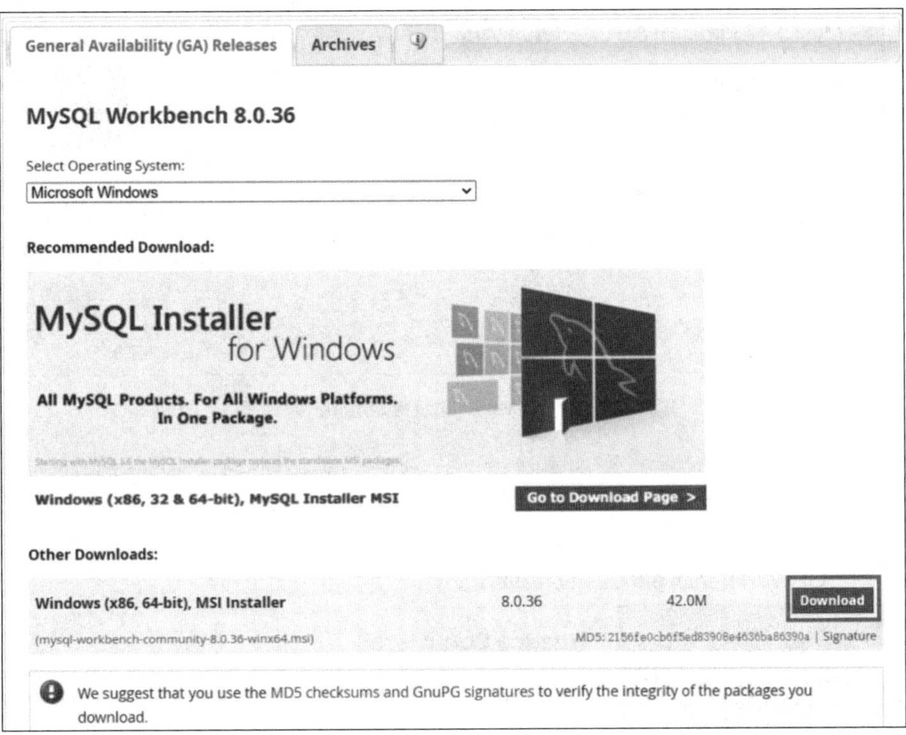

图 1.27 Workbench 下载页面

图 1.28 Workbench 安装向导

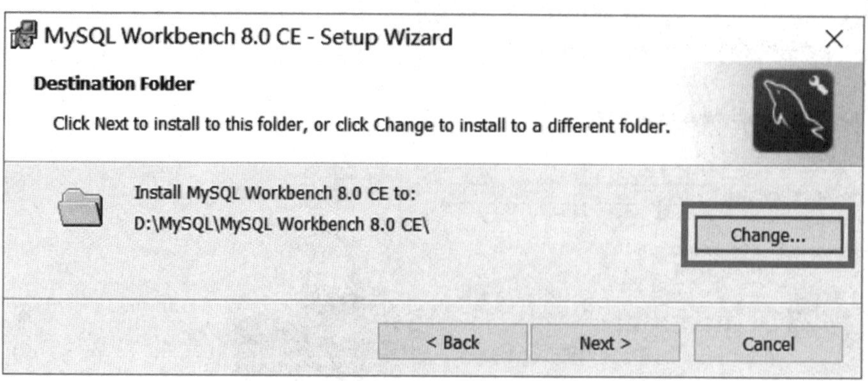

图 1.29　Workbench“安装路径选择”对话框

接下来直接保持默认(完全安装),单击 Next(下一步)按钮,进入“安装确认”对话框,单击 Install 按钮进行安装。成功安装后,将会出现图 1.30 所示对话框。

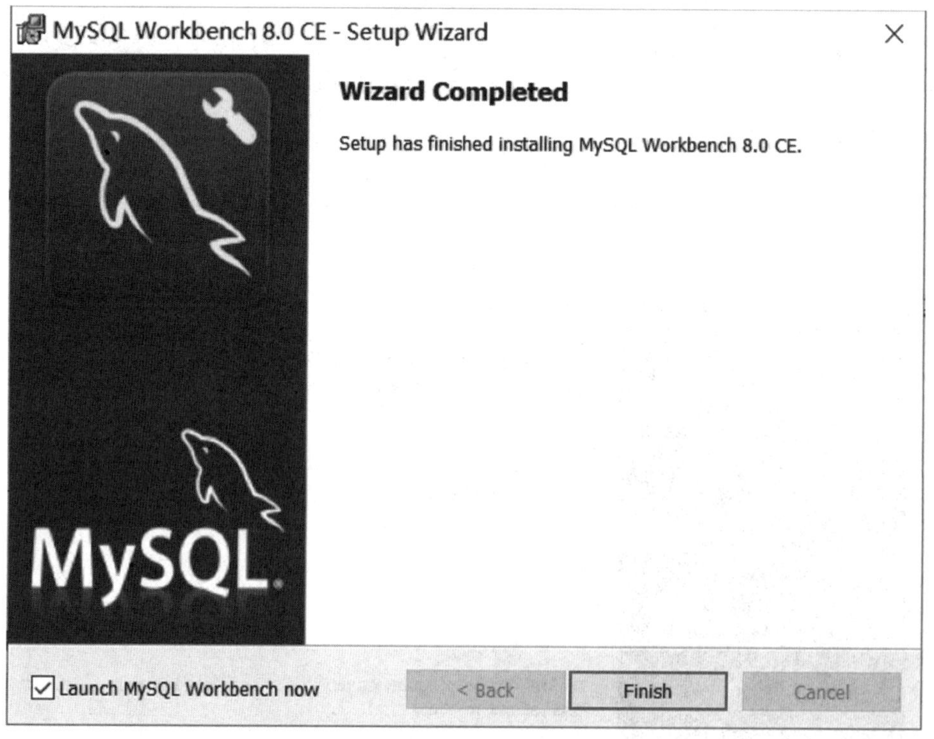

图 1.30　Workbench“安装成功提示”对话框

2. Workbench 的简单使用

1) 打开 Workbench

成功安装后,在开始菜单输入 Workbench,如图 1.31 所示。单击打开 Workbench。

2) 完成连接

如图 1.32 所示,在 Workbench 的“欢迎”界面会出现一个默认连接指向本机安装的 MySQL,直接双击该连接,在弹出的 MySQL 服务器连接提示框中输入 Root 用户的密码,单击 OK 按钮即可完成连接。

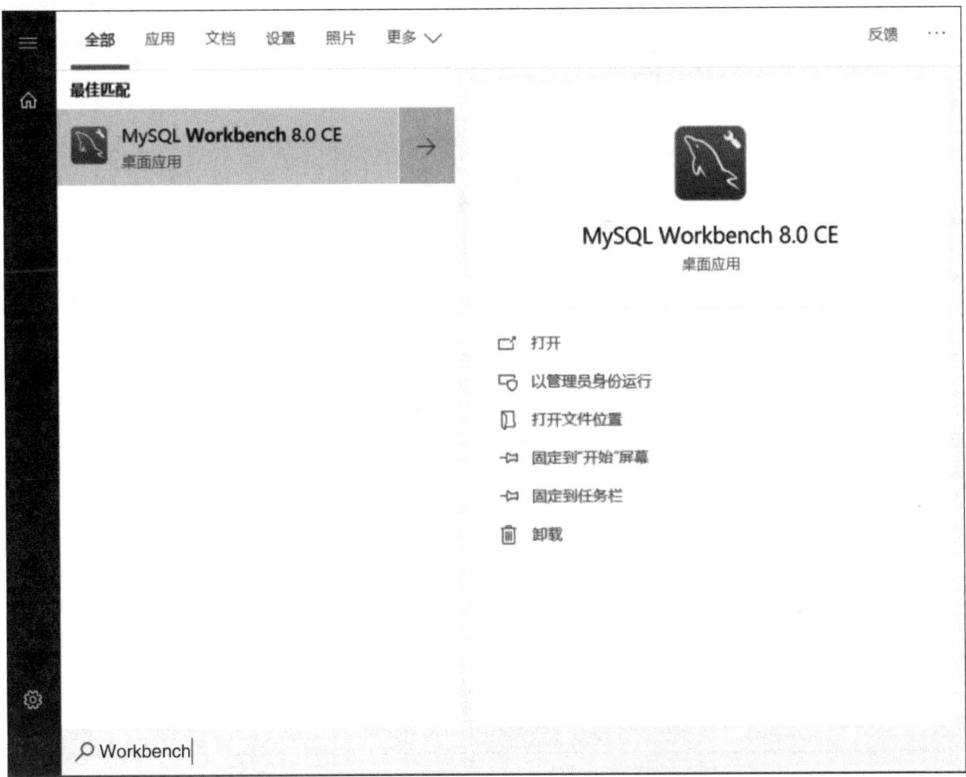

图 1.31 在开始菜单中输入 Workbench 进行查找

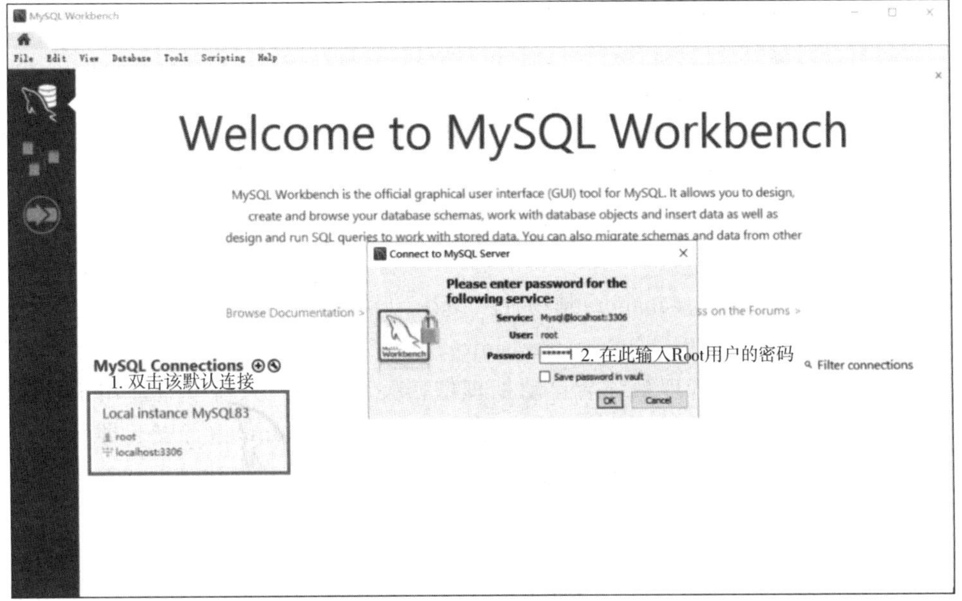

图 1.32 双击默认连接并输入密码

3）执行指令

如图 1.33 所示，在“查询编辑”区输入相应的命令，单击“执行”按钮，可在“查询结果”区看到当前所有数据库。

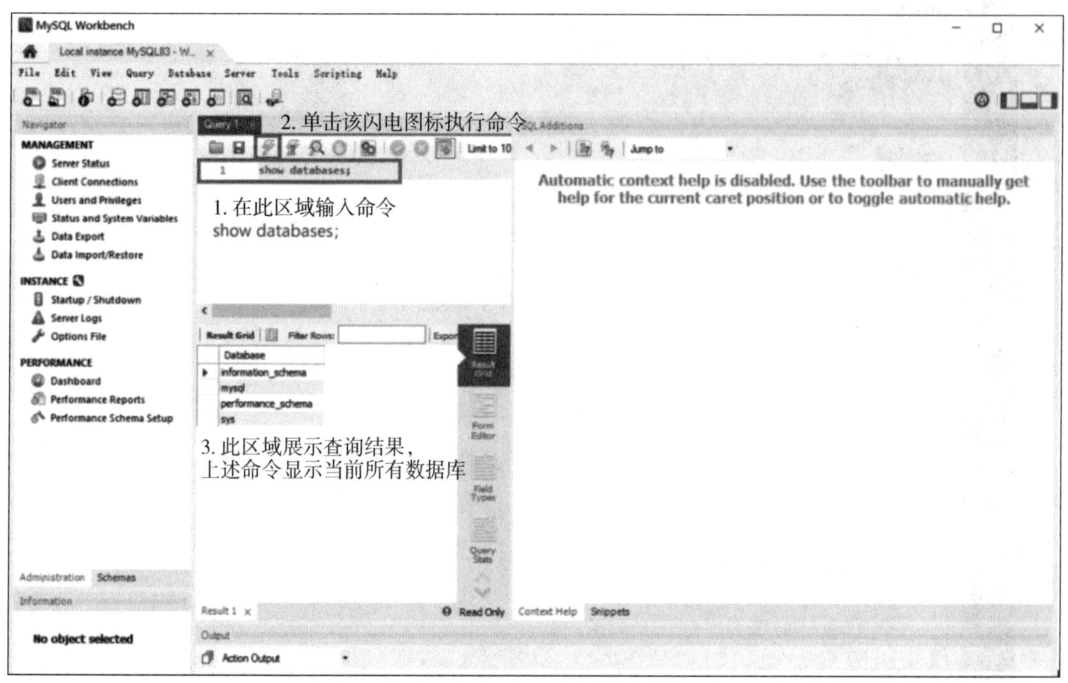

图 1.33　输入命令，得到查询结果

Workbench 主界面介绍

1.4.4　在 Linux 平台下安装与配置 MySQL 8.0

1. Linux 操作系统下的 MySQL 版本介绍

在 Linux 操作系统下（这里以 CentOS 7 为例，不同的 Linux 发行版本可能略有不同），MySQL 支持多种安装方式，主要包括 RPM 包安装和源代码安装。以下是两种安装方式的介绍以及它们之间的主要区别。

1）RPM 包安装介绍

RPM(red hat package manager)是一种预编译的软件包格式，主要用于基于 Red Hat 的 Linux 发行版（如 Red Hat Enterprise Linux、CentOS 和 Fedora）。使用 RPM 包安装 MySQL 相对简单，因为包管理系统会自动处理依赖关系。用户只需下载适用于其系统架构的 RPM 包，并使用 rpm 命令或系统的包管理器（如 yum 或 dnf）进行安装即可。安装过程通常包括解压缩包文件、将文件复制到适当的位置、设置权限和创建必要的符号链接。

2）源代码安装介绍

源代码安装是从 MySQL 官方网站或其他可信来源下载 MySQL 的源代码，并使用编译工具（如 make 和 gcc）将其编译成可在系统上运行的二进制文件。这种安装方式灵活性较强，用户可以根据自己的需求定制编译选项，包括优化性能、添加或删除功能，以及选择特定的存储引擎等。待编译完成后，用户需要手动将文件复制到适当的位置，并设置必要的环境变量和配置。

3）安装方式的区别

RPM 包安装和源代码安装两种方式的主要区别如表 1.6 所示。

表 1.6 Linux 系统下两种安装方式的主要区别

主要区别	RPM 包安装	源代码安装
复杂性	相对简单，大部分工作由包管理器自动完成	需要更多手动操作，包括下载、编译和配置
定制性	使用预编译的二进制文件，用户无法更改编译选项	提供更高的定制性，用户可以选择编译选项
依赖关系	自动处理依赖关系，确保所有必要的库和工具已安装	可能需要用户手动解决依赖关系
更新和维护	系统包管理器可以自动检查并应用安全更新和补丁	需要用户手动跟踪和应用更新
卸载	通过包管理器轻松卸载，并删除所有相关文件	可能需要用户手动删除文件和目录

2. 安装和配置 MySQL 的 RPM 包

(1) 下载 MySQL 8.0 yum 资源。

由于截至撰稿时，编者只有 MySQL 8.0 的 yum 资源，故本小节以 MySQL 8.0 为例进行安装。在 CentOS 7 中下载 yum 资源，使用的命令如下：

```
rpm -ivh https://dev.mysql.com/get/mysql80-community-release-el7-11.noarch.rpm
```

效果如图 1.34 所示。

```
[root@localhost Downloads]# rpm -ivh https://dev.mysql.com/get/mysql80-community-release-el7-11.noarch.rpm
Retrieving https://dev.mysql.com/get/mysql80-community-release-el7-11.noarch.rpm
warning: /var/tmp/rpm-tmp.m9f9Mn: Header V4 RSA/SHA256 Signature, key ID 3a79bd29: NOKEY
Preparing...                          ################################# [100%]
Updating / installing...
   1:mysql80-community-release-el7-11 ################################# [100%]
[root@localhost Downloads]#
```

图 1.34 下载 MySQL 8.0 yum 资源

下载完成后，可以使用命令 yum info mysql-community-server 来查看对应的版本，效果如图 1.35 所示。

(2) 安装 MySQL 8.0。

使用命令 yum -y install mysql-community-server 即可进行 MySQL 的安装，若出现 Complete 则表示安装成功，如图 1.36 所示。

(3) 启动 MySQL。

启动 mysql 服务并检查是否启动成功，对应命令如下：

```
systemctl start mysqld
systemctl status mysqld
```

```
[root@localhost Downloads]# yum info mysql-community-server
Loaded plugins: fastestmirror, langpacks
Loading mirror speeds from cached hostfile
 * base: mirrors.huaweicloud.com
 * extras: mirrors.aliyun.com
 * updates: mirrors.aliyun.com
Available Packages
Name        : mysql-community-server
Arch        : x86_64
Version     : 8.0.36
Release     : 1.el7
Size        : 64 M
Repo        : mysql80-community/x86_64
Summary     : A very fast and reliable SQL database server
URL         : http://www.mysql.com/
License     : Copyright (c) 2000, 2023, Oracle and/or its affiliates. Under GPLv2 license as shown in the
            : Description field.
Description : The MySQL(TM) software delivers a very fast, multi-threaded, multi-user,
            : and robust SQL (Structured Query Language) database server. MySQL Server
            : is intended for mission-critical, heavy-load production systems as well
            : as for embedding into mass-deployed software. MySQL is a trademark of
            : Oracle and/or its affiliates
            :
            : The MySQL software has Dual Licensing, which means you can use the MySQL
            : software free of charge under the GNU General Public License
            : (http://www.gnu.org/licenses/). You can also purchase commercial MySQL
            : licenses from Oracle and/or its affiliates if you do not wish to be bound by the terms of
            : the GPL. See the chapter "Licensing and Support" in the manual for
            : further info.
            :
            : The MySQL web site (http://www.mysql.com/) provides the latest news and
            : information about the MySQL software.  Also please see the documentation
            : and the manual for more information.
            :
            : This package includes the MySQL server binary as well as related utilities
            : to run and administer a MySQL server.

[root@localhost Downloads]#
```

图 1.35　查看 MySQL 版本

```
Installed:
  mysql-community-libs.x86_64 0:8.0.36-1.el7          mysql-community-libs-compat.x86_64 0:8.0.36-1.el7
  mysql-community-server.x86_64 0:8.0.36-1.el7

Dependency Installed:
  mysql-community-client.x86_64 0:8.0.36-1.el7      mysql-community-client-plugins.x86_64 0:8.0.36-1.el7
  mysql-community-common.x86_64 0:8.0.36-1.el7      mysql-community-icu-data-files.x86_64 0:8.0.36-1.el7

Replaced:
  mariadb-libs.x86_64 1:5.5.68-1.el7

Complete!
```

图 1.36　MySQL 安装成功提示

效果如图 1.37 所示。

```
[root@localhost Downloads]# systemctl start mysqld
[root@localhost Downloads]# systemctl status mysqld
● mysqld.service - MySQL Server
   Loaded: loaded (/usr/lib/systemd/system/mysqld.service; enabled; vendor preset: disabled)
   Active: active (running) since Fri 2024-01-26 10:34:42 PST; 14s ago
     Docs: man:mysqld(8)
           http://dev.mysql.com/doc/refman/en/using-systemd.html
  Process: 11615 ExecStartPre=/usr/bin/mysqld_pre_systemd (code=exited, status=0/SUCCESS)
 Main PID: 11698 (mysqld)
   Status: "Server is operational"
    Tasks: 38
   CGroup: /system.slice/mysqld.service
           └─11698 /usr/sbin/mysqld

Jan 26 10:34:39 localhost.localdomain systemd[1]: Starting MySQL Server...
Jan 26 10:34:42 localhost.localdomain systemd[1]: Started MySQL Server.
[root@localhost Downloads]#
```

图 1.37　出现红框提示则表示启动成功

（4）修改 Root 密码。

查看 MySQL Root 的原始密码，使用的命令如下：

```
less /var/log/mysqld.log
```

此时能得到如图 1.38 所示的原始密码，可以先将其复制，等下登录时需要用到。

```
2024-01-26T18:34:40.084417Z 0 [System] [MY-013169] [Server] /usr/sbin/mysqld (mysqld 8.0.36) initializing of s
erver in progress as process 11646
2024-01-26T18:34:40.092227Z 1 [System] [MY-013576] [InnoDB] InnoDB initialization has started.
2024-01-26T18:34:40.206429Z 1 [System] [MY-013577] [InnoDB] InnoDB initialization has ended.
2024-01-26T18:34:40.691421Z 6 [Note] [MY-010454] [Server] A temporary password is generated for root@localhost
: iXwRDYbee2+C
2024-01-26T18:34:42.401641Z 0 [System] [MY-010116] [Server] /usr/sbin/mysqld (mysqld 8.0.36) starting as proce
ss 11698
2024-01-26T18:34:42.407881Z 1 [System] [MY-013576] [InnoDB] InnoDB initialization has started.
2024-01-26T18:34:42.474497Z 1 [System] [MY-013577] [InnoDB] InnoDB initialization has ended.
2024-01-26T18:34:42.633380Z 0 [Warning] [MY-010068] [Server] CA certificate ca.pem is self signed.
2024-01-26T18:34:42.633421Z 0 [System] [MY-013602] [Server] Channel mysql_main configured to support TLS. Encr
ypted connections are now supported for this channel.
2024-01-26T18:34:42.646373Z 0 [System] [MY-011323] [Server] X Plugin ready for connections. Bind-address: '::'
 port: 33060, socket: /var/run/mysqld/mysqlx.sock
2024-01-26T18:34:42.646421Z 0 [System] [MY-010931] [Server] /usr/sbin/mysqld: ready for connections. Version:
'8.0.36'  socket: '/var/lib/mysql/mysql.sock'  port: 3306  MySQL Community Server - GPL.
/var/log/mysqld.log (END)
```

图 1.38 查看 Root 原始密码

使用命令 mysql -uroot -p，按 Enter 键后，输入刚才复制的原始密码，进入 MySQL，并在提示符后面输入 ALTER USER 'root'@'localhost' IDENTIFIED BY 'Sa123456%';这里的 Sa123456%就是修改后的密码，读者可以自行修改，效果如图 1.39 所示。

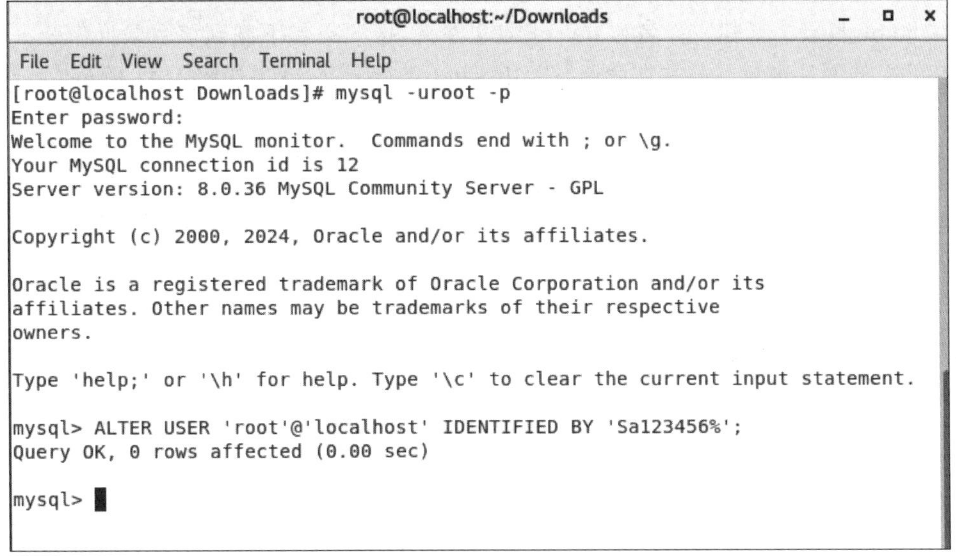

图 1.39 进入 MySQL 命令行修改用户 Root 的原始密码

3. 安装和配置 MySQL 的源码包

以 CentOS 7 为例，安装和配置 MySQL 的源码包需要以下步骤。

(1) 在命令行中安装必要的依赖项。

运行以下命令。

```
yum -y install wget cmake gcc gcc-c++ ncurses ncurses-devel libaio-devel openssl openssl-devel
```

安装依赖项效果如图 1.40 所示。

```
root@localhost:~
File  Edit  View  Search  Terminal  Help
[root@localhost ~]# yum -y install wget cmake gcc gcc-c++ ncurses ncurses-devel libaio-devel openssl openssl-devel
BDB2053 Freeing read locks for locker 0x6f5: 9233/139926866458432
BDB2053 Freeing read locks for locker 0x6f7: 9233/139926866458432
Loaded plugins: fastestmirror, langpacks
Loading mirror speeds from cached hostfile
 * base: mirrors.bupt.edu.cn
 * extras: mirrors.bupt.edu.cn
 * updates: mirrors.bupt.edu.cn
Package wget-1.14-18.el7_6.1.x86_64 already installed and latest version
Package gcc-4.8.5-44.el7.x86_64 already installed and latest version
Package ncurses-5.9-14.20130511.el7_4.x86_64 already installed and latest version
Resolving Dependencies
--> Running transaction check
---> Package cmake.x86_64 0:2.8.12.2-2.el7 will be installed
---> Package gcc-c++.x86_64 0:4.8.5-44.el7 will be installed
--> Processing Dependency: libstdc++-devel = 4.8.5-44.el7 for package: gcc-c++-4.8.5-44.el7.x86_64
---> Package libaio-devel.x86_64 0:0.3.109-13.el7 will be installed
---> Package ncurses-devel.x86_64 0:5.9-14.20130511.el7_4 will be installed
---> Package openssl.x86_64 1:1.0.2k-19.el7 will be updated
---> Package openssl.x86_64 1:1.0.2k-26.el7_9 will be an update
--> Processing Dependency: openssl-libs(x86-64) = 1:1.0.2k-26.el7_9 for package: 1:openssl-1.0.2k-26.el7_9.x86_64
---> Package openssl-devel.x86_64 1:1.0.2k-26.el7_9 will be installed
--> Processing Dependency: zlib-devel(x86-64) for package: 1:openssl-devel-1.0.2k-26.el7_9.x86_64
--> Processing Dependency: krb5-devel(x86-64) for package: 1:openssl-devel-1.0.2k-26.el7_9.x86_64
```

图 1.40　使用命令安装依赖项

(2) 下载 MySQL 的源码包并解压。

在 home 目录中新建一个名为 mysql 的文件夹，把源码包下载到该目录并解压。这里直接在下面的网址进行下载并在命令行使用 wget 进行下载，效果如图 1.41 所示。

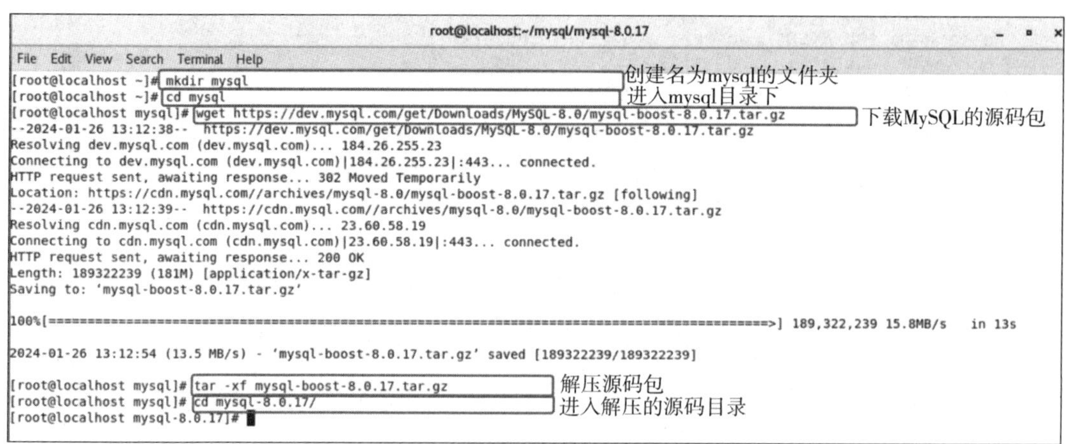

图 1.41　下载并解压 MySQL 源码包

(3) 使用命令进行预编译。

预编译的命令如下：

```
cmake -DCMAKE_INSTALL_PREFIX=/usr/local/mysql -DMYSQL_dataDIR=/data/mysql/
-DSYSCONFDIR=/etc -DWITH_MYISAM_STORAGE_ENGINE=1
-DWITH_INNOBASE_STORAGE_ENGINE=1 -DWITH_MEMORY_STORAGE_ENGINE=1
-DWITH_READLINE=1 -DMYSQL_UNIX_ADDR=/data/mysql/mysql.sock
-DWITH_PARTITION_STORAGE_ENGINE=1 -DENABLED_LOCAL_INFILE=1
-DEXTRA_CHARSETS=all -DDEFAULT_CHARSET=utf8
-DDEFAULT_COLLATION=utf8_general_ci -DFORCE_INSOURCE_BUILD=1
-DWITH_BOOST=/root/mysql/mysql-8.0.17/boost
```

效果如图 1.42 所示。

```
root@localhost:~/mysql/mysql-8.0.17
File Edit View Search Terminal Help
[root@localhost mysql-8.0.17]# cmake -DCMAKE_INSTALL_PREFIX=/usr/local/mysql -DMYSQL_dataDIR=/data/mysql/ -DSYSCONFDIR=/etc -DWITH_MYISAM_STORAG
E_ENGINE=1 -DWITH_INNOBASE_STORAGE_ENGINE=1 -DWITH_MEMORY_STORAGE_ENGINE=1 -DWITH_READLINE=1 -DMYSQL_UNIX_ADDR=/data/mysql/mysql.sock -DWITH_PAR
TITION_STORAGE_ENGINE=1 -DENABLED_LOCAL_INFILE=1 -DEXTRA_CHARSETS=all -DDEFAULT_CHARSET=utf8 -DDEFAULT_COLLATION=utf8_general_ci -DFORCE_INSOU
RCE_BUILD=1 -DWITH_BOOST=/root/mysql/mysql-8.0.17/boost
-- Running cmake version 3.9.2
-- Found Git: /usr/bin/git (found version "1.8.3.1")
-- This is el6 or el7 as found from 'uname -r' or 'rpm -qf /'
-- We probably need some devtoolset compiler
CMake Warning at CMakeLists.txt:235 (MESSAGE):
  Could not find devtoolset gcc


-- MySQL 8.0.17
-- The C compiler identification is GNU 9.3.1
-- The CXX compiler identification is GNU 9.3.1
-- Check for working C compiler: /opt/rh/devtoolset-9/root/usr/bin/cc
-- Check for working C compiler: /opt/rh/devtoolset-9/root/usr/bin/cc -- works
-- Detecting C compiler ABI info
-- Detecting C compiler ABI info - done
-- Detecting C compile features
-- Detecting C compile features - done
-- Check for working CXX compiler: /opt/rh/devtoolset-9/root/usr/bin/c++
-- Check for working CXX compiler: /opt/rh/devtoolset-9/root/usr/bin/c++ -- works
-- Detecting CXX compiler ABI info
-- Detecting CXX compiler ABI info - done
-- Detecting CXX compile features
-- Detecting CXX compile features - done
-- Source directory /root/mysql/mysql-8.0.17
-- Binary directory /root/mysql/mysql-8.0.17
CMake Warning at CMakeLists.txt:338 (MESSAGE):
  This is an in-source build


-- CMAKE_GENERATOR: Unix Makefiles
-- Looking for SHM_HUGETLB
-- Looking for SHM_HUGETLB - found
-- Looking for sys/types.h
-- Looking for sys/types.h - found
```

图 1.42 预编译 MySQL 源码

(4) 编译安装。

编译安装的命令如下：

```
make && make install
```

输入命令后，会出现如图 1.43 所示的进度条，耐心等待安装结束。当安装进度条达到 100%之后，即代表安装完毕。

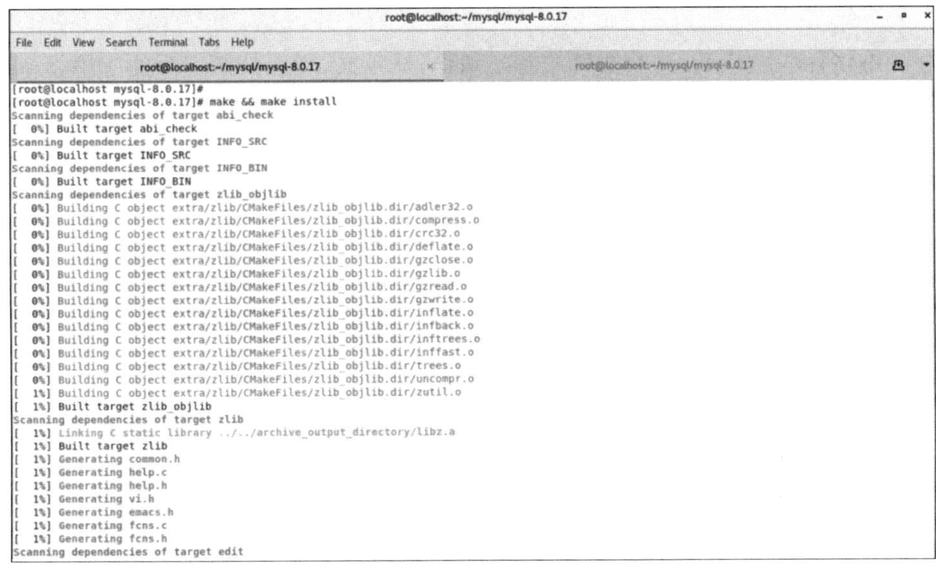

```
root@localhost:~/mysql/mysql-8.0.17
File Edit View Search Terminal Tabs Help
root@localhost:~/mysql/mysql-8.0.17        root@localhost:~/mysql/mysql-8.0.17
[root@localhost mysql-8.0.17]#
[root@localhost mysql-8.0.17]# make && make install
Scanning dependencies of target abi_check
[  0%] Built target abi_check
Scanning dependencies of target INFO_SRC
[  0%] Built target INFO_SRC
Scanning dependencies of target INFO_BIN
[  0%] Built target INFO_BIN
Scanning dependencies of target zlib_objlib
[  0%] Building C object extra/zlib/CMakeFiles/zlib_objlib.dir/adler32.o
[  0%] Building C object extra/zlib/CMakeFiles/zlib_objlib.dir/compress.o
[  0%] Building C object extra/zlib/CMakeFiles/zlib_objlib.dir/crc32.o
[  0%] Building C object extra/zlib/CMakeFiles/zlib_objlib.dir/deflate.o
[  0%] Building C object extra/zlib/CMakeFiles/zlib_objlib.dir/gzclose.o
[  0%] Building C object extra/zlib/CMakeFiles/zlib_objlib.dir/gzlib.o
[  0%] Building C object extra/zlib/CMakeFiles/zlib_objlib.dir/gzread.o
[  0%] Building C object extra/zlib/CMakeFiles/zlib_objlib.dir/gzwrite.o
[  0%] Building C object extra/zlib/CMakeFiles/zlib_objlib.dir/inflate.o
[  0%] Building C object extra/zlib/CMakeFiles/zlib_objlib.dir/infback.o
[  0%] Building C object extra/zlib/CMakeFiles/zlib_objlib.dir/inftrees.o
[  0%] Building C object extra/zlib/CMakeFiles/zlib_objlib.dir/inffast.o
[  0%] Building C object extra/zlib/CMakeFiles/zlib_objlib.dir/trees.o
[  0%] Building C object extra/zlib/CMakeFiles/zlib_objlib.dir/uncompr.o
[  1%] Building C object extra/zlib/CMakeFiles/zlib_objlib.dir/zutil.o
[  1%] Built target zlib_objlib
Scanning dependencies of target zlib
[  1%] Linking C static library ../../archive_output_directory/libz.a
[  1%] Built target zlib
[  1%] Generating common.h
[  1%] Generating help.c
[  1%] Generating help.h
[  1%] Generating vi.h
[  1%] Generating emacs.h
[  1%] Generating fcns.c
[  1%] Generating fcns.h
Scanning dependencies of target edit
```

图 1.43 编译并安装 MySQL

(5) 配置 MySQL。

安装完成之后,需要对 MySQL 的配置文件进行配置,配置文件的位置在/etc/my.cnf。这里对此文件进行简单的配置。可以使用 vim 进行编辑或者直接使用 echo 配合>>对配置文件的数据进行追加,追加代码如下:

```
#添加 MySQL 配置文件
echo "[mysqld]" >/etc/my.cnf
echo "bind-address=0.0.0.0" >>/etc/my.cnf
echo "port=3306" >>/etc/my.cnf
echo "basedir=/usr/local/mysql" >>/etc/my.cnf
echo "datadir=/data/mysql" >>/etc/my.cnf
echo "default-authentication-plugin=mysql_native_password" >>/etc/my.cnf
```

效果如图 1.44 所示。

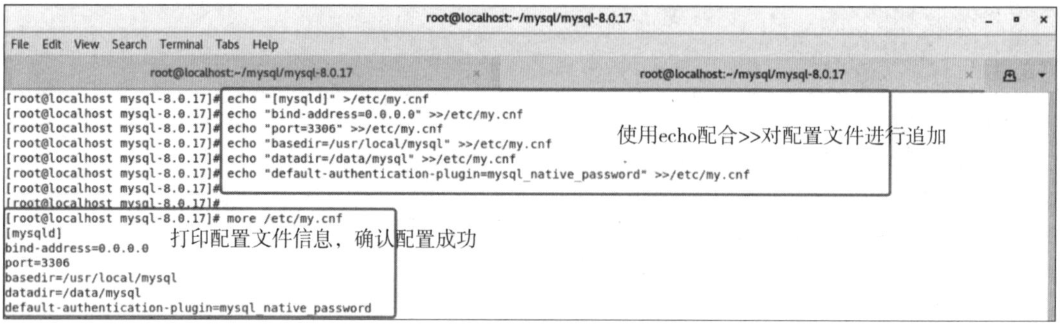

图 1.44 配置 my.cnf

本章小结

本章深入探讨了 MySQL 数据库的基础知识,从定义、特点到其广泛的应用领域,为读者构建了一个全面的 MySQL 认知框架。

读者还可以进一步思考一下 MySQL 在各行业或场景中的具体应用及其适用性,还可通过例证以加深理解。

课后习题

一、选择题

1. 数据管理技术发展的三个阶段是(　　)。

   A. 人工管理、文件系统、分布式系统

   B. 人工管理、数据库系统、文件系统

   C. 人工管理、文件系统、数据库系统

   D. 文件系统、数据库系统、云存储

2. 关系模型中,用于唯一标识元组的属性组称为(　　)。

A. 主键　　B. 外键　　C. 候选码　　D. 索引

3. 以下(　　)是 MySQL 8.0 的新功能。

A. 存储过程　　B. 窗口函数　　C. 分区表　　D. XML 支持

4. SQL 语言中,用于数据查询的动词是(　　)。

A. CREATE　　B. SELECT　　C. INSERT　　D. GRANT

5. 数据库系统的三级模式结构是(　　)。

A. 外模式、模式、内模式　　B. 关系模式、层次模式、网状模式

C. 概念模式、逻辑模式、物理模式　　D. 表、视图、索引

二、简答题

1. 简述文件系统阶段与数据库系统阶段的主要区别。
2. 列举 MySQL 的三种优势并简要说明。
3. 简述 SQL 语言的四个主要特点。

第2章 创建和管理数据库

在数据库管理系统中，创建和管理数据库是两项至关重要的任务。

创建数据库是规划并设计数据库结构的过程，包括定义数据表、字段、索引等，同时为其分配必要的存储空间和访问权限。这一过程通常通过 SQL 命令来完成，旨在确保数据的准确性和高效性。而管理数据库则是一个持续的过程，涵盖了数据库的各个方面，例如性能监控、数据备份与恢复、数据完整性和安全性的维护，以及用户权限管理和并发访问控制等。这需要数据库管理员（DBA）具备深厚的专业知识和丰富的经验，以确保数据库系统的稳定运行和数据安全。

随着业务的发展和数据量的增长，数据库也需要不断优化和升级，以适应新的需求和挑战。创建和管理数据库是一个复杂而持续的过程，需要从技术、管理和安全等多方面综合考虑。

2.1 连接 MySQL 服务器

2.1.1 字符集和校对规则

1. 字符集（character set）

字符集是字符的集合，它为字符到数字的映射提供了一种规则。在 MySQL 中，字符集决定了数据存储和检索时的字符编码方式。当我们说“你好”时，对于不同的人来说，可能有不同的发音或理解方式，字符集就是确保这些字符在计算机系统中能被准确解读的一套规则。

MySQL 支持多种字符集，如 utf8、latin1、gbk 等。其中，utf8 是目前最常用的字符集之一，能够支持世界上大部分语言的字符表示。

2. 校对规则（collation）

校对规则决定了字符如何进行比较和排序。例如，当需要按照字母顺序对字符串进行排序时，就需要使用到校对规则。每种字符集通常包含多种校对规则，而且规则的差异会影响比较与排序的结果。

例如，utf8_general_ci 和 utf8_bin 都是基于 utf8 字符集的校对规则，但它们的比较规则不同。utf8_general_ci 不区分大小写，而 utf8_bin 是区分大小写的。

2.1.2 启动 MySQL 服务

在 Windows 系统中，MySQL 服务是一个后台运行的进程，负责监听数据库连接请求并执行相应的数据库操作。在使用 MySQL 之前，需要先确保 MySQL 服务已经启动。

Windows 系统提供了多种方式来启动 MySQL 服务，这里我们介绍两种常用的方法。

1. 通过服务管理器启动 MySQL 服务

按 Win+R 组合键，打开“运行”对话框，在对话框中输入 services. msc，然后按 Enter 键，打开服务管理器，如图 2.1 所示。

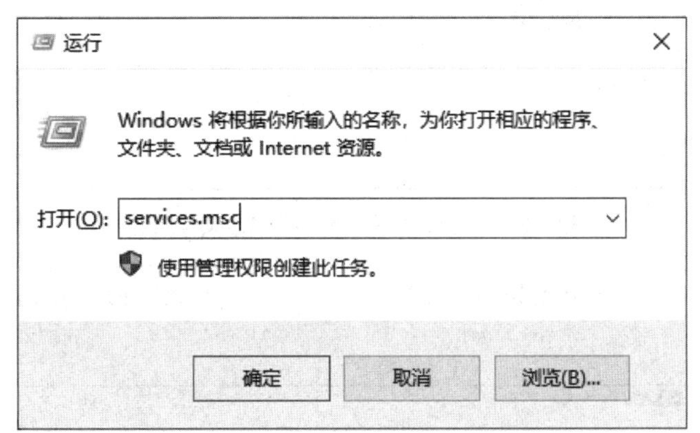

图 2.1 在“运行”对话框中打开服务管理器

MySQL 服务的启动、停止和重新启动

浏览服务列表，找到适合的 MySQL 服务。通常服务名包含 MySQL 字样，如 MySQL57 或 MySQL80，MySQL 8 版本的服务一般是 MySQL80。

如图 2.2 所示，右击 MySQL 服务，选择“启动”选项。

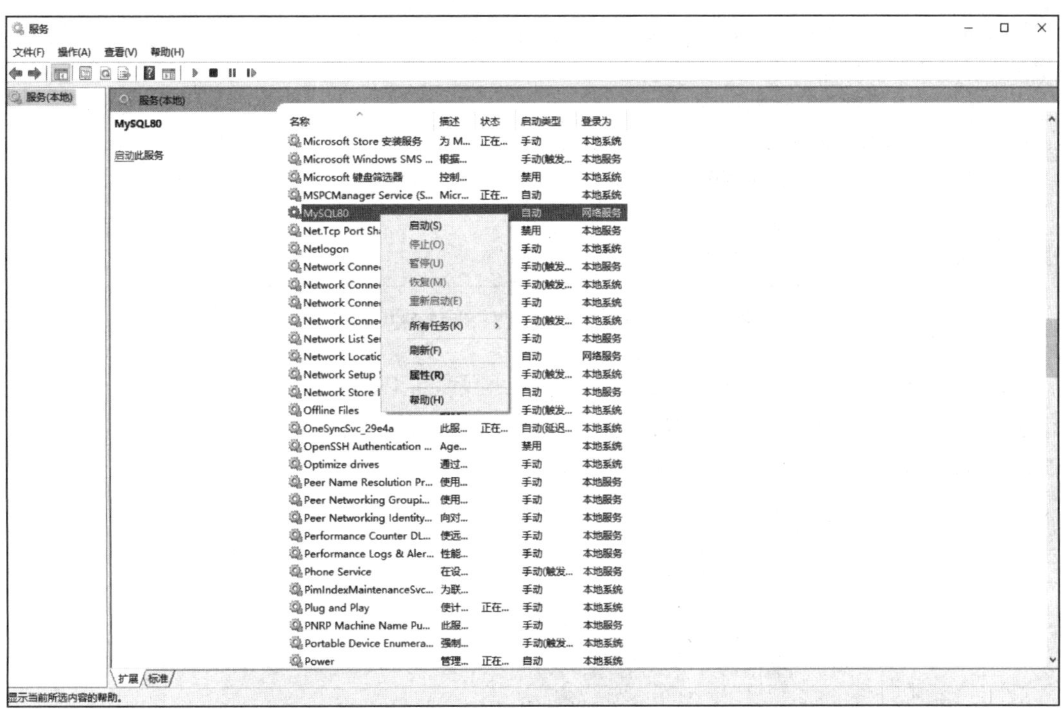

图 2.2 在服务列表中选择并启动适合的 MySQL 服务

2. 通过命令提示符启动 MySQL 服务

打开命令提示符(CMD),输入命令 net start ＜服务名＞,启动 MySQL 服务,如图 2.3 所示。其中＜服务名＞是 MySQL 服务的名称,可以通过服务管理器查看。

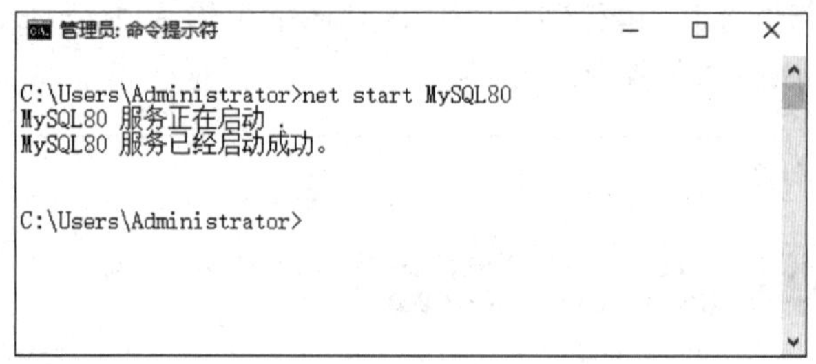

图 2.3 通过命令提示符启动 MySQL 服务

如果服务已经启动,会出现如图 2.4 所示的提示,表示此时服务器已经启动,无须再次启动。

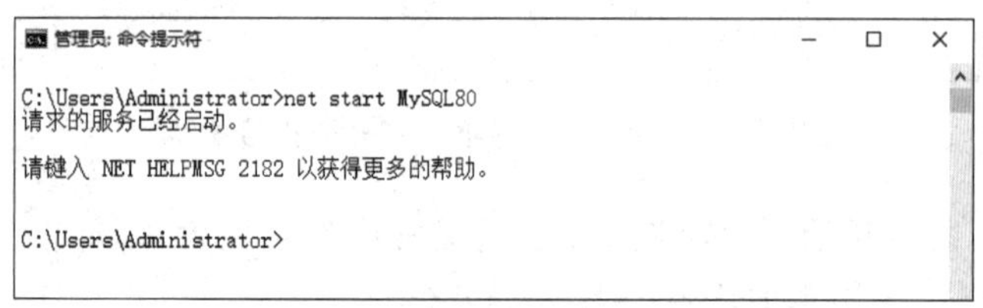

图 2.4 MySQL 服务已经启动提示

注意:如果要关闭 MySQL 服务,可以使用命令 net stop MySQL80,如图 2.5 所示。

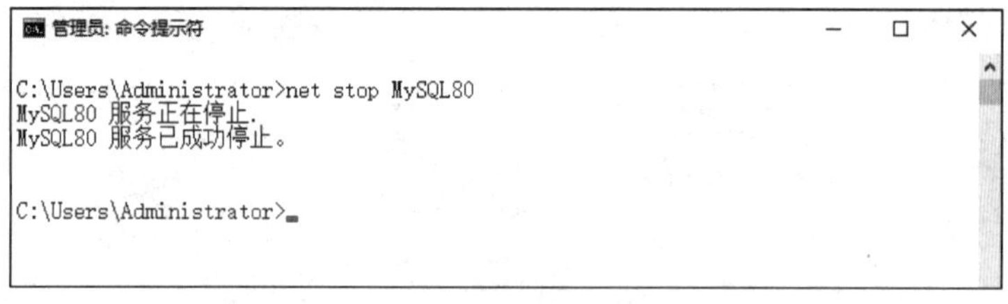

图 2.5 在命令提示符中关闭 MySQL 服务

如果想查看 MySQL 的服务状态,如图 2.6 所示,可以使用命令 sc query MySQL80。其中,如果 STATE 出现 RUNNING,则表示 MySQL 服务正在运行;如果出现 STOPPED,则表示 MySQL 服务没有启动。

```
管理员: 命令提示符
C:\Users\Administrator>sc query MySQL80

SERVICE_NAME: MySQL80
        TYPE               : 10  WIN32_OWN_PROCESS
        STATE              : 4  RUNNING
                                (STOPPABLE, PAUSABLE, ACCEPTS_SHUTDOWN)
        WIN32_EXIT_CODE    : 0  (0x0)
        SERVICE_EXIT_CODE  : 0  (0x0)
        CHECKPOINT         : 0x0
        WAIT_HINT          : 0x0

C:\Users\Administrator>
```

图 2.6 在命令提示符中查看 MySQL 的服务状态

2.1.3 连接 MySQL 服务器

连接 MySQL 服务器类似于进入图书馆查阅资料：首先需要找到图书馆（MySQL 服务器），然后走到门口（输入命令），出示借阅证（用户名和密码），最后通过验证后就可以进入图书馆（连接到 MySQL 服务器），这样才能开始查阅书籍（执行 SQL 命令）。

使用命令行连接 MySQL 服务器语法如下：

```
mysql -h 主机名 -u 用户名 -p
```

其中，各参数注明如下：

- -h 用于指定 MySQL 服务器的主机名或 IP 地址。如果 MySQL 服务器就在本地，可以省略这个参数。
- -u 用于指定 MySQL 用户名。
- -p 提示需要输入密码。在输入这个参数后，系统会提示输入密码。可以在-p 后面输入密码，但是这样不安全，不推荐这种方式。

在命令提示符中输入命令之后，当看到 Enter password：的提示后，输入正确的密码，即可连接成功，如图 2.7 所示。

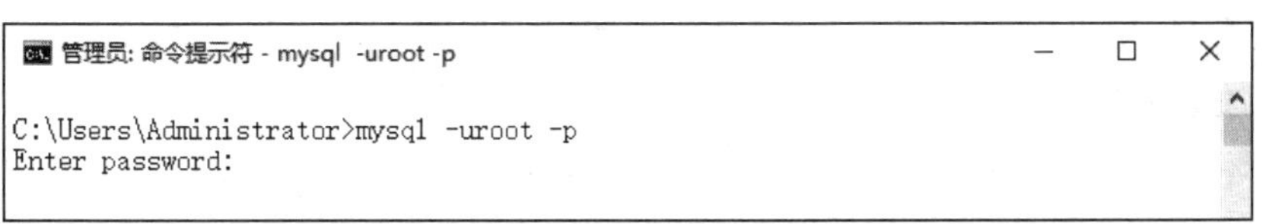

图 2.7 使用命令行连接 MySQL 服务器

连接成功后，就会出现 MySQL 的欢迎信息，如图 2.8 所示。

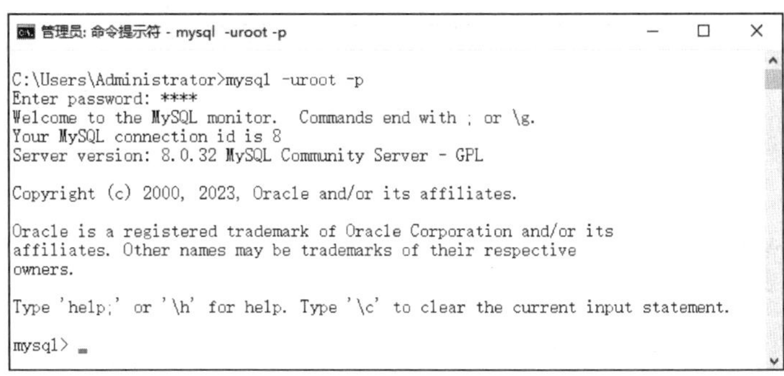

图 2.8 MySQL 成功连接信息

2.1.4 设置 MySQL 字符集

1. 查找 my.ini 文件

（1）通过 select @@basedir;查看 MySQL 的安装路径，去安装目录查看有没有 my.ini 配置文件。

（2）通过 select @@datadir;查看 MySQL 的数据存储路径的父级文件夹，查看有没有 my. ini 配置文件。

查找 my. ini 文件的示例如图 2.9 所示。

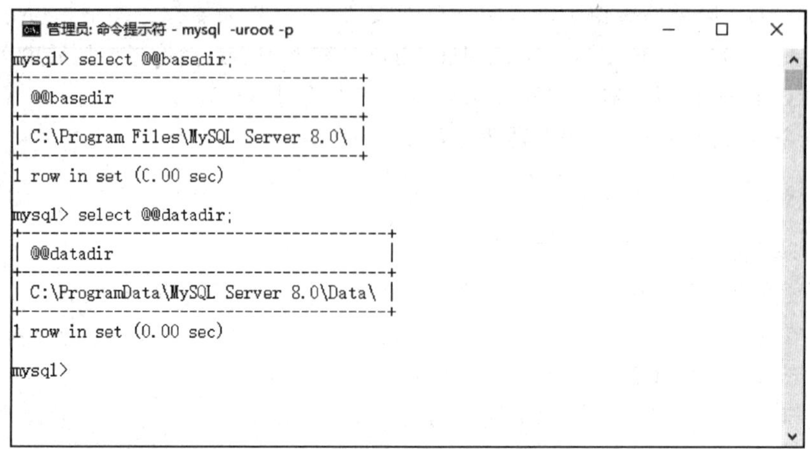

图 2.9　查找 my. ini 文件

2. 新建或编辑 my. ini 文件

如果没有 my. ini，则可新建一个；反之，则编辑该文件。

3. 修改设置

如图 2.10 所示，在[mysqld]部分下，添加或修改以下设置(如果已存在则修改其值)。

```
character-set-server=utf8
```

修改的作用是使服务端使用的字符集默认为 utf8。保存文件后，重启 MySQL 服务即可生效。

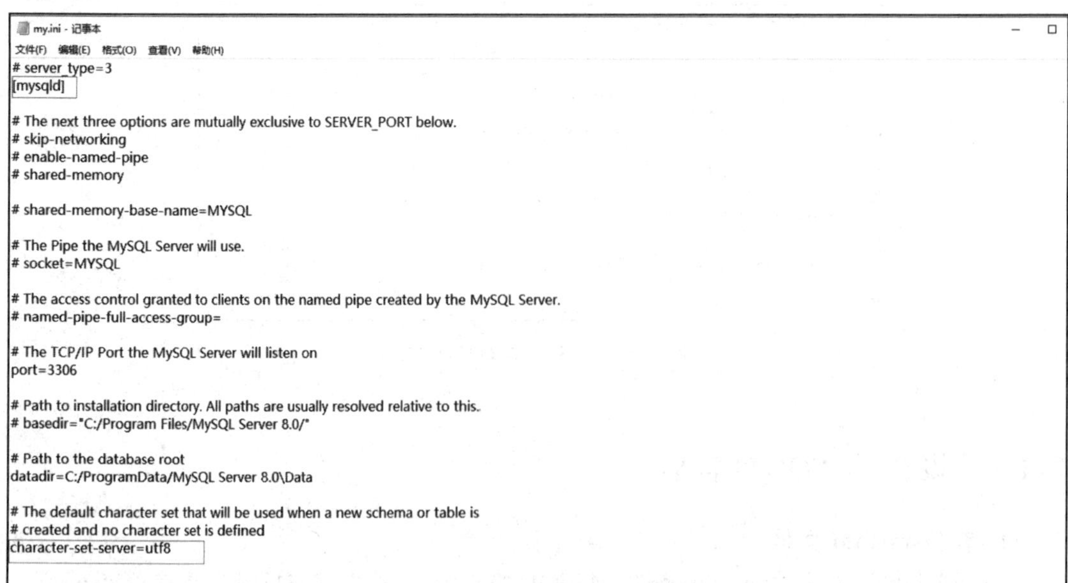

图 2.10　修改 my. ini 文件

2.1.5　使用 Workbench 连接并登录 MySQL 服务器

打开 MySQL Workbench 后，如果没看到 MySQL 的连接实例，且 MySQL 服务器部署在本机，可以单击 Rescan servers 交互控件来进行快速扫描，如图 2.11 所示。

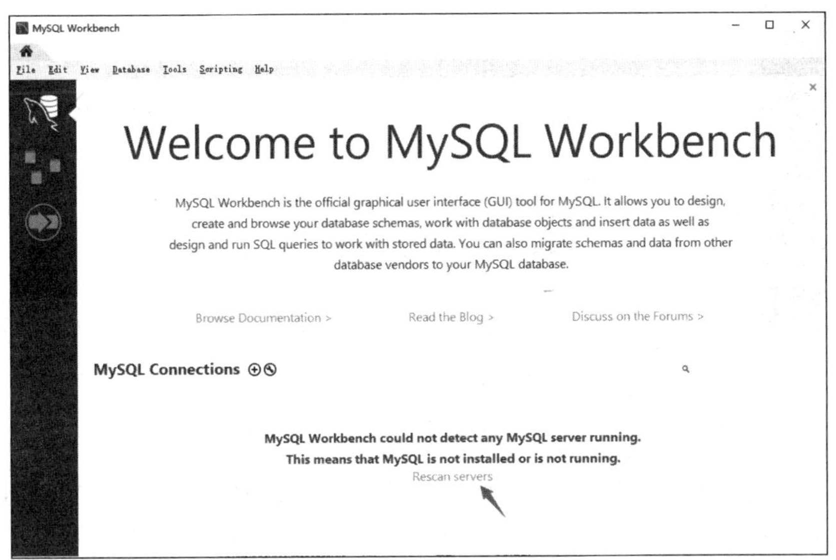

图 2.11　MySQL Workbench 启动页面

单击 Rescan servers 之后，就会扫描到 MySQL 服务器的实例，如图 2.12 所示。

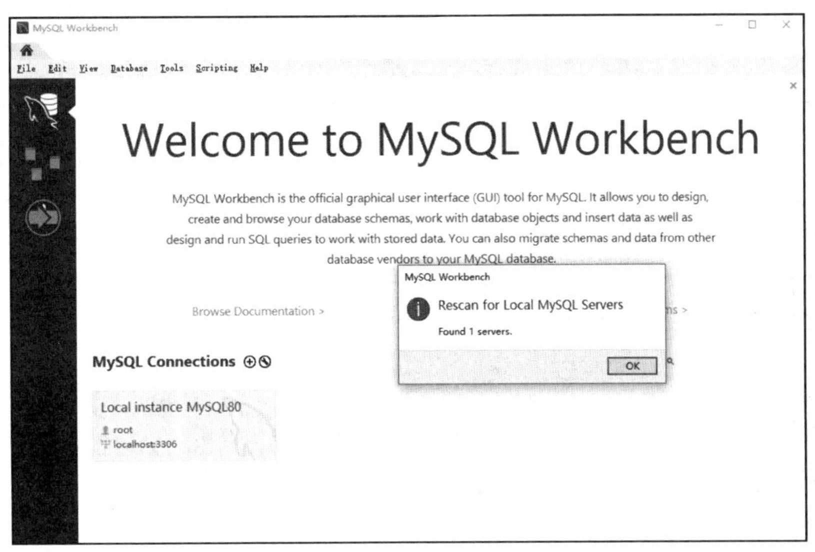

图 2.12　扫描结果提示

除了通过扫描的方式，还可以通过输入信息的方式来连接实例，例如可单击 MySQL Connections 旁边的＋号，如图 2.13 所示。

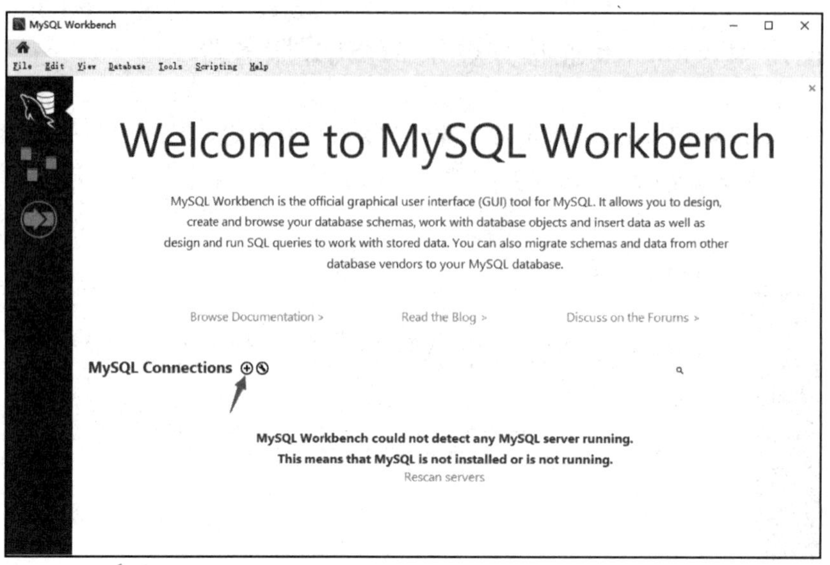

图 2.13 单击新增提示

如图 2.14 所示，在弹出的窗口中，需要填写以下连接信息：

- Connection Name 表示连接的名称，可以是任何容易识别的名称，如 MySQL8；
- Connection Method 表示连接方法，通常选择 Standard (TCP/IP)或简单的 TCP/IP；
- Hostname 表示 MySQL 服务器的主机名或 IP 地址，如果数据库在本地，通常为 127.0.0.1 或 localhost；
- Port 表示 MySQL 服务器的端口号，默认为 3306；
- Username 表示用于连接 MySQL 的用户名；
- Password 表示对应用户名的密码。

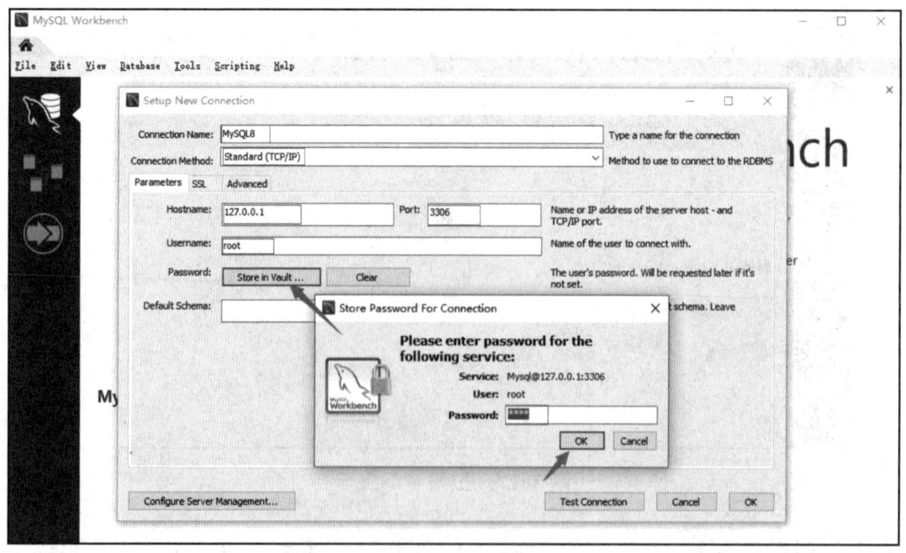

图 2.14 设置连接数据库信息

如图 2.15 所示，填写完所有信息后，可单击 Test Connection 按钮来测试连接是否成功。如果成功，将看到一条成功的消息，此时单击 OK 按钮即可成功创建数据库实例。

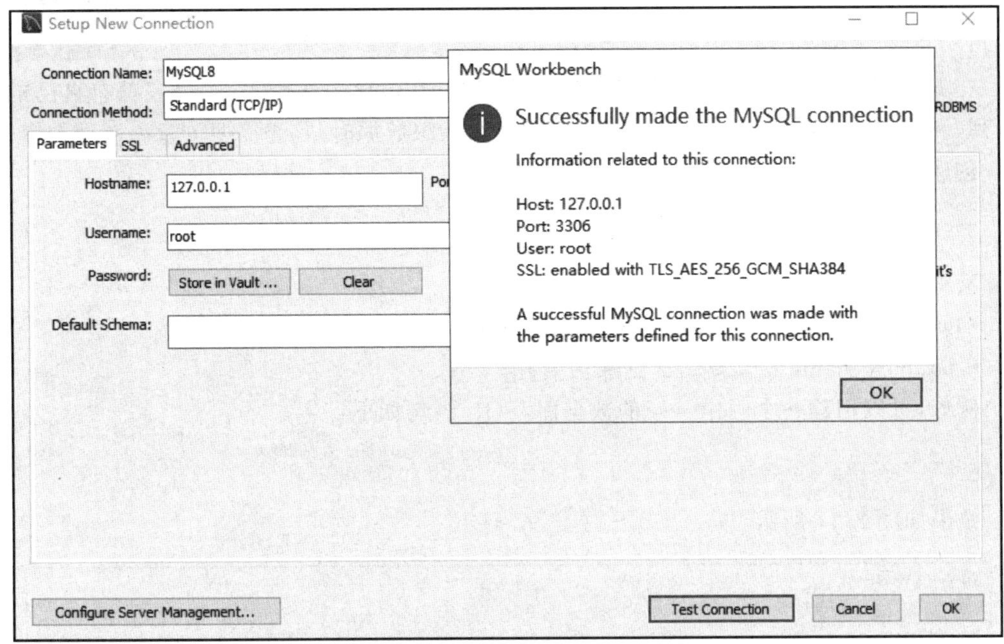

图 2.15 创建数据库实例成功提示

如图 2.16 所示，单击 MySQL 实例，如果需要输入密码，则输入正确的密码，并且勾选 Save password in vault，勾选后自动保存密码。

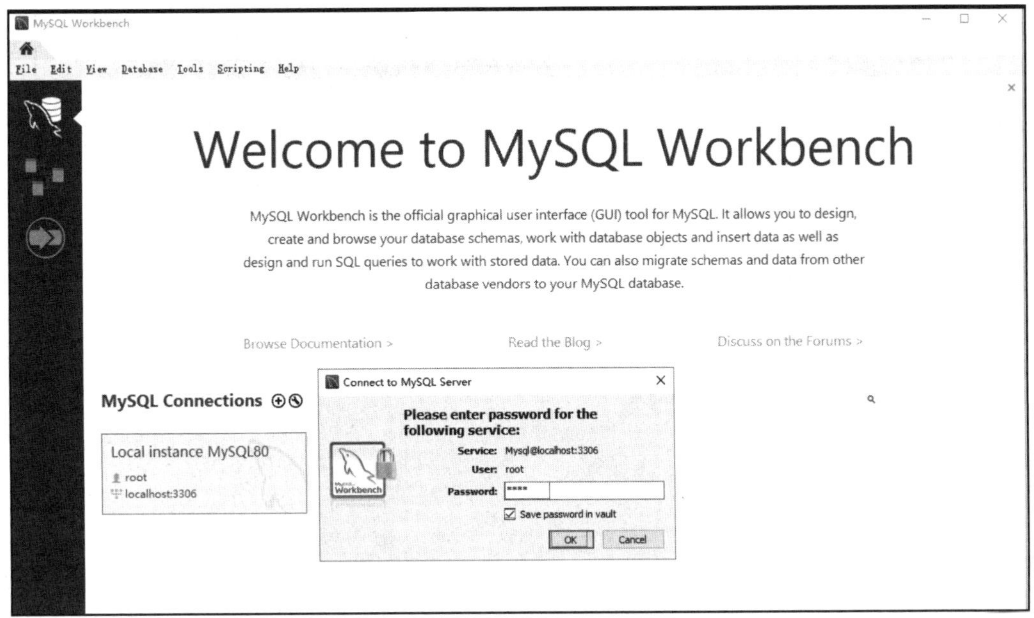

图 2.16 设置密码提示

创建和删除数据库

2.2 创建数据库

在 MySQL 中，数据库是一个存储数据的容器，它包含了多个表，每个表都有自己的字段(列)和数据。当我们开始一个新的项目或需要组织数据时，首先需要创建一个数据库。

创建数据库的语法如下：

```
CREATE DATABASE database_name;
```

其中：

- CREATE DATABASE 是创建数据库的命令；
- database_name 是创建的数据库的名称。

例如，可以创建一个叫作 test 的数据库，SQL 语句如下：

```
CREATE DATABASE test;
```

效果如图 2.17 所示。

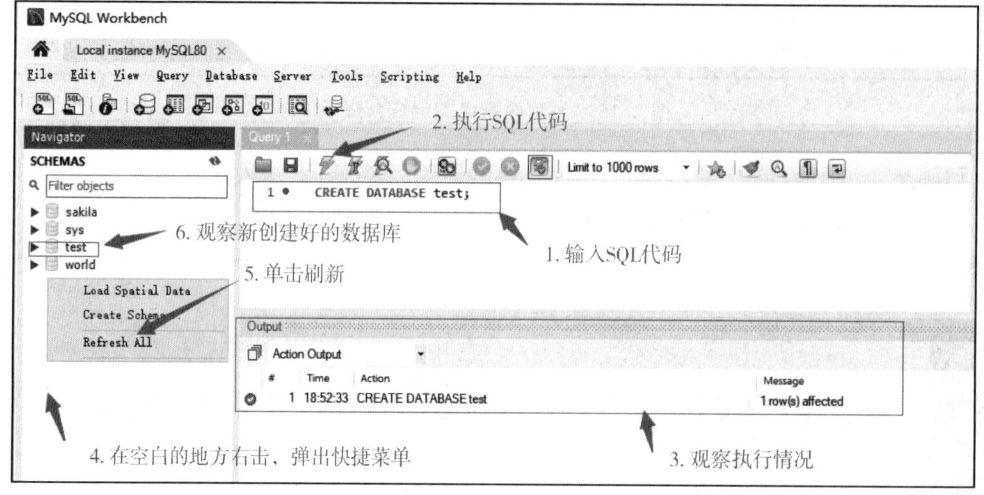

图 2.17 创建数据库步骤

如果想要创建更为复杂的数据库，可以使用以下语法：

```
CREATE DATABASE database_name
CHARACTER SET charset_name
COLLATE collation_name;
```

其中：

- database_name 是数据库名称；
- charset_name 是字符集名称，如 utf8mb4；
- collation_name 是校对规则名称，如 utf8mb4_unicode_ci。

假设要创建一个名为 test_utf8 的数据库，并指定使用 utf8mb4 字符集、utf8mb4_

unicode_ci 校对规则，MySQL 代码如下：

```
CREATE DATABASE test_utf8 CHARACTER SET utf8mb4 COLLATE utf8mb4_unicode_ci;
```

效果如图 2.18 所示。

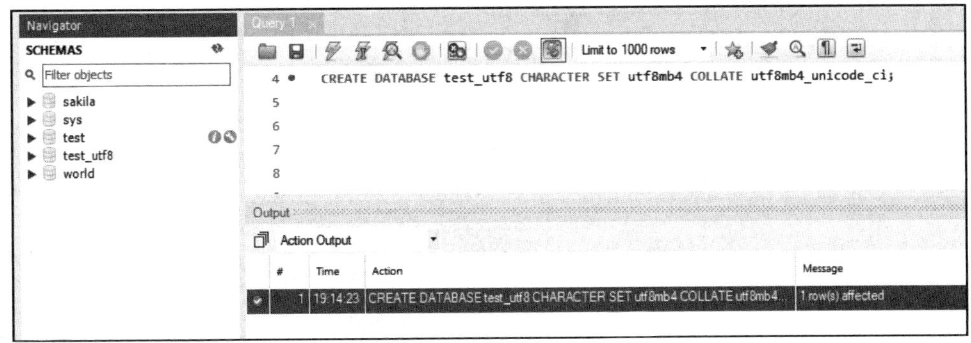

图 2.18　创建数据库并设置字符集

如果需要在判断数据库不存在时才创建数据库，则可以使用以下语句：

```
CREATE DATABASE IF NOT EXISTS database_name;
```

除了使用 SQL 语句创建数据库，还可以使用 Workbench 进行创建，具体步骤如下，如图 2.19～图 2.21 所示。

(1) 切换到 Schemas 标签页，则可以显示所有的数据库。

(2) 在 Schemas 标签页下的空白处右击。

(3) 在菜单中选择 Create Schema 命令。

(4) 在右侧的窗口中输入要创建的数据库的名称。

(5) 根据需求设置字符集与校对规则。

(6) 设置完成后，单击 Apply 按钮。

(7) 进入 Review SQL Script 界面，系统已经自动生成一部分 SQL 语句，单击右下角的 Apply 按钮。

(8) 系统提示 SQL script was successfully applied to the database，说明数据库创建成功，单击右下角的 Close 按钮，关闭操作界面。

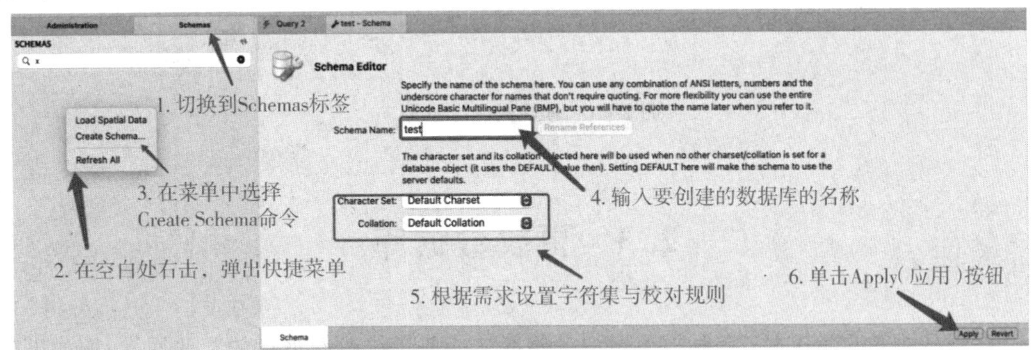

图 2.19　创建数据库步骤 1

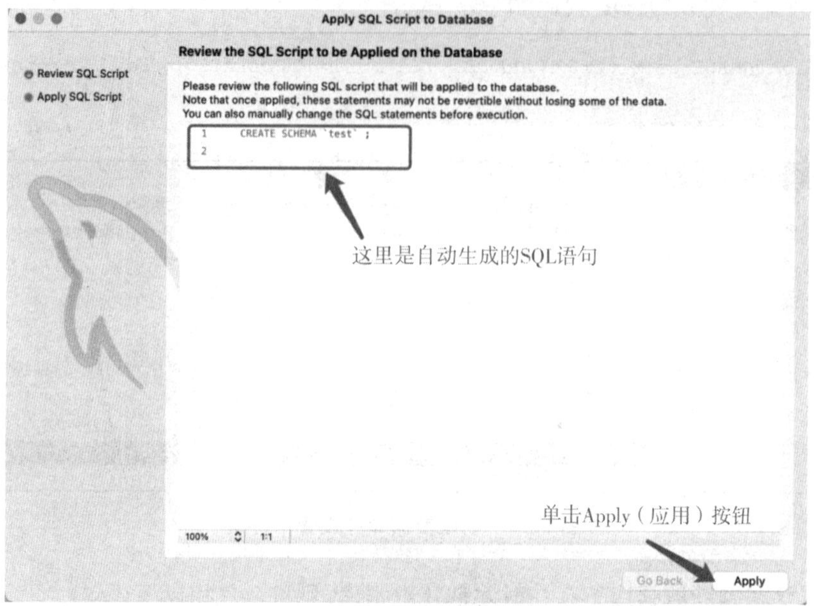

图 2.20　创建数据库步骤 2

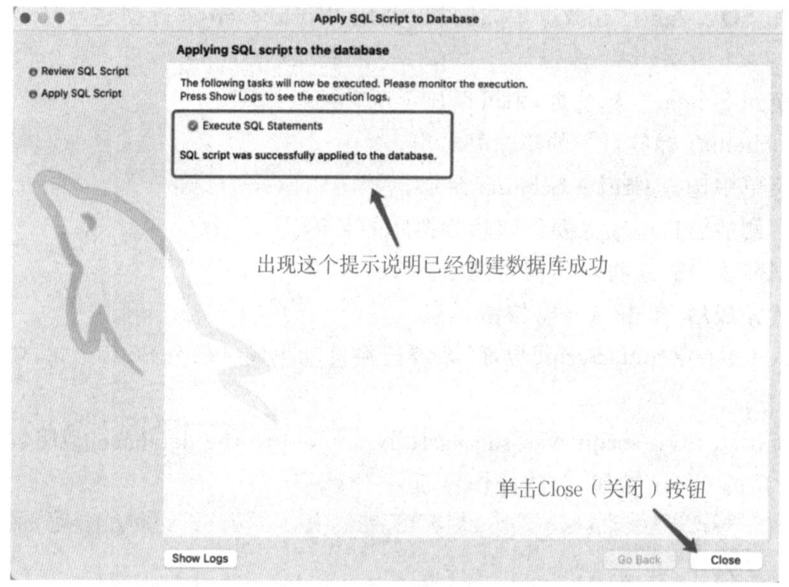

图 2.21　创建数据库步骤 3

2.3　更改数据库

在创建好数据库之后，有时需要增加一些新功能或者修改数据库的某些属性，例如更改字符集或校对规则。这时候就用到 ALTER DATABASE 语句。在实际的操作中，更改数据库的字符集或校对规则，可能会影响已存储的数据的完整性，所以在执行此类操作之前，最好先备份数据库。

修改数据库的某些属性的语法如下：

```
ALTER DATABASE database_name
[DEFAULT] CHARACTER SET character_set_name
[COLLATE collation_name];
```

其中：

- database_name 是要修改的数据库名；
- CHARACTER SET 是用于指定数据库的字符集；
- COLLATE 则用于指定字符集的校对规则。

由于更改数据库属性并不常用，所以可以通过练习的方式进行熟悉。先创建一个名为 test 的数据库，然后通过更改 test 数据库进行练习。

如果将 test 数据库的字符集改成 utf8mb4，校对规则改成 utf8mb4_unicode_ci，可以使用如下语句。

- 如果不存在 test 数据库，则创建 test 数据库：

```
CREATE DATABASE IF NOT EXISTS test;
```

- 将 test 数据库的字符集改成 utf8mb4，校对规则改成 utf8mb4_unicode_ci：

```
ALTER DATABASE test CHARACTER SET utf8mb4 COLLATE utf8mb4_unicode_ci;
```

效果如图 2.22 所示。

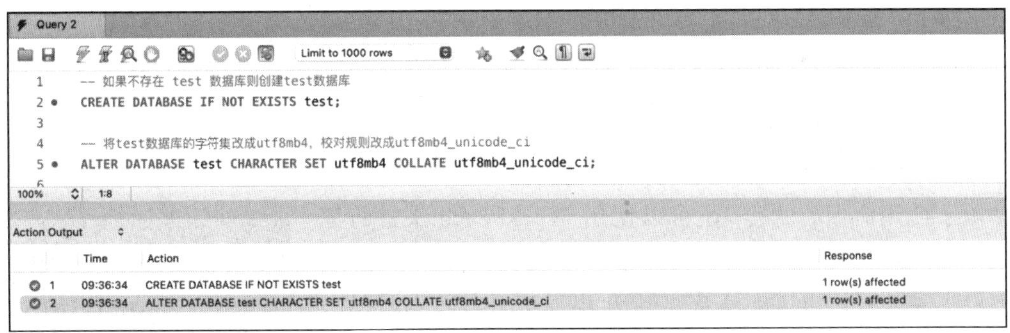

图 2.22 使用 SQL 语句修改数据库字符集与校对规则

如图 2.23 所示，也可以使用 Workbench 更改数据库的字符集与校对规则，具体步骤如下所示。

(1) 切换至 Schemas 标签页，显示所有的数据库。

(2) 在 Schemas 标签页下的空白处，右击要修改的数据库。

(3) 在弹出的快捷菜单中，选择 Alter Schema 命令。

(4) 根据需求设置字符集与校对规则等参数。

(5) 设置完成后，单击右下角的 Apply 按钮。

(6) 单击后续的 Apply 和 Close 按钮。

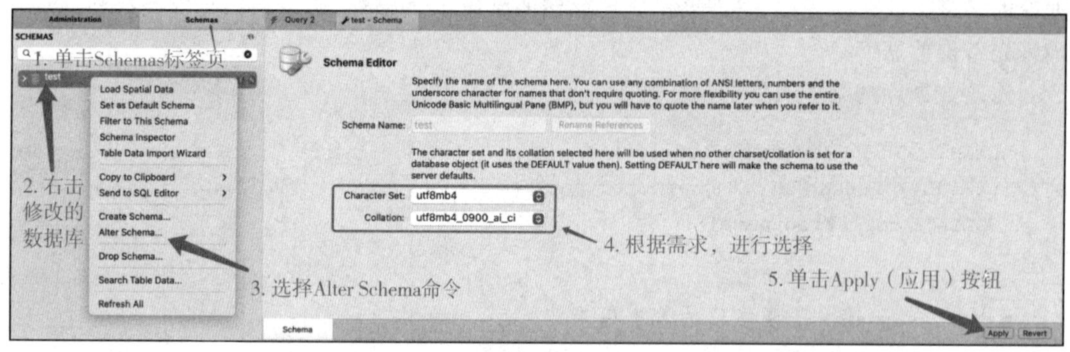

图 2.23　使用 Workbench 更改数据库的字符集与校对规则

2.4　操纵数据库

2.4.1　删除数据库

2.3 节曾创建了一个测试用的 test 数据库。测试完成之后，如果想要将其删掉，可以使用 DROP DATABASE 语句，它的语法如下：

```
DROP DATABASE database_name;
```

其中：

- DROP DATABASE 是用来删除数据库的命令；
- database_name 是删除的数据库的名称。

如果要删除 2.3 节创建的 test 数据库，则可以使用以下 SQL 语句：

```
DROP DATABASE test;
```

除了使用命令行命令，还可以使用 Workbench 来进行删除，具体步骤如下。

(1) 切换至 Schemas 标签页，则可以显示所有的数据库。

(2) 右击想要删除的数据库名称，弹出快捷菜单。注意，页面显示的数据库不一定存在，可以先进行刷新。

(3) 选择 Drop Schema 命令进行数据库的删除。

具体操作如图 2.24 所示。

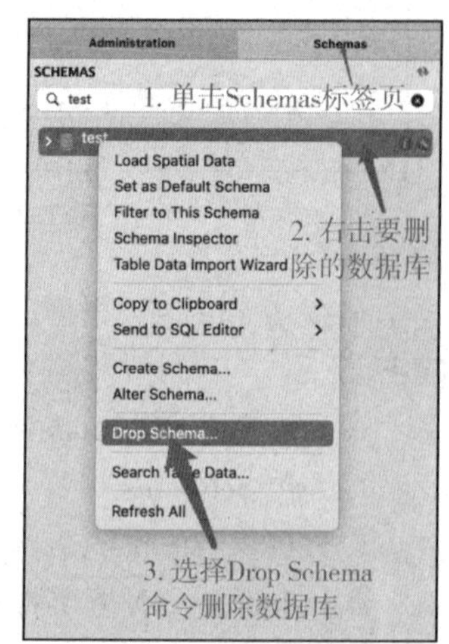

图 2.24　使用 Workbench 删除数据库

2.4.2　MySQL 存储引擎

1. MySQL 存储引擎简介

数据库存储的数据种类繁多，MySQL 为不同场景的数据库提供了多种存储引擎，每种存储引擎都有其独特的特性和适用场景。例如，有些存储引擎更适合快速读写，而有些则更适合存储大量数据。

存储引擎是 MySQL 的核心组件之一，它决定了数据如何存储在磁盘上，以及数据如何被检索和修改。简单来说，存储引擎就是 MySQL 用来管理数据的工具箱。

2. 使用 InnoDB 存储引擎

InnoDB 存储引擎是 MySQL 中的默认且功能强大的存储引擎之一，提供了许多高级功能和性能优化，特别适用于需要事务支持、高并发读写以及数据完整性的应用场景。以下是 InnoDB 存储引擎的主要特点与功能。

1）事务支持

- InnoDB 完全支持 ACID（原子性、一致性、隔离性和持久性）事务，能够确保数据的完整性和一致性。
- 通过事务，可以执行一系列数据库操作。这些操作要么全部成功提交，要么全部失败并回滚到操作前的状态。

2）外键约束

- InnoDB 支持外键约束，这是关系数据库管理系统的一个重要特性，用于维护数据引用完整性。
- 外键约束可以确保在插入、更新或删除数据时，相关数据表之间的数据关系保持一致。

3）并发控制

- InnoDB 使用多版本并发控制（MVCC）技术来实现高并发读写操作，允许一个事务在不受其他事务干扰的情况下访问一致性的数据快照。
- InnoDB 支持行级锁定，只锁定需要修改的行，从而提高了并发性能。

4）缓存机制

- InnoDB 使用缓冲池（buffer pool）来缓存数据和索引，减少了磁盘 I/O 操作，提高了查询性能。
- 缓冲池是 InnoDB 存储引擎的一个关键组成部分，其大小对数据库性能有很大影响。

5）崩溃恢复

- InnoDB 支持自动崩溃恢复，可以在数据库异常终止后自动恢复数据。
- 通过重放事务日志，数据库会恢复到一致性状态，最大程度减少数据丢失风险。

6）数据校验和加密

- InnoDB 支持数据校验，可以在数据被使用前检测磁盘或内存中的数据是否损坏。
- 提供数据加密功能，保护敏感信息免受未经授权的访问，提升数据安全性。

7）其他特性

- 支持在线热备份和恢复，无须停止数据库服务即可进行备份操作。
- 支持全文索引，可以在文本数据上进行快速的全文搜索。
- 支持动态行格式，使得 BLOB 和长文本字段的存储布局更高效。
- 提供自适应哈希索引，以加速等值查询。
- 允许对表和索引进行压缩，以节省存储空间并提高存储效率。

8）性能优化

- InnoDB 的变更缓冲（change buffer）可以优化插入、更新和删除操作，减少磁盘 I/O。

• 主键优化使得涉及主键的操作更加快速。

9）监控和诊断

InnoDB提供了丰富的监控和诊断工具，如INFORMATION_SCHEMA表，帮助管理员和开发人员深入了解数据库的性能和状态。

3. 使用MyISAM存储引擎

MyISAM是MySQL数据库中常用的存储引擎之一，它具有一些独特的特点和适用场景，以下是关于MyISAM存储引擎的特点。

1）支持全文索引

这可以提高文本字段的搜索效率，适用于在大量文本数据中快速查找信息。

2）不支持事务

与InnoDB等存储引擎不同，MyISAM不支持事务处理。这意味着在并发访问时可能会出现数据不一致的情况。

3）表级锁定

MyISAM使用表级锁定来实现并发访问，而不是行级锁定。这意味着在一张表上进行写操作时，其他对该表的读或写操作都将被阻塞，可能会导致性能瓶颈。

4）不支持外键

MyISAM存储引擎不支持外键约束，因此需要在应用程序层面来维护数据的一致性。

5）较快的读取速度

MyISAM在读取大量数据时性能较高，特别是当进行全表扫描时，这使得它更适于读密集型的应用场景。

6）不支持事务回滚和崩溃恢复

如果MyISAM表在崩溃时发生损坏，数据可能无法恢复。

MyISAM存储引擎适用于读密集型或者对全文搜索有需求的场景，如日志记录、搜索引擎等。在这些场景中，读取操作的频率远高于写入操作，因此MyISAM的高读取性能可以得到充分发挥。

4. 使用MEMORY存储引擎

MEMORY存储引擎，原被称为HEAP引擎，其特点如下。

• 高速数据访问：MEMORY存储引擎将所有数据和索引数据存放在主内存(RAM)中，因此数据的访问速度非常快。同时，它使用缓存技术来进一步提升数据的查询效率。
• 非持久化存储：由于数据全部存储在内存中，MEMORY存储引擎特别适用于需要快速读写操作且对数据持久化要求不高的场景，如缓存、会话管理和临时数据处理等。

5. 存储引擎的选择

在选择存储引擎时，应充分考虑应用系统的特点和需求进行评估。

• MyISAM是MySQL常用的存储引擎之一，特别适用于读操作和插入操作频繁，而更新和删除操作较少的应用。这种存储引擎在处理大量读取和插入操作时表现出色，但在高并发或需要强数据一致性的场景下可能不是最佳选择。MyISAM常被用于Web应用程序、数据仓储等场景，其中数据的一致性和并发性要求相对较低。
• InnoDB存储引擎则更适合于需要处理复杂事务和保证数据完整性的应用。它支持事务处理和外键约束，能够在并发环境下确保数据的完整性和一致性。对于涉及大量更新、删除操作，以及对数据准确性要求极高的系统（如计费系统或财务系统），InnoDB 是非常合适的选择。它能够有效地降低由于数据操作导致的锁定，并确保事务的完整提交和回滚。

- MEMORY 存储引擎将所有数据保存在内存中，从而提供了极快的访问速度。它适用于需要快速定位记录或进行类似数据操作的环境。然而，由于 MEMORY 存储引擎将数据存储在内存中，因此它受到内存大小的限制，并且无法持久化存储数据。在数据库异常终止后，MEMORY 表中的数据可能会丢失。因此，MEMORY 存储引擎通常用于更新不频繁且数据量较小的表，以便快速获取访问结果。

在选择存储引擎时，建议仔细评估应用系统的需求，并根据实际情况选择合适的存储引擎。如果需要处理复杂事务和保证数据完整性，可以选择 InnoDB 存储引擎；如果以读操作和插入操作为主，且对事务的完整性要求不高，可以选择 MyISAM 存储引擎；而对于需要快速访问且数据量较小的情况，可以考虑使用 MEMORY 存储引擎，几类存储引擎比较如表 2.1 所示。

表 2.1 MySQL 的几种存储引擎的特点及比较

特　点	MyISAM	InnoDB	MEMORY
存储限制	有	64TB	有
事务安全		支持	
锁机制	表锁	行锁	表锁
B 树索引	支持	支持	支持
哈希索引			支持
全文索引	支持		
集群索引		支持	
数据缓存		支持	支持
索引缓存	支持	支持	支持
数据可压缩	支持		
空间使用	低	高	N/A
内存使用	低	高	中等
批量插入的速度	高	低	高
支持外键		支持	

本章小结

本章系统讲解了数据库创建与管理的核心技术，涵盖连接配置（字符集与校对规则设置）、库操作（创建、修改、删除）及存储引擎选择（InnoDB 与 MyISAM 特性对比）。通过案例演示了不同场景下的数据库操作，如指定字符集创建数据库、修改存储引擎及事务支持配置，强调存储引擎对数据持久化与性能的影响。内容兼顾理论与实践，为数据库设计与运维提供基础支撑。

课 后 习 题

一、选择题

1. 在 MySQL 中,要创建一个名为 students 的数据库,应该使用(　　)命令。
   A. CREATE TABLE students;
   B. CREATE DATABASE students;
   C. CREATE DATABASES students;
   D. CREATE DATABASE student;
2. 用于删除名为 courses 的数据库的命令是(　　)。
   A. DELETE DATABASE courses;
   B. DROP TABLE courses;
   C. DROP DATABASE courses;
   D. DELETE DATABASES courses;
3. 当尝试删除一个包含表的数据库时,会发生(　　)。
   A. 数据库会被成功删除,但表会被保留
   B. 会收到一个错误,提示数据库不能被删除
   C. 数据库和表都会被成功删除
   D. 会提示先删除所有表,然后才能删除数据库
4. 用来查看当前 MySQL 服务器上所有数据库的命令是(　　)。
   A. SHOW TABLES;　　B. SHOW DATABASES;
   C. LIST DATABASES;　　D. DESC DATABASES;
5. 在执行 DROP DATABASE 命令后,可以用来恢复已删除的数据库的命令是(　　)。
   A. RESTORE DATABASE dbname;
   B. ROLLBACK DROP DATABASE dbname;
   C. RECREATE DATABASE dbname;
   D. 一旦删除,就无法恢复
6. 如果确保在创建数据库时不会覆盖已存在的同名数据库,应该(　　)。
   A. 在创建数据库之前,先检查它是否存在
   B. 使用 CREATE DATABASE IF NOT EXISTS 语句
   C. 无法实现,因为 MySQL 不允许这样做
   D. 使用 CREATE UNIQUE DATABASE 语句

二、实操题

1. 使用命令行创建一个名为 story 的数据库后,修改数据库使用 utf8mb4 字符集,修改成功后将该数据库删除。

2. 使用 Workbench 创建一个名为 story 的数据库后,修改数据库使用 utf8mb4 字符集,修改成功后将该数据库删除。

第3章 创建和管理数据表

在数据库中，数据表是数据库中最重要、最基本的操作对象，是组成数据库的基本元素，也是数据存储的基本单位。数据表由若干字段组成，主要用来实现存储数据记录。数据表的操作主要包含创建、查询、修改和删除。

3.1 MySQL 数据类型介绍

数据库提供了多种数据类型，其中包括整数类型、浮点数类型、定点数类型、日期和时间类型、字符串类型和二进制数据类型。不同的数据类型有各自的特点，适用范围不相同，存储方式也不一样。因此，在创建数据表之前，必须了解 MySQL 支持的数据类型。

3.1.1 整数类型

整数类型用于存储不带小数的数值，整数类型主要有 TINYINT、SMALLINT、MEDIUMINT、INT、BIGINT 这 5 种类型，如表 3.1 所示。

表 3.1 整数类型

数据类型	说　明	字节数	取值范围(有符号)	取值范围(无符号)
TINYINT	范围非常小的整数	1	－128～127	0～255
SMALLINT	小范围整数	2	－32768～32767	0～65535
MEDIUMINT	中等范围的整数	3	－8388608～8388607	0～16777215
INT	常规范围的整数	4	－2147483648～2147483647	0～4294967295
BIGINT	超大范围的整数	8	－9223372036854775808～9223372036854775807	0～18446744073709551615

1. TINYINT 类型

1) 特点

TINYINT 类型用于存储范围非常小的整数，存储范围为－128～127(如果使用 UNSIGNED 属性，则范围为 0～255)。TINYINT 类型通常占用 1 字节的存储空间，非常适合需要节省存储空间的场景。它还可用于表示布尔值，因为它只需要 1 字节，且可以表示

0 和 1 两个状态。

2）用途

适用于存储非常小范围的整数值，如性别、状态、等级等。在需要节省存储空间或存储布尔值的情况下，TINYINT 无疑是更优的选择。

3）示例

```
--创建使用 TINYINT 类型字段的表
CREATE TABLE employees(
    employee_id INT,
    employee_name VARCHAR(100),
    gender TINYINT
);
```

在这个示例中，gender 字段的数据类型被定义为 TINYINT，用于存储员工的性别信息。这样可以节省存储空间且易于管理。

2. SMALLINT 类型

1）特点

SMALLINT 类型用于存储较小范围的整数，存储范围为－32768～32767（如果使用 UNSIGNED 属性，则范围为 0～65535）。SMALLINT 类型通常占用 2 字节的存储空间，比 INT 类型（4 字节）更节省存储空间。

2）用途

存储较小范围的整数值，如等级、评分、数量等。在需要节省存储空间且范围适合的情况下，SMALLINT 类型比 INT 类型更好。

3）示例

```
--创建使用 SMALLINT 类型字段的表
CREATE TABLE students (
    student_id INT,
    student_name VARCHAR(100),
    grade SMALLINT
);
```

在这个示例中，grade 字段的数据类型被定义为 SMALLINT，用于存储学生的成绩等级。这样可以有效地存储较小范围的整数值，并在表中管理和操作这些数据。

3. MEDIUMINT 类型

1）特点

MEDIUMINT 类型用于存储中等范围的整数，存储的范围为－8388608～8388607（如果使用 UNSIGNED 属性，则范围为 0～16777215）。MEDIUMINT 类型通常占用 3 字节的存储空间，比 INT 类型占用的 4 字节要小，但比 SMALLINT 类型占用的 2 字节要大，适合于需要存储中等范围整数且又想节省存储空间的场景。

2）用途

适用于存储中等范围的整数值，如用户编号、班级编号等。在需要节省存储空间或限制整数范围的情况下，可以选择 MEDIUMINT 类型而不是 INT 类型。

3）示例

```
--创建使用 MEDIUMINT 类型字段的表
CREATE TABLE departments (
    department_id MEDIUMINT,
    department_name VARCHAR(100),
    manager_id INT
);
```

在这个示例中，department_id 字段的数据类型被定义为 MEDIUMINT，用于存储部门的编号信息。

4. INT 类型

1）特点

INT 类型用于存储常规范围的整数，存储范围为－2147483648～2147483647（如果使用 UNSIGNED 属性，则范围为 0～4294967295）。INT 类型通常占用 4 字节的存储空间，可以存储整数值而不损失精度。可以使用不同的属性来指定 INT 类型的大小，如 TINYINT、SMALLINT、MEDIUMINT 等，它们分别占用 1、2、3 字节的存储空间，范围和精度也有所不同。

2）用途

适用于存储常规范围的整数值，如员工编号、订单数量、年龄等。在需要节省存储空间或限制整数范围的情况下，可以根据具体需求选择不同大小的 INT 类型。INT 类型通常用于作为主键或外键，用于唯一标识记录或在表之间建立关联关系。

3）示例

```
--创建使用 INT 类型字段的表
CREATE TABLE products (
    product_id INT,
    product_name VARCHAR(100),
    quantity INT,
    price DECIMAL(10, 2)
);
```

在这个示例中，product_id 和 quantity 字段的数据类型被定义为 INT，分别用于存储产品编号和数量。这样可以确保高效地存储整数值，并在表中有效地管理和操作这些数据。

5. BIGINT 类型

1）特点

BIGINT 类型用于存储超大范围的整数，存储的范围为－9223372036854775808～9223372036854775807（如果使用 UNSIGNED 属性，则范围为 0～18446744073709551615）。BIGINT 类型通常占用 8 字节的存储空间，比 INT 类型占用的 4 字节要大，适用于存储超大的整数值。

2）用途

适用于存储超大范围的整数值，如订单号、用户 ID 等。在需要存储超大整数值的情况下，可以选择 BIGINT 类型。

3）示例

```
--创建使用 BIGINT 类型字段的表
CREATE TABLE orders (
    order_id BIGINT,
    customer_id BIGINT,
    order_date DATE,
    total_amount DECIMAL(10, 2)
);
```

在这个示例中，order_id 和 customer_id 字段的数据类型被定义为 BIGINT，用于存储订单号和客户 ID 等大整数值。这样可以有效地存储超大范围的整数值，并在表中管理和操作这些数据。

3.1.2 浮点数类型和定点数类型

在 MySQL 数据表中，浮点数类型和定点数类型用于表示小数。浮点数类型包括单精度浮点数（FLOAT）和双精度浮点数（DOUBLE）。定点数类型通常是 DECIMAL。浮点数类型如表 3.2 所示。

表 3.2 浮点数类型

数据类型	说明	字节数	取值范围（有符号）	取值范围（无符号）
FLOAT	单精度浮点数	4	－3.402832466E＋38～－1.175494351E－38	0、1.175494351E－38～3.402832466E＋38
DOUBLE	双精度浮点数	8	－1.7976931348623157E＋308～2.2250738585072014E－308	0、2.2250738585072014E－308～1.7976931348623157E＋308
DECIMAL(M,D)	定点数	M＋2	由 M 和 D 决定	由 M 和 D 决定

1. FLOAT 类型

1）特点

FLOAT 类型用于存储单精度浮点数，占用字节数少，取值范围小，精度为大约 7 位小数。存储的范围为－3.402823466E＋38～－1.175494351E－38 和 1.175494351E－38～3.402823466E＋38，其中包括 0。FLOAT 类型通常占用 4 个字节的存储空间，用于存储近似值，适合于需要存储小数的情况。FLOAT 类型具有单精度，因此相对于 DOUBLE 类型来说，FLOAT 类型的精度和范围要小一些。

MySQL 浮点数类型和定点数类型可以在类型名称后加（M，D）来表示，M 表示该值的总共长度，D 表示小数点后面的长度，M 和 D 又称为精度和标度，如 float(7,4)可显示为－999.9999，MySQL 保存值时进行四舍五入，如果插入 999.00009，则结果为 999.0001。FLOAT 和 DOUBLE 在不指定精度时，默认会按照实际的精度来显示。

2）用途

适用于需要存储近似值的情况，如科学计算、工程计算、金融领域中的近似计算等。在需要节省存储空间的情况下，可以选择 FLOAT 类型而不是 DOUBLE 类型。

3）示例

```
--创建使用 FLOAT 类型字段的表
CREATE TABLE product_prices (
    product_id INT,
    price FLOAT(8,2)
);
```

在这个示例中，price 字段的数据类型被定义为 FLOAT(8,2)，表示存储小数类型的价格，其中 8 表示总位数，2 表示小数位数。这样可以有效地存储浮点数值，并在表中管理和操作这些数据。

2. DOUBLE 类型

1）特点

DOUBLE 类型用于存储双精度浮点数，占用字节数多，取值范围大，精度大约为 15 位小数。可以存储的范围为－1.7976931348623157E＋308～－2.2250738585072014E－308 和 2.2250738585072014E－308～1.7976931348623157E＋308，其中包括 0。DOUBLE 类型通常占用 8 个字节的存储空间，用于存储近似值，具有更高的精度和范围。DOUBLE 类型适用于需要存储精确的小数值或需要更大范围数值的情况。

2）用途

适用于需要存储高精度浮点数值的情况，如金融领域中的精确计算、科学计算等。在需要存储非常大或非常小的数值范围时，DOUBLE 类型提供了足够的范围和精度。对于需要高精度计算或对数值精度要求较高的场景，可以选择 DOUBLE 类型。

3）示例

```
--创建使用 DOUBLE 类型字段的表
CREATE TABLE product_dimensions (
    product_id INT,
    length DOUBLE,
    width DOUBLE,
    height DOUBLE
);
```

在这个示例中，length、width 和 height 字段的数据类型被定义为 DOUBLE，用于存储产品的尺寸信息。这样可以确保存储精确的浮点数值，并在表中管理和操作这些数据。

3. DECIMAL 类型

1）特点

DECIMAL 类型用于存储高精度小数值，不会丢失精度。DECIMAL 的最大取值范围与 DOUBLE 类型一样，但是有效的数据范围是由 M 和 D 决定的。DECIMAL 类型占用可变长度的字节，可以指定精度和小数位数，使用 DECIMAL(M,D)的方式表示。其中，M 被称为精度，表示数值的总位数；D 被称为标度，表示小数部分的位数。

2）用途

适用于需要存储精确小数值的情况，如货币金额、税率等。在需要精确计算或对数值精度要求较高的场景,可以选择 DECIMAL 类型。DECIMAL 类型通常用于金融领域和其他对精度要求较高的计算中。

3) 示例

```
--创建使用 DECIMAL 类型字段的表
CREATE TABLE invoice (
    invoice_id INT,
    total_amount DECIMAL(10, 2),
    tax_rate DECIMAL(4, 2)
);
```

在这个示例中,total_amount 和 tax_rate 字段的数据类型被定义为 DECIMAL,分别表示发票总金额和税率,其中 10 表示数值总位数,2 表示小数位数。

在 MySQL 中,定点数类型只有 DECIMAL 一种类型,DECIMAL 的存储空间并不是固定的,由精度值 M 决定,总共占用的存储空间为 M+2 字节。也就是说,在一些对精度要求不高的场景下,比起占用同样字节长度的定点数,浮点数表达的数值范围可以更大一些。DECIMAL 的存储大小取决于精度和标度,其中,0≤M≤65,0≤D≤30。DECIMAL 在不指定精度时,默认整数为 10,小数为 0,即 DECIMAL(10, 0)。当数据的精度超出了定点数类型的精度范围时,MySQL 同样会进行四舍五入处理。例如:

DECIMAL(5,2)表示小数,取值范围为−999.99～+999.99。

DECIMAL(5,0)表示整数,取值范围为−99999～+99999。

3.1.3 日期和时间类型

在 MySQL 中,日期和时间类型用于存储和处理日期和时间数据。以下是一些常见的日期和时间类型,如表 3.3 所示。

表 3.3 日期和时间类型

数据类型	说　明	格　式	字节数	取值范围
YEAR	存储年份	YYYY	1	1901～2155
DATE	存储日期值	YYYY-MM-DD	3	1000-01-01～9999-12-31
TIME	存储时间值	HH:MM:SS	3	−838:59:59～838:59:59
DATETIME	存储日期和时间值	YYYY-MM-DD HH:MM:SS	8	1000-01-01 00:00:00～9999-12-31 23:59:59
TIMESTAMP	存储日期和时间值	YYYY-MM-DD HH:MM:SS	4	1970-01-01 00:00:00 UTC～2038-01-19 03:14:07 UTC

1. YEAR 类型

在 MySQL 中,YEAR 类型用于存储年份,格式为 YYYY。例如,2024 表示 2024 年。

1) 特点

YEAR 类型以 YYYY 的格式存储年份信息。YEAR 类型仅存储年份,不包含月份和日期信息。YEAR 类型的取值范围为 1901 年到 2155 年。

2）用途

适合用于存储只需年份而不需要具体日期或时间的数据，比如历史事件的年份、年度报表等。在需要进行年份相关的筛选、分组或计算时，可以使用 YEAR 类型。

3）示例

```
--创建使用 YRAR 类型字段的表
CREATE TABLE historical_events (
    event_name VARCHAR(100),
    event_year YEAR
);
```

在录入数据时，可以将年份值插入该表中，命令如下：

```
INSERT INTO historical_events (event_name, event_year) VALUES ('The company started',
2008);
```

在这个示例中，event_year 字段的数据类型被定义为 YEAR，表示存储年份类型的事件时间。在录入数据时，将 2008 年记录到表中。

2. DATE 类型

在 MySQL 中，DATE 类型用于存储日期值，格式为 YYYY-MM-DD。例如，2024-02-15 表示 2024 年 2 月 15 日。

1）特点

它只包含年、月、日信息，不包括时间部分，其中 YYYY 表示年份，MM 表示月份，DD 表示日期。DATE 类型不存储时间信息，只记录日期部分。DATE 类型的取值范围从 1000-01-01 到 9999-12-31。

2）用途

用于存储只含有日期而没含有时间的数据，如生日、注册日期等。在查询中可用于日期范围的筛选和比较，以及日期的格式化和显示。

3）示例

```
--创建使用 DATE 类型字段的表
CREATE TABLE my_table (
    id INT,
    birthdate DATE
);
```

然后，可以将日期值插入该表中，命令如下：

```
INSERT INTO my_table (id, birthdate) VALUES (1, '1998-06-20');
```

3. TIME 类型

在 MySQL 中，TIME 类型用于存储时间值，格式为 HH:MM:SS。例如，14:30:25 表示 14 点 30 分 25 秒。

1）特点

其中 HH 表示小时(00～23)，MM 表示分钟(00～59)，SS 表示秒(00～59)。TIME 类型仅存储时间，不包含日期信息。TIME 类型的取值范围为－838:59:59～838:59:59，即最大值为 838 小时 59 分钟 59 秒，最小值为－838 小时 59 分钟 59 秒。

2）用途

适合用于存储一天内的特定时间，如工作时间、活动开始时间等。在需要进行时间相关的计算、比较或格式化时，可以使用 TIME 类型。

3）示例

```
--创建使用 TIME 类型字段的表
CREATE TABLE daily_schedule (
    activity_name VARCHAR(100),
    start_time TIME,
    end_time TIME
);
```

然后，可以将时间值插入该表中，命令如下：

```
INSERT INTO daily_schedule (activity_name, start_time, end_time) VALUES('Morning
Jog', '06:00:00', '07:00:00');
```

4. DATETIME 类型

在 MySQL 中，DATETIME 类型用于存储日期和时间值，格式为 YYYY-MM-DD HH:MM:SS。例如，2024-02-15 14:30:25 表示 2024 年 2 月 15 日 14 点 30 分 25 秒。它同时包含了日期和时间信息。

1）特点

DATETIME 类型以 YYYY-MM-DD HH:MM:SS 的格式存储日期和时间信息，其中 YYYY 表示年份，MM 表示月份，DD 表示日期，HH 表示小时(00～23)，MM 表示分钟(00～59)，SS 表示秒(00～59)。DATETIME 类型存储精确到秒的时间信息，可用于记录事件的确切发生时间。DATETIME 类型的取值范围为 1000-01-01 00:00:00～9999-12-31 23:59:59。

2）用途

适用于需要同时精确记录日期和时间的情况，如交易时间、日志记录等。在查询中可用于执行复杂的日期时间计算、筛选和排序操作。与 TIMESTAMP 类型相比，DATETIME 类型不受自动更新行为的影响，更适合存储静态的日期时间信息。

3）示例

```
--创建使用 DATETIM 类型字段的表
CREATE TABLE events (
    event_name VARCHAR(100),
    event_datetime DATETIME
);
```

然后，可以将日期时间值插入该表中，命令如下：

```
INSERT INTO events (event_name, event_datetime) VALUES ('Meeting', '2024-03-28 09:00:00');
```

5. TIMESTAMP 类型

在 MySQL 中，TIMESTAMP 类型类似于 DATETIME 类型，也用于存储日期和时间，格式为 YYYY-MM-DD HH：MM：SS。与 DATETIME 不同的是，TIMESTAMP 会自动更新为当前时间戳，通常用于记录数据的创建或修改时间。

1）特点

TIMESTAMP 类型以 YYYY-MM-DD HH：MM：SS 的格式存储日期和时间信息，其中 YYYY 代表年份，MM 代表月份，DD 代表日，HH 代表小时(00～23)，MM 代表分钟(00～59)，而 SS 代表秒(00～59)。TIMESTAMP 的取值范围为 1970-01-01 00：00：01 UTC 到 2038-01-19 03：14：07 UTC。TIMESTAMP 值在存储时会根据数据库服务器的时区转换为 UTC，在检索时再转换回当前时区的时间。这使它非常适合存储需要跨时区一致性的日期时间信息。

TIMESTAMP 字段可以被自动设置为记录插入或更新的当前日期和时间，这对于跟踪记录的创建或最后修改时间非常有用。

2）用途

- 记录创建和修改时间：最常见的用途是自动记录数据行的创建时间和最后更新时间。这对于跟踪数据变更时间十分有用。
- 时间戳比较：在处理数据同步或版本控制时，可以利用 TIMESTAMP 字段来比较数据的新旧，确保数据的一致性。
- 跨时区应用：由于 TIMESTAMP 自动转换时区，它非常适合用于需要处理跨时区数据的应用程序。

3）示例

```
--创建使用 TIMESTAMP 类型字段的表
    CREATE TABLE user_activity (
        user_id INT,
        action VARCHAR(100),
        created_at TIMESTAMP DEFAULT CURRENT_TIMESTAMP,
        updated_at TIMESTAMP DEFAULT CURRENT_TIMESTAMP
        ON UPDATE CURRENT_TIMESTAMP
    );
```

在这个示例中，created_at 字段会在插入新行时自动设置为当前的时间戳，而 updated_at 字段则会在每次行被更新时自动设置为那一刻的时间戳。这为跟踪用户活动提供了便利和自动化的方式。

需要注意的是，每一种日期时间型都有其合法的取值范围，如果赋予一个不合法的值，则该值会被 0 代替。在进行日期和时间操作时，要确保数据库中的日期和时间格式与实际数据的格式一致，以避免潜在的错误。同时，还应根据具体的应用场景选择合适的日期和时间类型，并合理使用函数和操作符进行数据处理。

3.1.4 文本字符串类型

MySQL 提供了几种文本字符串类型，用来存储各种大小的文本数据。这些类型主要包括 CHAR、VARCHAR、TINYTEXT、TEXT、MEDIUMTEXT、LONGTEXT 和 ENUM。它们的主要区别在于存储容量和存储方式，如表 3.4 所示。

表 3.4 文本字符串类型

数据类型	说明	字符串长度范围
CHAR(m)	固定长度文本字符串	0～255 个字符
VARCHAR(m)	可变长度文本字符串	0～65535 个字符
TINYTEXT	短文本数据	0～255 个字符
TEXT	长文本数据	0～65535 个字符
MEDIUMTEXT	中等长度文本数据	0～16777215 个字符
LONGTEXT	极大长度文本数据	0～4294967295 个字符
ENUM	枚举类型字符串	取决于枚举值的数目，最大值为 65535 个字符

1. CHAR 类型

在 MySQL 中，CHAR 类型用于存储固定长度的字符串。

1）特点

CHAR 类型最多可以存储 255 个字符。如果存储的字符串长度小于指定长度，MySQL 会使用空格进行填充，使其达到指定长度。存储长度不可变，即使存储的字符串长度小于指定长度，也会占用全部的指定长度。

2）用途

适合存储长度固定的字符串，如固定长度的代码、状态、标识符等。在需要确保每个值都具有相同长度的情况下，可以使用 CHAR 类型，如存储电话号码、国家/地区代码等。

3）示例

```
--创建使用 CHAR 类型字段的表
CREATE TABLE employee (
    employee_id INT,
    employee_name CHAR(50)
);
```

在这个示例中，employee_name 字段的数据类型被定义为 CHAR(50)，表示存储长度为 50 的固定长度字符串。这样，无论存储的实际字符串长度是多少，都会占用 50 个字符的存储空间。

2. VARCHAR 类型

在 MySQL 中，VARCHAR 是一种用于存储可变长度字符串的数据类型。

1）特点

VARCHAR 类型最多可以存储 65535 个字符。

实际占用的存储空间取决于存储的数据长度，对于较短的字符串，占用的空间会比固定长度字符串类型(如 CHAR)更少。

2）用途

适用于存储长度可变的字符串，如用户名、地址、描述等。在需要节省存储空间或对字符串长度不确定的情况下，可以选择 VARCHAR 类型而不是 CHAR 类型。VARCHAR 类型也适合用于存储文本内容，如文章、评论等。

3）示例

```
--创建使用 VARCHAR 类型字段的表
CREATE TABLE users (
    user_id INT,
    username VARCHAR(50),
    email VARCHAR(100),
    address VARCHAR(255)
);
```

在这个示例中，username、email 和 address 字段的数据类型被定义为 VARCHAR，分别用于存储用户名、邮箱和地址等可变长度的字符串。

3. TINYTEXT 类型

在 MySQL 中，TINYTEXT 是一种用于存储最大长度为 255 个字符的文本数据的数据类型。

1）特点

TINYTEXT 类型用于存储较短的文本信息，占用的存储空间较小。

2）用途

适用于存储较短的文本信息，如简短的描述、标签、备注等。在需要存储文本内容但长度较短的情况下，可以选择 TINYTEXT 类型，如简短的描述、标签、备注、文章摘要等。

3）示例

以下是一个使用 TINYTEXT 类型的表的创建示例：

```
CREATE TABLE products (
    product_id INT,
    product_name VARCHAR(100),
    description TINYTEXT,
    tags TINYTEXT
);
```

在这个示例中，description 和 tags 字段的数据类型被定义为 TINYTEXT，用于存储产品的描述和标签等较短的文本信息。

4. TEXT 类型

在 MySQL 中，TEXT 是一种用于存储大量文本数据的数据类型。

1）特点

TEXT 类型用于存储大量的文本数据，可以存储的最大长度取决于具体的子类型，包括 TINYTEXT、TEXT、MEDIUMTEXT 和 LONGTEXT，分别具有不同的最大存储长度限制。

2）用途

适用于存储较长的文本数据，如文章内容、评论、邮件正文等。在需要存储大量文本信息且长度不确定的情况下，可以选择 TEXT 类型。TEXT 类型通常用于存储较长的文本信息，如文章内容、博客内容等。

3）示例

以下是一个使用 TEXT 类型的表的创建示例：

```
CREATE TABLE articles (
    article_id INT,
    title VARCHAR(255),
    content TEXT,
    author_name VARCHAR(100)
);
```

在这个示例中，content 字段的数据类型被定义为 TEXT，用于存储文章的内容信息。这样可以有效地存储较长的文本信息，并在表中管理和操作这些数据。

5. MEDIUMTEXT 类型

在 MySQL 中，MEDIUMTEXT 是一种用于存储大量文本数据的数据类型。

1）特点

MEDIUMTEXT 类型适合存储中等长度的文本数据，MEDIUMTEXT 类型占用的存储空间比 TEXT 类型大，但比 LONGTEXT 类型小。

2）用途

在需要存储较大量但不是特别巨大的文本信息的情况下，可以选择 MEDIUMTEXT 类型。适用于如较长的文章内容、博客帖子等。

3）示例

以下是一个使用 MEDIUMTEXT 类型的表的创建示例：

```
CREATE TABLE blog_posts (
    post_id INT,
    title VARCHAR(255),
    content MEDIUMTEXT,
    author_name VARCHAR(100)
);
```

在这个示例中，content 字段的数据类型被定义为 MEDIUMTEXT，用于存储博客帖子的内容信息。这样可以有效地存储中等长度的文本信息，并在表中管理和操作这些数据。

6. LONGTEXT 类型

在 MySQL 中，LONGTEXT 是一种用于存储非常大的文本数据的数据类型。

1）特点

LONGTEXT 类型用于存储非常大的文本数据，可以存储的最大长度是所有文本数据类型中最大的，可以存储最大长度为 4GB 的文本数据。

2）用途

适用于存储非常大的文本信息，例如长篇文章、大段文本，甚至是二进制数据。

LONGTEXT 类型通常用于存储非常大的文本信息，能够满足大多数大型文本数据存储需求。

3）示例

以下是一个使用 LONGTEXT 类型的表的创建示例：

```
CREATE TABLE large_documents (
    document_id INT,
    title VARCHAR(255),
    content LONGTEXT,
    author_name VARCHAR(100)
);
```

在这个示例中，content 字段的数据类型被定义为 LONGTEXT，用于存储非常大的文本信息，比如大篇幅的文章、大段文本等。

7. ENUM 类型

在 MySQL 中，ENUM 是一个字符串对象，值为表创建时规定枚举的字段值。指的是允许在一个预定义的值集合中选择一个或多个值。ENUM 类型非常适合用于表示一组已知的固定选项，例如状态、性别或类别。

1）语法格式

```
字段名 ENUM('value1', 'value2', 'value3', ...)
```

2）说明

- ENUM 类型的字段可以存储在预定义的值字段表中的一个值，或者 NULL 值。
- ENUM 类型的字段长度由预定义的值字段表中的最长字符串决定。
- 插入或更新 ENUM 类型的字段时，只能使用预定义的值集合中的一个值。
- ENUM 类型的字段排序是按照预定义时值的顺序进行的，而不是按照字典顺序。

3）示例

以下是一个使用 ENUM 类型的示例：

```
CREATE TABLE users (
    id INT PRIMARY KEY,
    name VARCHAR(50),
    gender ENUM('男', '女')
);
```

在这个示例中，gender 字段的数据类型被定义为 ENUM，用于存储性别为“男”或“女”其中的一个值。

这些文本类型的选择取决于需要存储的数据大小以及如何使用这些数据。例如，对于需要经常搜索或检索的数据，可能更倾向于使用 VARCHAR 类型，因为它通常比 TEXT 类型更快。但如果需要存储很大的文本数据，如一篇长文章或一个大的日志文件，那么选择 TEXT、MEDIUMTEXT 或 LONGTEXT 类型会更合适。

在 MySQL 中，除了常见的字符，还有特殊字符，比如回车符等，这些符号因为无法显示和打印，或直接用字符本身将表示某种功能，所以需要使用某些特殊字符组合表示，这些字符组合就是转义字符。这些特殊字符序字段均由反斜杠\开始，用来说明后面的字符不是字符本身的含义，而是表示其他的含义，如表 3.5 所示。

表 3.5 转义字符及其说明

转义字符	说　明
\0	ASCII 0(NULL)字符
\'	单引号
\"	双引号
\b	退格符
\n	换行符
\r	回车符
\t	制表符
\\	反斜杠

3.1.5 二进制数据类型

在 MySQL 中，除了文本字符串类型，还有专为存储二进制数据设计的二进制数据类型。这些类型包括 BINARY、VARBINARY、BIT、TINYBLOB、BLOB、MEDIUMBLOB 和 LONGBLOB。这些类型与文本类型相似，但专用于存储非文本内容，例如图片、音频或其他二进制数据类型，如表 3.6 所示。

表 3.6 二进制数据类型

数据类型	说　明	字　节
BINARY(M)	固定长度的二进制数据类型	0～255
VARBINARY(M)	可变长度的二进制数据类型	0～65535
BIT(M)	用于存储位字段值的数据类型	0～64
TINYBLOB	存储较小的二进制数据	0～255
BLOB	二进制大对象数据	0～65535
MEDIUMBLOB	存储较大的二进制大对象数据	0～16777215
LONGBLOB	存储超大型二进制大对象数据	0～4294967295

1. BINARY 类型

MySQL 中的 BINARY 类型是固定长度的二进制数据类型。

1）特点

BINARY 类型长度在 1～255。BINARY 类型与 CHAR 类型类似，但它存储的是二进制数据而不是字符数据。存储在 BINARY 类型中的数据以原始的字节形式进行存储，不会进行字符集的转换。

2）用途

适用于存储如加密密钥、哈希值等数据。在需要确保存储的数据不受字符集转换影响的情况下，可以选择 BINARY 类型。

3）示例

下面是一个使用 BINARY 类型的表的创建示例：

```
CREATE TABLE users (
    user_id INT,
    username VARCHAR(50),
    password BINARY(64)
);
```

在这个示例中，password 字段的数据类型被定义为 BINARY(64)，用于存储密码的哈希值。

2. VARBINARY 类型

在 MySQL 中，VARBINARY 是一种可变长度的二进制数据类型。

1）特点

VARBINARY 类型的长度范围为 1～65535。与 BINARY 类型不同，VARBINARY 类型可以存储可变长度的二进制数据，而不是固定长度的二进制数据。存储在 VARBINARY 类型中的数据以原始的字节形式进行存储，不会进行字符集的转换。

2）用途

适用于存储可变长度的二进制数据，如图片、音频、视频等文件数据。在需要存储长度不确定的二进制数据时，可以选择 VARBINARY 类型。

3）示例

下面是一个使用 VARBINARY 类型的表的创建示例：

```
CREATE TABLE images (
    image_id INT,
    image_data VARBINARY(65535)
);
```

在这个示例中，image_data 字段的数据类型被定义为 VARBINARY(65535)，用于存储图片的二进制数据。

3. BIT 类型

在 MySQL 中，BIT 是一种用于存储位字段值的数据类型。

1）特点

BIT 类型用于存储位字段值，可以存储固定长度的位数据，长度在 1～64。存储在 BIT 类型中的数据以二进制位形式进行存储，通常用于存储布尔类型的数据。

2）用途

适用于存储布尔类型的数据，例如标记、开关状态等。在需要存储固定长度的位数据，且对存储空间要求较为严格的情况下，可以选择 BIT 类型。

3）示例

以下是一个使用 BIT 类型的表的创建示例：

```
CREATE TABLE flags (
    flag_id INT,
    is_active BIT(1)
);
```

在这个示例中，is_active 字段的数据类型被定义为 BIT(1)，用于存储标记数据，例如表示某个状态是否激活的布尔值。

4. TINYBLOB 类型

在 MySQL 中，TINYBLOB 是一种用于存储极小的二进制大对象（BLOB）的数据类型。

1）特点

TINYBLOB 类型用于存储最大长度为 255 字节的二进制数据，适用于存储较小的二进制对象。TINYBLOB 类型占用的存储空间较小，但能够存储的数据量有限。

2）用途

适用于存储较小的二进制对象，如小型图片、图标、小型文件等。在需要存储较小的二进制数据且对存储空间要求较为严格的情况下，可以选择 TINYBLOB 类型。

3）示例

下面是一个使用 TINYBLOB 类型的表的创建示例：

```
CREATE TABLE icons (
    icon_id INT,
    icon_data TINYBLOB
);
```

在这个示例中，icon_data 字段的数据类型被定义为 TINYBLOB，用于存储图标的二进制数据。

5. BLOB 类型

在 MySQL 中，BLOB 是一种用于存储大容量二进制数据的数据类型。

1）特点

BLOB(binary large object)类型用于存储大容量的二进制数据，如图片、音频、视频、文档等。BLOB 类型可以存储可变长度的二进制数据，其最大长度取决于数据库的配置，通常可以存储数百兆甚至更多的数据。BLOB 类型与 TEXT 类型类似，但 BLOB 类型用于存储二进制数据，而 TEXT 类型用于存储字符数据。

2）用途

适用于存储大容量的二进制数据，如图片、音频、视频、文档等文件数据。在需要存储可变长度的二进制数据并且数据量较大的情况下，可以选择 BLOB 类型。

3）示例

下面是一个使用 BLOB 类型的表的创建示例：

```
CREATE TABLE documents (
```

```
    document_id INT,
    document_data BLOB
);
```

在这个示例中，document_data 字段的数据类型被定义为 BLOB，用于存储文档的二进制数据。

6. MEDIUMBLOB 类型

在 MySQL 中，MEDIUMBLOB 是一种用于存储较大的二进制大对象(BLOB)的数据类型。

1) 特点

MEDIUMBLOB 类型的最大长度为 16777215 字节(约为 16MB)。MEDIUMBLOB 类型适合存储较大但不是特别大的二进制数据对象，如中等大小的图片、音频文件等。MEDIUMBLOB 类型占用的存储空间适中，能够存储相对较大的二进制数据对象。

2) 用途

适用于存储中等大小的图片、音频文件等数据。在需要存储不是特别大但较大的二进制数据对象的情况下，可以选择 MEDIUMBLOB 类型。MEDIUMBLOB 类型通常用于存储较大但不是特别大的二进制数据对象，能够满足对存储空间有一定要求的场景。

3) 示例

下面是一个使用 MEDIUMBLOB 类型的表的创建示例：

```
CREATE TABLE medium_images (
    image_id INT,
    image_data MEDIUMBLOB
);
```

在这个示例中，image_data 字段的数据类型被定义为 MEDIUMBLOB，用于存储中等大小的图片的二进制数据。

7. LONGBLOB 类型

在 MySQL 中，LONGBLOB 是一种用于存储超大的二进制大对象(BLOB)的数据类型。以下是关于 LONGBLOB 类型的详细说明。

1) 特点

LONGBLOB 数据类型的最大长度为 4GB。LONGBLOB 类型占用的存储空间较大，但能够存储非常大容量的二进制数据对象。

2) 用途

适用于存储非常大的二进制对象，如大型图片、视频文件等。在需要存储非常大容量的二进制数据对象的情况下，可以选择 LONGBLOB 类型。

3) 示例

下面是一个使用 LONGBLOB 类型的表的创建示例：

```
CREATE TABLE large_images (
    image_id INT,
    image_data LONGBLOB
);
```

在这个示例中，image_data 字段的数据类型被定义为 LONGBLOB，用于存储非常大的图片的二进制数据。

与文本字符串类型一样，选择哪种二进制类型取决于需要存储的数据的大小和使用场景。二进制数据类型对于保证数据以原始二进制格式存储非常有用，因为它们不会对存储的数据进行任何字符集转换或处理。这使二进制数据类型非常适合存储图片、音频、视频或任何其他需要精确字节表示的数据。

3.1.6 数据类型选择

在 MySQL 中选择合适的数据类型对于优化数据库性能、节省存储空间以及保证数据准确性都非常关键。通过以下指南，可以帮助用户更明智地选择数据类型。

1. 理解数据的特性

- 分析数据的范围和类型：需要了解用户的数据属于哪种类型（数值、文本、日期时间等），并确定其可能的最大值和最小值。
- 预期数据的使用方式：考虑数据的查询和处理方式，例如是否经常进行数值比较，或者是否需要对文本字段进行全文搜索。

2. 针对特定数据类型的建议

1）数值数据

- 整数：基于数据大小选择 TINYINT、SMALLINT、MEDIUMINT、INT 或 BIGINT。例如，如果知道一个字段只会存储 0～255 的值，那么 TINYINT 是最佳选择。
- 浮点数与定点数：对于需要精确小数的财务数据，优先考虑 DECIMAL。对于科学计算或当小数精确度不是首要关注点时，可以使用 FLOAT 或 DOUBLE。

2）字符串数据

- 固定长度与可变长度：如果数据的长度几乎总是固定的，使用 CHAR，否则可使用 VARCHAR。
- 大文本字段：对于需要存储大量文本的场景（如文章或评论），使用 TEXT 类型。根据文本的预期最大长度选择 TINYTEXT、TEXT、MEDIUMTEXT 或 LONGTEXT。

3）二进制数据

类似于文本数据，基于预期数据大小选择 BINARY、VARBINARY、BLOB、MEDIUMBLOB 或 LONGBLOB。这些类型适用于存储图片、文件或任何形式的二进制数据。

4）日期和时间数据

根据是否需要存储日期和/或时间来选择 DATE、TIME、DATETIME 或 TIMESTAMP。TIMESTAMP 类型还可以自动记录数据的创建和更新时间。

5）逻辑数据

MySQL 使用 TINYINT(1)来表示布尔值，其中 0 表示 false，非 0 值表示 true。

3. 考虑性能和存储

- 数据类型的大小：较小的数据类型通常可以提高查询性能，因为它们占用的磁盘空间更少，可以减少磁盘 I/O，提高缓存效率。
- 索引策略：被频繁作为索引的字段，其数据类型的选择尤为重要，因为它直接影响到索引的效率。

总的来说,选择合适的数据类型需要综合考虑数据的特性、预期用途以及性能和存储需求。明智的选择可以显著提升数据库的性能和可维护性。

创建数据表

3.2 创建数据表

在 MySQL 中创建数据表是数据库设计的一个重要环节,涉及定义表的结构、数据类型以及确保数据完整性的各种约束。创建数据表的基本步骤通常包括定义字段名和数据类型、设置主键,以及定义可能的完整性约束(如外键、唯一性约束等)。

假设学校要开发一个教务管理系统,主要功能涉及学生选课、学生成绩管理等功能,为了完成这些功能,开发者需创建数据库并建立表结构。

1. 创建数据库

```
--创建一个名为 education_management_system 的数据库,如果该数据库已经存在,则不会执行
--创建操作
CREATE DATABASE IF NOT EXISTS education_management_system;
```

这段 SQL 语句在数据库中创建了一个名为 education_management_system 的数据库,如果该数据库已经存在,则不会重复创建。

2. 数据表的设计

教务管理系统一共包含了 7 个子表,分别是学生信息表(students)、教师信息表(teachers)、课程表(courses)、授课表(teaching)、选课记录表(course_enrollments)、成绩表(grades)和 VR 资源表(vr_resources)。

数据表的结构如表 3.7～表 3.13 所示。

表 3.7 学生信息表(students)

字段名	字段数据类型	字段描述
id	INT AUTO_INCREMENT	学号(主键)
name	VARCHAR(50)	学生姓名
gender	ENUM('男','女')	学生性别
birthdate	DATE	学生出生日期

表 3.8 教师信息表(teachers)

字段名	字段数据类型	字段描述
id	INT AUTO_INCREMENT	教师 ID(主键)
name	VARCHAR(50)	教师姓名

表 3.9 课程表(courses)

字段名	字段数据类型	字段描述
id	INT AUTO_INCREMENT	课程 ID(主键)
name	VARCHAR(100)	课程名称
credit	FLOAT	课程学分

表 3.10 授课表(teaching)

字段名	字段数据类型	字段描述
course_id	INT	课程 ID(外键,关联 courses 表)
teacher_id	INT	教师 ID(外键,关联 teachers 表)

表 3.11 选课记录表(course_enrollments)

字段名	字段数据类型	字段描述
id	INT AUTO_INCREMENT	选课记录 ID(主键)
student_id	INT	学生 ID(外键,关联 students 表)
course_id	INT	课程 ID(外键,关联 courses 表)
enrollment_date	DATE	选课日期

表 3.12 成绩表(grades)

字段名	字段数据类型	字段描述
id	INT AUTO_INCREMENT	成绩 ID(主键)
student_id	INT	学生 ID(外键,关联 students 表)
course_id	INT	课程 ID(外键,关联 courses 表)
grade	FLOAT	成绩分数

表 3.13 VR 资源表(vr_resources)

字段名	字段数据类型	字段描述
id	INT AUTO_INCREMENT	资源 ID(主键)
resources_name	VARCHAR(200)	资源名称
description	VARCHAR(2000)	资源描述
path	VARCHAR(200)	资源存储路径

3.2.1 创建表的语法形式

创建数据库之后,接下来就要在数据库中创建数据表。创建数据表的过程是指在指定的数据库中建立新表,同时规定每个字段的属性,并施加数据完整性约束(包括实体完整性、引用完整性和域完整性)的过程。

数据表属于数据库，所以在创建数据表之前，应该使用语句“USE 数据库名”指定操作是在哪个数据库中进行。如果没有选择数据库，会抛出 No database selected 错误。

```
--转到 education_management_system 数据库
USE education_management_system;
```

在 MySQL 中，使用 CREATE TABLE 语句创建表的语法格式如下：

```
CREATE TABLE [IF NOT EXISTS] 表名
(
    字段名 1 数据类型[AUTO_INCREMENT] [字段级别约束条件] [默认值],
    字段名 2 数据类型 [字段级别约束条件] [默认值],
    ...
    [表级别约束条件]
)[其他选项];
```

语法说明如下。

- CREATE TABLE：用于创建数据表，用户需要拥有表的创建权限。
- [IF NOT EXISTS]：在创建表前加上一个判断，只有该表目前尚不存在时才执行 CREATE TABLE 操作，用该选项可以避免出现因为已经存在表而无法再新建的错误。
- 表名：指定要创建的数据表的名称，表名不区分大小写，必须符合标识符命名规则，尽量避免使用 SQL 中的关键字，如 INSERT、UPDATE、DELETE、DROP、ALTER 等。
- 字段名：表中每个字段的名称，需遵循标识符的命名规则，并且在表中要唯一。如果创建多个字段，需要用逗号隔开。
- 数据类型：数据表中每字段的数据类型。有的数据类型需要指明长度，并用括号括起来。
- [AUTO_INCREMENT]：设置字段自动增长属性，从 1 开始递增，只有根据数据类型为整数类型的字段才能设置此属性。如果将 NULL 值或 0 插入一个 AUTO、INCREMENT 字段，该字段将被设置为 value+1，这里的 value 是此表中该字段的最大值。每个表只能有一个 AUTO_INCREMENT 字段，并且它必须能被索引。
- [字段级别约束条件]：创建表时给字段添加相应的约束，可以在字段定义时声明，也可以在字段定义后声明，如可能的空值说明、完整性约束或表索引组成等。
- [默认值]：为字段指定默认值，默认值必须为一个常数。
- [表级别约束条件]：在创建表时，在定义所有字段的后面为字段添加约束，只能在字段定义之后声明。在实际开发中，字段级约束使用更频繁。除此之外，在所有约束中，并不是每种约束都存在表级或字段级约束，其中，非空约束和默认约束就不存在表级约束，它们只有字段级约束，而主键约束、唯一约束、外键约束都存在表级约束和字段级约束。
- [其他选项]：包括设置存储引擎、表的默认字符集、索引压缩选项、自动增长初始值和增长增量等。例如，ENGINE=InnoDB 将所创建表的存储引擎设置为 InnoDB；DEFAULT CHARSET=utf8 将该表的默认字符集设置为 utf8。

【例 3.1】 在 education_management_system 数据库中,创建学生信息表(students)数据表,表结构见表 3.7。

```
--转到 education_management_system 数据库
USE education_management_system;
--创建 students 数据表
CREATE TABLE students (
    --学号,主键,自动增长
    id INT AUTO_INCREMENT PRIMARY KEY COMMENT '学号(主键)',
    --学生姓名,最大长度为 50 个字符,这里的 NOT NULL 保证了姓名非空
    name VARCHAR(50) NOT NULL COMMENT '学生姓名',
    --学生性别,枚举类型,只能是'男'或'女'
    gender ENUM('男', '女') NOT NULL COMMENT '学生性别',
    --学生出生日期
    birthdate DATE COMMENT '学生出生日期'
) ENGINE=InnoDB DEFAULT CHARSET=utf8mb4 COMMENT='学生信息表';
```

3.2.2 使用主键约束

在 MySQL 中,主键约束(PRIMARY KEY)用于唯一标识数据库表中每一行记录。主键约束确保表中的每一行都有一个唯一的标识符,这个标识符不能为 NULL。主键约束有助于数据库系统高效地检索和管理数据,也是维护数据完整性的重要手段。

1. 在创建数据表时指定主键约束

可以使用 CREATE TABLE 语句在创建数据表时指定主键约束。

语法规则如下:

```
字段名 数据类型 PRIMARY KEY
```

【例 3.2】 在 education_management_system 数据库中,创建教师信息表(teachers)数据表,在定义教师 ID 字段的同时指定其为主键约束,并自动增长,表结构见表 3.8。

```
--创建 teachers 数据表
    CREATE TABLE teachers (
        --教师 ID,主键,自动增长
        id INT AUTO_INCREMENT PRIMARY KEY COMMENT '教师 ID(主键)',
        --教师姓名,最大长度为 50 个字符
        name VARCHAR(50) NOT NULL COMMENT '教师姓名'
    ) ENGINE=InnoDB DEFAULT CHARSET=utf8mb4 COMMENT='教师信息表';
```

2. 在定义完所用字段后,指定单字段主键约束

语法规则如下:

```
PRIMARY KEY(字段名)
```

【例 3.3】 在 education_management_system 数据库中,创建课程信息表(courses)数

据表，在定义完所有字段后，指定课程ID字段为主键约束，表结构见表3.9。

```
--创建 courses 数据表
CREATE TABLE courses (
    --课程 ID,自动增长
    id INT AUTO_INCREMENT COMMENT '课程 ID(主键)',
    --课程名称,最大长度为 100 个字符
    name VARCHAR(100) NOT NULL COMMENT '课程名称',
    --课程学分,浮点数类型
    credit FLOAT NOT NULL COMMENT '课程学分',
    PRIMARY KEY(id)
) ENGINE=InnoDB DEFAULT CHARSET=utf8mb4 COMMENT='课程信息表';
```

3. 在定义完所有字段后，指定多字段组合主键约束

语法规则如下：

```
PRIMARY KEY(字段名 1,字段名 2[,…,字段名 n])
```

【例3.4】 在education_management_system数据库中，创建授课表(teaching)数据表，在定义完所有字段后，指定主键约束为course_id字段和teacher_id字段的组合，表结构见表3.10。

```
--创建 teaching 数据表,用于存储课程与教师之间的教学关系
CREATE TABLE teaching
(
    --课程 ID
    course_id INT,
    --教师 ID
    teacher_id INT,
    --将 course_id 和 teacher_id 组合起来作为主键,确保每对课程和教师的关系唯一
    PRIMARY KEY (course_id, teacher_id),
)ENGINE=InnoDB DEFAULT CHARSET=utf8mb4 COMMENT='授课表';
```

4. 在修改数据表时指定主键约束

使用ALTER TABLE语句可以在修改数据表时指定主键约束。

语法规则如下：

```
ALTER TABLE 表名 ADD PRIMARY KEY(字段名 1[,字段名 2...]);
```

【例3.5】 在education_management_system数据库中，先忽略所有约束条件创建students2数据表，然后在修改数据表时指定主键约束为id字段，表结构与表3.7相同。

```
--创建 students2 数据表
CREATE TABLE students2
(
    id INT,
    name VARCHAR(50),
    gender ENUM('男', '女'),
```

```
    birthdate DATE
);
--修改数据表时指定主键约束为 id 字段
ALTER TABLE students2 ADD PRIMARY KEY(id);
```

3.2.3 使用外键约束

外键约束(FOREIGN KEY)指用于让两张相关联的数据表之间保持数据一致性和引用完整性的一种约束条件。具体来说,外键约束是指将一个表中的某个字段(或字段组合)的值依赖于另一个表中的主键或唯一约束的字段值。这种关系通常用于表示两个实体之间的关联,如订单和客户、学生和课程等。

在外键约束中,被依赖的表通常称为父表或主表,而设置外键约束的表则称为子表或从表。外键约束主要用于实现数据库表的参照完整性,确保数据的一致性和准确性。通过外键约束,可以确保子表中的外键值在父表中存在相应的主键值,从而防止插入无效数据或删除关联数据。

在指定外键约束时,需要满足以下字段条件:

- 父表必须是已经创建的数据表;
- 子表中的外键字段在父表中必须存在对应的唯一约束(通常是主键);
- 子表中外键字段的数据类型必须与父表中的主键字段的数据类型相同;
- 父表和子表必须使用存储引擎 InnoDB。

注意:外键约束只有在表级约束中存在,没有字段级约束。此外,外键约束可以在创建表时添加,也可以在表创建后使用 ALTER TABLE 语句来添加。

外键约束有两种行为模式:删除约束和更新约束。删除约束是指当父表中的主键值被删除时,子表中与之相关联的外键值也会被相应地删除或设置为 NULL(具体取决于是否设置了级联删除)。更新约束则是指当父表中的主键值被更新时,子表中与之相关联的外键值也会被相应地更新(具体取决于是否设置了级联更新)。

外键约束是关系数据库管理系统中实现数据完整性和数据关联的重要手段之一。通过合理使用外键约束,可以确保数据库中的数据符合业务规则和要求,提高数据质量和数据可靠性。

1. 在创建数据表时指定外键约束

使用 CREATE TABLE 语句在定义完所有字段后指定外键约束。

语法规则如下:

```
[CONSTRAINT 约束名] FOREIGN KEY (字段名 1[,字段名 2...]) REFERENCES 父表名(父表字段名
1[,父表字段名 2...])
[ON DELETE{RESTRICT | CASCADE | SET NULL | NO ACTION | SET DEFAULT}]
[ON UPDATE{RESTRICT | CASCADE | SET NULL | NO ACTION | SET DEFAULT}];
```

说明如下。

- 字段名:需要制定外键约束的字段,应与父表主键字段一致。

- 父表名：子表外键所依赖的数据表名。
- 父表字段名：父表中定义的主键，可以是单字段，亦可以是多字段组合。
- ON DELETE：为外键定义父表执行 DELETE（删除）语句时的参照动作。
- ON UPDATE：为外键定义父表执行 UPDATE（修改）语句时的参照动作。
- RESTRICT：限制，当要删除或修改父表中主键字段的值时，如果子表的外键中已经存在该值，则拒绝对父表的删除或修改操作。
- CASCADE：级联。
- SET NULL：设置为空值。
- NO ACTION：不采取动作。当使用 NO ACTION 时，表示在执行 UPDATE 或 DELETE 操作时，如果存在关联的外键值，则不会采取任何动作，而是让数据库保持原状，拒绝执行更新或删除操作。
- SET DEFAULT：设置为默认值。

【例 3.6】 在 education_management_system 数据库中，创建授课表（teaching）数据表，在定义完所有字段后，指定主键约束为 course_id 字段和 teacher_id 字段的组合，并指定与 courses 表和 teachers 表的外键约束，表结构见表 3.10。

```
--创建 teaching 数据表,用于存储课程与教师之间的教学关系
CREATE TABLE teaching (
    --课程 ID
    course_id INT,
    --教师 ID
    teacher_id INT,
    --将 course_id 和 teacher_id 组合起来作为主键
    PRIMARY KEY (course_id, teacher_id),
    --定义外键约束,确保 course_id 字段的值在 courses 表的 id 字段中存在
    CONSTRAINT FK_course_id_teaching FOREIGN KEY (course_id) REFERENCES courses
    (id),
    --定义外键约束,确保 teacher_id 字段的值在 teachers 表的 id 字段中存在
    CONSTRAINT FK_teacher_id_teaching FOREIGN KEY (teacher_id) REFERENCES
    teachers(id)
ON DELETE SET NULL
ON UPDATE CASCADE
);
```

如果父表中的相关记录被删除，子表中的相关记录可能会被删除或设置为 NULL，这取决于是否设置了级联删除（ON DELETE CASCADE）或空值（ON DELETE SET NULL）。

如果父表中的相关记录被更新，子表中的相关记录可能会被更新，这取决于是否设置了级联更新（ON UPDATE CASCADE）。

2. 在修改数据表时指定外键约束

使用 ALTER TABLE 语句可以在修改数据表时指定外键约束。

语法规则如下：

```
ALTER TABLE 子表名 ADD CONSTRAINT 外键约束名 FOREIGN KEY (字段名) REFERENCES 父表名
```

(主键字段名);

【例 3.7】 在 education_management_system 数据库中,创建专业课授课表(teaching_major)数据表,在定义完所有字段后,指定主键约束为 course_id 字段和 teacher_id 字段的组合,并在修改表时指定与 courses 表和 teachers 表的外键约束,表结构见表 3.10。

```
--创建 teaching_major 数据表,用于存储专业课程与教师之间的教学关系
CREATE TABLE teaching6 (
    --课程 ID,引用 courses 表的 id 字段作为外键
    course_id INT,
    --教师 ID,引用 teachers 表的 id 字段作为外键
    teacher_id INT,
    --将 course_id 和 teacher_id 组合起来作为主键,确保每对课程和教师的关系唯一
    PRIMARY KEY (course_id, teacher_id)
);
    --修改表,添加外键约束,确保 course_id 字段的值在 courses 表的 id 字段中存在
    ALTER TABLE teaching_major ADD CONSTRAINT FK_course_teaching FOREIGN KEY
    (course_id) REFERENCES courses(id);
    --修改表,添加外键约束,确保 teacher_id 字段的值在 teachers 表的 id 字段中存在
    ALTER TABLE teaching_major ADD CONSTRAINT FK_teacher_teaching FOREIGN KEY
    (teacher_id) REFERENCES teachers(id);
```

3.2.4 使用非空约束

非空约束是指在数据库中对某一字段的数值进行约束,确保该字段的值不为空。这意味着在插入新数据或更新现有数据时,该字段的值不能为 NULL。这样可以保证数据的完整性和一致性,避免出现无效或缺失的数据。非空约束可以通过在创建表时指定 NOT NULL 来实现。

1. 在创建数据表时指定非空约束

语法规则如下:

```
字段名 数据类型 NOT NULL
```

【例 3.8】 在 education_management_system 数据库中,创建行业导师信息表 2(industry_mentors2)数据表,并指定非空约束为“教师姓名 name 不能为空值”,表结构见表 3.8。

```
--创建 industry_mentors2 数据表
CREATE TABLE industry_mentors2 (
    --教师 ID,主键,自动增长
    id INT AUTO_INCREMENT PRIMARY KEY ,
    --教师姓名,最大长度为 50 个字符
    name VARCHAR(50) NOT NULL
) ENGINE=InnoDB DEFAULT CHARSET=utf8mb4 COMMENT='行业导师信息表';
```

2. 在修改数据表时指定非空约束

语法规则如下：

```
ALTER TABLE 表名 MODIFY 字段名 数据类型 NOT NULL;
```

【例 3.9】 在 education_management_system 数据库中，创建教师信息表 3(teachers3)数据表，并在修改表时指定非空约束为“教师姓名 name 不能为空值”，表结构见表 3.8。

```
--创建 teachers3 数据表
CREATE TABLE teachers3 (
    id INT PRIMARY KEY ,
    name VARCHAR(50)
) ENGINE=InnoDB DEFAULT CHARSET=utf8mb4 COMMENT='教师信息表';
--修改 teachers3 数据表，将 name 字段指定为空约束
ALTER TABLE teachers3 MODIFY name VARCHAR(50) NOT NULL;
```

3.2.5 使用唯一性约束

唯一性约束是数据库中的一种约束，用于确保表中的某个字段或一组字段的值是唯一的，即不存在重复的值。这样可以保证数据的完整性，避免重复或冲突的数据。一张表只能有一个主键约束，所以当要求数据表中的其他字段也不能重复时，可以采用唯一性约束。

唯一性约束和主键约束的区别如下：

- 一张数据表只能有一个主键约束，但可以有多个唯一性约束；
- 主键约束不允许为空值，唯一性约束允许为空值，但只能出现一个空值。

与主键约束一样，唯一性约束可以使用 CREATE TABLE 语句在创建数据表时指定唯一性约束，或者使用 ALTER TABLE 语句在修改数据表时指定唯一性约束。

1. 在创建数据表示指定唯一性约束

语法规则如下：

```
字段名 数据类型 UNIQUE
```

【例 3.10】 在 education_management_system 数据库中，创建 VR 资源表(vr_resources)数据表，并指定唯一性约束为“资源名称 resources_name”，表结构见表 3.13。

```
--创建 vr_resources 数据表
CREATE TABLE vr_resources (
    --资源 ID,主键,自增长
    id INT AUTO_INCREMENT PRIMARY KEY COMMENT '资源 ID(主键)',
    --资源名称,最大长度为 200 个字符,添加唯一性约束
    resources_name VARCHAR(200) UNIQUE NOT NULL COMMENT '资源名称',
    --资源描述,最大长度为 2000 个字符
    description VARCHAR(2000) COMMENT '资源描述',
    --资源在服务器上的存储路径,最大长度为 200 个字符
    path VARCHAR(200) NOT NULL COMMENT '资源存储路径'
) ENGINE=InnoDB DEFAULT CHARSET=utf8mb4 COMMENT='VR 资源表';
```

2. 在定义完所用字段后指定唯一性约束

语法规则如下：

```
[ CONSTRAINT 约束名 ] UNIQUE(字段名)
```

【例 3.11】 在 education_management_system 数据库中，创建 VR 资源表（vr_resources）数据表，并指定唯一性约束为“资源名称 resources_name”，表结构见表 3.13。

```
--创建 vr_resources 数据表
CREATE TABLE vr_resources (
    --资源 ID,主键,自增长
    id INT AUTO_INCREMENT PRIMARY KEY COMMENT '资源 id(主键)',
    --资源名称,最大长度为 200 个字符
    resources_name VARCHAR(200) NOT NULL COMMENT '资源名称',
    --资源描述,最大长度为 2000 个字符
    description VARCHAR(2000) COMMENT '资源描述',
    --资源在服务器上的存储路径,最大长度为 200 个字符
    path VARCHAR(200) NOT NULL COMMENT '资源存储路径',
    --为 resources_name 字段添加唯一性约束
    UNIQUE (resources_name)
) ENGINE=InnoDB DEFAULT CHARSET=utf8mb4 COMMENT='VR 资源表';
```

在这个例子中，resources_name 字段被设置为具有唯一性约束，这意味着在 vr_resources 表中，任何两条记录都不能有相同的 resources_name 值。

3. 在修改数据表时指定唯一性约束

语法规则如下：

```
ALTER TABLE 表名 ADD [ CONSTRAINT 约束名 ] UNIQUE(字段名);
```

【例 3.12】 在 education_management_system 数据库中，创建 VR 资源表（vr_resources）数据表，并指定唯一性约束为“资源名称 resources_name”，表结构见表 3.13。

```
ALTER TABLE vr_resources ADD UNIQUE(resources_name);
```

3.2.6 使用默认约束

默认约束即 DEFAULT 约束，用于指定在插入新记录时，如果未显式指定某字段的值，则该字段将被设置为预定义的默认值。这样可以确保表中的数据始终具有某种默认值，即使在插入时未提供具体数值也能保证数据的完整性和一致性。

在创建数据表时指定默认约束。

语法规则如下：

```
字段名 数据类型 DEFAULT 默认值
```

示例如下：

```
CREATE TABLE student_information (
```

```
    id INT PRIMARY KEY,
    name VARCHAR(50),
    group VARCHAR(50) DEFAULT 'one',
    joining_date DATE DEFAULT CURRENT_DATE
);
```

在此示例中，group 字段被设置为默认值为 one，joining_date 字段被设置为默认值为当前日期 CURRENT_DATE。

3.2.7　设置表的属性值自动增加

设置表的属性值自动增加是指在数据库表中针对某一字段（通常是主键字段）配置属性，使得在插入新记录时，该字段的值会自动递增，而无须手动指定。

在 MySQL 中，实现这种功能通常使用自动增量或者称为自增（AUTO_INCREMENT）的功能。

语法规则如下：

```
字段名 数据类型 AUTO_INCREMENT
```

【例 3.13】　在 education_management_system 数据库中，创建选课记录表（course_enrollments）数据表，并指定 id 为主键，自动增长，表结构见表 3.11。

```
--创建 course_enrollments 数据表
CREATE TABLE course_enrollments (
    --选课记录 id，主键，自动增长
    id INT AUTO_INCREMENT PRIMARY KEY COMMENT '选课记录 ID(主键)',
    --学生 id，外键，关联 students 表
    student_id INT COMMENT '学生 id(外键，关联 students 表)',
    --课程 id，外键，关联 courses 表
    course_id INT COMMENT '课程 ID(外键，关联 courses 表)',
    --选课日期
    enrollment_date DATE NOT NULL COMMENT '选课日期',
    --设置外键约束，确保 student_id 在 students 表的 id 字段中存在
    CONSTRAINT FK_student_id FOREIGN KEY (student_id) REFERENCES students(id),
    --设置外键约束，确保 course_id 在 courses 表的 id 字段中存在
    CONSTRAINT FK_course_id FOREIGN KEY (course_id) REFERENCES courses(id)
) ENGINE=InnoDB DEFAULT CHARSET=utf8mb4 COMMENT='选课记录表';
```

3.3　查看数据表的结构

查看表结构与修改表

数据表创建好之后，可以使用 SQL 语句查看表结构的定义，确定数据表所包含的字段名、字段类型、宽度、主键等是否正确。在 MySQL 中，查看表结构可以使用 DESCRIBE（其简写形式为 DESC）或 SHOW CREATE TABLE 语句。

3.3.1 查看基本结构语句 DESCRIBE

在 MySQL 中，DESCRIBE 语句用于显示表的结构信息，可以查看表的字段信息，包括字段名、字段数据类型、是否允许 NULL 值、键的类型、是否有默认值以及其他相关信息。

语法规则如下：

```
DESCRIBE|DESC 表名;
```

【例 3.14】 在 education_management_system 数据库中，查看学生表(students)数据表，表结构如图 3.1 所示。

```
DESCRIBE students;
```

	Field	Type	Null	Key	Default	Extra
▶	id	int	NO	PRI	NULL	auto_increment
	name	varchar(50)	NO		NULL	
	gender	enum('男','女')	NO		NULL	
	birthdate	date	YES		NULL	

图 3.1 students 表结构

执行这条语句后，MySQL 会返回该表所有字段的信息，如图 3.1 所示。

说明如下：

- Field 是指字段名；
- Type 是指字段的数据类型；
- Null 是指是否允许 NULL 值('YES' 表示允许，'NO' 表示不允许)；
- Key 是指键的类型('PRI' 表示主键，'UNI' 表示唯一键，'MUL' 表示该字段是某个索引的一部分)；
- Default 是指字段的默认值；
- Extra 是指其他信息(如 'auto_increment' 表示该字段是自动增长的)。

3.3.2 查看表详细结构语句 SHOW CREATE TABLE

使用 SHOW CREATE TABLE 语句可用来显示创建表时的 CREATE TABLE 语句，查看所创建的数据表的详细结构信息。与 DESCRIBE 命令相比，SHOW CREATE TABLE 命令展示的内容更加丰富，包括存储引擎和字符编码。查看表详细结构对于复制表结构或了解表的具体定义非常有用。

语法规则如下：

```
SHOW CREATE TABLE 表名;
```

【例 3.15】 查看 education_management_system 数据库中的 students 表的详细结构。

```
SHOW CREATE TABLE students;
```

执行上述语句后，MySQL 会返回一个结果集，其中包含了创建 students 数据表所用的完整 SQL 语句。如果表或字段上有注释，它们也会作为 SQL 语句的一部分显示出来，如图 3.2 所示。

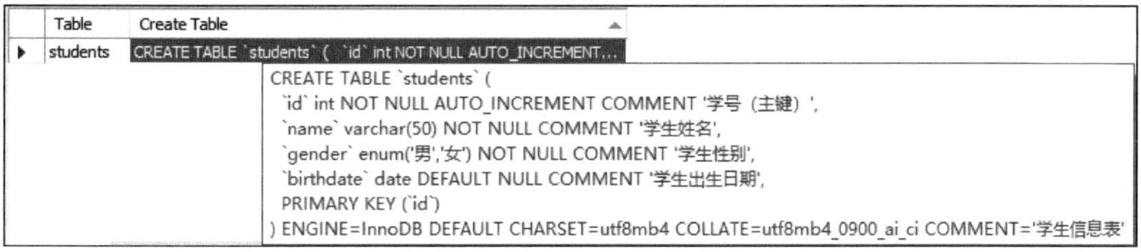

	Table	Create Table
▶	students	CREATE TABLE `students` (`id` int NOT NULL AUTO_INCREMENT...

```
CREATE TABLE `students` (
  `id` int NOT NULL AUTO_INCREMENT COMMENT '学号 (主键) ',
  `name` varchar(50) NOT NULL COMMENT '学生姓名',
  `gender` enum('男','女') NOT NULL COMMENT '学生性别',
  `birthdate` date DEFAULT NULL COMMENT '学生出生日期',
  PRIMARY KEY (`id`)
) ENGINE=InnoDB DEFAULT CHARSET=utf8mb4 COLLATE=utf8mb4_0900_ai_ci COMMENT='学生信息表'
```

图 3.2 students 表详细结构

从学生信息表(students)的详细结构信息可以看出，此数据表默认的存储引擎(ENGINE)为 InnoDB，所采用的字符集为 utf8mb4，校对规则为 utf8mb4_0900_ai_ci。

数据引擎也称为数据库引擎，是数据库用于存储、处理和保护数据的核心服务。不同的数据库引擎具有各自的特点，如存储机制、索引技巧、主键的处理和锁的粒度等，这些特点随着引擎的不同而变化。因此，选择适合自己项目特点的数据库引擎可以优化服务器端的存储性能。

在 MySQL 中，可以使用不同的存储引擎来管理数据表，这意味着在同一个数据库中，可以为不同的表选择不同的存储引擎。通过执行 SHOW ENGINES 命令，可以查看 MySQL 当前支持的引擎字段表以及它们的状态和特性。

3.4 修改数据表

为了实现数据库中的表的规范化设计，有时候需要对之前已经创建的数据进行结构修改或者调整。修改表指的是修改数据库中已经存在的数据表结构。在 MySQL 中可以使用 ALTER TABLE 语句改变表的结构。常用的修改表的操作有修改表名、修改字段的数据类型、修改字段名称、添加字段、删除字段、修改字段的位置、删除表的外键约束或更改表的存储引擎等。

3.4.1 修改表名

修改表名指的是把原表名称修改为新的名称。在 MySQL 中可使用 RENAME TABLE 或 ALTER TABLE 修改数据表的名称。

语法规则如下：

```
RENAME TABLE 原表名 TO 新表名;
```

或

```
ALTER TABLE 原表名 RENAME [TO] 新表名;
```

【例 3.16】 将 education_management_system 数据库中的学生信息表(students)改名

为 student。

```
--修改表名,将 students 修改为 student
RENAME TABLE students TO student;
```

或

```
ALTER TABLE students RENAME student;
```

3.4.2 修改字段的数据类型

修改字段的数据类型指的是把原字段的数据类型转换成另一种数据类型。在 MySQL 中可使用 ALTER TABLE 修改字段的数据类型。

语法规则如下:

```
ALTER TABLE 表名 MODIFY [COLUMN] 字段名 新的数据类型 ;
```

【例 3.17】 将学生信息表(student)中的性别 gender 字段的数据类型由枚举类型修改成 INT 类型。

```
--将性别由枚举类型修改成 INT 类型
ALTER TABLE student MODIFY COLUMN gender INT ;
```

3.4.3 修改字段名称

修改字段名称是指把原字段的名称修改为新的字段名称。在 MySQL 中可使用 ALTER TABLE 修改字段的名称。

语法规则如下:

```
ALTER TABLE 表名 CHANGE [COLUMN] 原字段名 新字段名 数据类型;
```

【例 3.18】 将学生信息表(student)中的学号 id 字段的名称修改为 sno。

```
--将学号 id 字段改名成 sno
ALTER TABLE student CHANGE id sno INT AUTO_INCREMENT COMMENT '学号(主键)';
```

3.4.4 添加字段

语法规则如下:

```
ALTER TABLE 表名 ADD [COLUMN] 新字段名 数据类型 [约束条件][FIRST | AFTER 已存在的字段名称];
```

语法说明如下:

- FIRST 指定新添加的字段作为表中的第一个字段;
- AFTER 指定在某个已存在的字段之后添加新字段。

【例 3.19】 在学生信息表(student)中增加手机号码字段 phone_number。

```
--增加手机号码字段
ALTER TABLE student ADD COLUMN phone_number CHAR(11) COMMENT '学生手机号码';
```

3.4.5 删除字段

语法规则如下：

```
ALTER TABLE 表名 DROP [COLUMN] 字段名;
```

【例 3.20】 将学生信息表(student)中的手机号码字段 phone_number 删除。

```
--删除手机号码字段
ALTER TABLE student DROP COLUMN phone_number;
```

3.4.6 修改字段的位置

语法规则如下：

```
ALTER TABLE 表名 MODIFY [COLUMN] 字段名 1 数据类型 [字段属性] [FIRST | AFTER 字段名 2];
```

【例 3.21】 将学生信息表(student)中的性别 gender 调整到出生日期 birthdate 的后面。

```
--将性别 gender 字段调整到出生日期 birthdate 字段的后面
ALTER TABLE student MODIFY COLUMN gender ENUM('男', '女') AFTER birthdate;
```

3.4.7 删除表的外键约束

在删除主表之前，需要先删除子表中指向主表的外键约束，这样子表就不再依赖于主表，就可以自由地删除主表。

语法规则如下：

```
ALTER TABLE 子表名 DROP FOREIGN KEY [外键约束名];
```

【例 3.22】 将授课表(teaching)的外键约束 FK_teacher_id 删除。

```
--将授课表 teaching 的外键约束 FK_teacher_id 删除
ALTER TABLE teaching DROP FOREIGN KEY FK_teacher_id_teaching;
```

3.4.8 更改表的存储引擎

语法规则如下：

```
ALTER TABLE 表名 ENGINE=新的存储引擎类型;
```

【例 3.23】 将 teachers 数据表的存储引擎从默认的存储引擎(如 InnoDB)更改为另一个存储引擎(如 MyISAM)。

```
--将 teachers 数据表的存储引擎从默认的存储引擎(如 InnoDB)更改为另一个存储引擎(如
--MyISAM)
--但是需要先删除外键约束,即 courses 上的外键约束 FK_teacher_id,否则无法更改存储引擎
ALTER TABLE teachers ENGINE=MyISAM;
```

3.5 复制数据表

在 MySQL 中,可以将一个已有的表结构复制到一个新表中,新表的结构定义、完整性约束都与原表保持一致。复制数据表有以下两种方式。

1. 使用 LIKE 子句复制表结构

```
CREATE TABLE [IF NOT EXISTS] 新表名 LIKE 原表名;
```

其中,LIKE 子句只是复制原表的结构。这种复制方法不包括表中的数据和与表结构相关的约束、索引、触发器等其他对象。

【例 3.24】 将已存在的授课表(teaching)复制表结构到新表 teaching2。

```
--将 teaching 数据表复制到 teaching2 表
CREATE TABLE IF NOT EXISTS teaching2 LIKE teaching;
```

2. 使用 SELECT 子句复制表结构及数据

语法规则如下:

```
CREATE TABLE 新表名 [AS] SELECT 字段名 FROM 原表名;
```

这条子句会复制原表的结构和表中的数据至新表。这种复制方法不包括与表结构相关的约束、索引、触发器等其他对象。

【例 3.25】 将已存在的授课表(teaching)的表结构和表中的数据复制到新表 teaching3。

```
--将 teaching 数据表复制到 teaching3 表
CREATE TABLE teaching3 SELECT * FROM teaching;
```

3.6 删除数据表

为了减少数据冗余,不需要使用的数据表可以删除。

3.6.1 删除没有被关联的表

可以使用 DROP TABLE 语句直接删除一个或者多个没有被关联的数据表。

语法规则如下：

```
DROP TABLE [IF EXISTS] 表名 1[,表名 2,…,表名 n];
```

其中,[IF EXISTS]用于在删除表之前判断对应表是否存在。如果不加[IF EXISTS],当表不存在时,将提示错误并中断 SQL 语句的执行,加上[IF EXISTS]后,当表不存在时,SQL 语句可以顺利执行,但会发出警告。

【例 3.26】 删除 teaching2 数据表。

```
--删除 teaching2 数据表
DROP TABLE teaching2;
```

3.6.2 删除被其他表关联的主表

在 MySQL 中,删除被其他表关联的主表(有外键关系的表)时,通常需要考虑外键约束的影响。如果一个表被其他表引用(即其他表的外键指向该表的主键),直接删除主表的记录可能会违反外键约束,导致删除操作失败或者产生意外结果。

删除父表有两种方法:一是先删除与之关联的子表,再删除父表;二是将关联表的外键约束取消,再删除父表。

注意：

- 在删除主表之前,请确保备份数据库,以防万一出现错误导致数据丢失。
- 仔细考虑删除主表可能对其他表和数据完整性的影响。

3.7 实战演练

根据教务管理系统的需求,完成数据库和 7 个数据表结构的创建,并进行修改表的实践操作。

(1) 创建一个名为 education_management_system 的数据库。

```
--创建一个名为 education_management_system 的数据库,如果该数据库已经存在,则不会执行
--创建操作
CREATE DATABASE IF NOT EXISTS education_management_system;
```

(2) 切换至数据库 education_management_system。

```
USE education_management_system;
```

(3) 创建学生信息表(students)。

```
--创建 students 数据表
CREATE TABLE students (
    --学号,主键,自动增长
    id INT AUTO_INCREMENT PRIMARY KEY COMMENT '学号(主键)',
```

```
    --学生姓名,最大长度为 50 个字符,这里的 NOT NULL 保证了姓名非空
    name VARCHAR(50) NOT NULL COMMENT '学生姓名',
    --学生性别,枚举类型,只能是'男'或'女'
    gender ENUM('男', '女') NOT NULL COMMENT '学生性别',
    --学生出生日期
    birthdate DATE COMMENT '学生出生日期'
) ENGINE=InnoDB DEFAULT CHARSET=utf8mb4 COMMENT='学生信息表';
```

(4) 创建教师信息表(teachers)。

```
--创建 teachers 数据表
CREATE TABLE teachers (
    --教师 id,主键,自动增长
    id INT AUTO_INCREMENT PRIMARY KEY COMMENT '教师 id(主键)',
    --教师姓名,最大长度为 50 个字符
    name VARCHAR(50) NOT NULL COMMENT '教师姓名'
) ENGINE=InnoDB DEFAULT CHARSET=utf8mb4 COMMENT='教师信息表';
```

(5) 创建课程信息表(courses)。

```
--创建 courses 数据表
CREATE TABLE courses (
    --课程 id,主键,自动增长
    id INT AUTO_INCREMENT PRIMARY KEY COMMENT '课程 id(主键)',
    --课程名称,最大长度为 100 个字符
    name VARCHAR(100) NOT NULL COMMENT '课程名称',
    --课程学分,浮点型
    credit FLOAT NOT NULL COMMENT '课程学分'
) ENGINE=InnoDB DEFAULT CHARSET=utf8mb4 COMMENT='课程信息表';
```

(6) 创建授课表(teaching)。

```
--创建 teaching 数据表,用于存储课程与教师之间的教学关系
CREATE TABLE teaching (
    --课程 id,引用 courses 表的 id 字段作为外键
    course_id INT,
    --教师 id,引用 teachers 表的 id 字段作为外键
    teacher_id INT,
    --将 course_id 和 teacher_id 组合起来作为主键,确保每对课程和教师的关系唯一
    PRIMARY KEY (course_id, teacher_id),
    --定义外键约束,确保 course_id 字段的值在 courses 表的 id 字段中存在
    CONSTRAINT FK_course_id_teaching FOREIGN KEY (course_id) REFERENCES courses
    (id),
    --定义外键约束,确保 teacher_id 字段的值在 teachers 表的 id 字段中存在
    CONSTRAINT FK_teacher_id_teaching FOREIGN KEY (teacher_id) REFERENCES
    teachers(id)
```

```
);
```

(7) 创建选课记录表(course_enrollments)。

```
--创建 course_enrollments 数据表
CREATE TABLE course_enrollments (
    --选课记录 id,主键,自动增长
    id INT AUTO_INCREMENT PRIMARY KEY COMMENT '选课记录 id(主键)',
    --学生 id,外键,关联 students 表
    student_id INT COMMENT '学生 id(外键,关联 students 表)',
    --课程 id,外键,关联 courses 表
    course_id INT COMMENT '课程 id(外键,关联 courses 表)',
    --选课日期
    enrollment_date DATE NOT NULL COMMENT '选课日期',

    --设置外键约束,确保 student_id 在 students 表的 id 字段中存在
    CONSTRAINT FK_student_id FOREIGN KEY (student_id) REFERENCES students(id),
    --设置外键约束,确保 course_id 在 courses 表的 id 字段中存在
    CONSTRAINT FK_course_id FOREIGN KEY (course_id) REFERENCES courses(id)
) ENGINE=InnoDB DEFAULT CHARSET=utf8mb4 COMMENT='选课记录表';
```

(8) 创建成绩表(grades)。

```
--创建 grades 数据表
CREATE TABLE grades (
    --成绩 id,主键,自动增长
    id INT AUTO_INCREMENT PRIMARY KEY COMMENT '成绩 id(主键)',
    --学生 id,外键,关联 students 表
    student_id INT COMMENT '学生 id(外键,关联 students 表)',
    --课程 id,外键,关联 courses 表
    course_id INT COMMENT '课程 id(外键,关联 courses 表)',
    --成绩分数,浮点型
    grade FLOAT NOT NULL COMMENT '成绩分数',
    --设置外键约束,确保 student_id 在 students 表的 id 字段中存在
    CONSTRAINT FK_grade_student_id FOREIGN KEY (student_id) REFERENCES students
    (id),
    --设置外键约束,确保 course_id 在 courses 表的 id 字段中存在
    CONSTRAINT FK_grade_course_id FOREIGN KEY (course_id) REFERENCES courses(id)
) ENGINE=InnoDB DEFAULT CHARSET=utf8mb4 COMMENT='成绩记录表';
```

(9) 创建 VR 资源表(vr_resources)。

```
--创建 vr_resources 数据表
CREATE TABLE vr_resources (
    --资源 id,主键,自增长
    id INT AUTO_INCREMENT PRIMARY KEY COMMENT '资源 id(主键)',
```

```
    --资源名称,最大长度为 200 个字符
    resources_name VARCHAR(200) NOT NULL COMMENT '资源名称',
    --资源描述,最大长度为 2000 个字符
    description VARCHAR(2000) COMMENT '资源描述',
    --资源在服务器上的存储路径,最大长度为 200 个字符
    path VARCHAR(200) NOT NULL COMMENT '资源存储路径',
    UNIQUE (resources_name) --为 resources_name 字段添加唯一性约束
) ENGINE=InnoDB DEFAULT CHARSET=utf8mb4 COMMENT='VR 资源表';
```

(10) 查看数据库中的所有表并查看各个数据表的表结构。

```
--查看当前数据库的所有表
SHOW TABLES;
--查看各个数据表的表结构
DESCRIBE students;
DESCRIBE Teachers;
DESCRIBE courses;
DESCRIBE teaching ;
DESCRIBE course_enrollments;
DESCRIBE grades;
DESCRIBE vr_resources;
```

(11) 查看 students 数据表详细信息。

```
SHOW CREATE TABLE students;
```

(12) 使用 LIKE 子句复制已存在的表 students 的表结构到新表 student,并查看新表结构。

```
CREATE TABLE student LIKE students;
DESCRIBE student;
```

(13) 将 student 数据表的表名修改为 student2,并查看是否成功。

```
RENAME TABLE student TO student2;
SHOW TABLES;
```

(14) 将 student2 数据表的性别 gender 字段的数据类型由枚举类型修改成 INT 类型,并查看是否成功。

```
ALTER TABLE student2 MODIFY COLUMN gender INT COMMENT '学生性别(0 代表女,1 代表男)';
DESCRIBE student2;
```

(15) 将 student2 数据表的学号 id 字段修改字段名称为 sno,并查看是否成功。

```
ALTER TABLE student2 CHANGE id sno INT AUTO_INCREMENT COMMENT '学号(主键)';
DESCRIBE student2;
```

(16) 在 student2 数据表中增加学生手机号码字段 phone_number，数据类型为 CHAR(11)，并查看是否成功。

```
ALTER TABLE student2 ADD COLUMN phone_number CHAR(11) COMMENT '学生手机号码';
DESCRIBE student2;
```

(17) 在 student2 数据表中删除手机号码字段 phone_number，并查看是否成功。

```
ALTER TABLE student2 DROP COLUMN phone_number;
DESCRIBE student2;
```

(18) 复制已存在的授课表(teaching)的表结构到新表 teaching2，并建立 course_id 字段的外键约束 FK_teacher_id_teaching2 至 courses 表的 id 字段，并查看是否成功。

```
CREATE TABLE teaching2  LIKE teaching;
ALTER TABLE teaching2 ADD CONSTRAINT FK_teacher_id_teaching2 FOREIGN KEY (course_
id) REFERENCES courses(id);
SHOW CREATE TABLE teaching2;
```

(19) 删除授课表(teaching2)的外键约束 FK_teacher_id_teaching2。

```
ALTER TABLE teaching2 DROP FOREIGN KEY FK_teacher_id_teaching2;
```

(20) 将 teaching2 数据表的存储引擎从默认的存储引擎 InnoDB 更改为另一个存储引擎 MyISAM。

```
ALTER TABLE teaching2 ENGINE=MyISAM;
```

(21) 删除 teaching2 数据表和 student2 数据表，并查看是否成功。

```
DROP TABLE teaching2,student2;
SHOW TABLES;
```

本章小结

本章深入探讨了 MySQL 数据库中数据表的创建、操作与管理，涵盖了数据类型的选择、表结构的设计、完整性约束的配置及表的修改与复制等多个方面。详细阐述了 MySQL 所支持的数据类型，包括整数、浮点数、日期时间、字符串及二进制数据类型，并对每种类型进行了细致的解释。本章还介绍了创建数据表的基本流程和语法，包括主键、外键、非空约束、唯一性约束、默认值以及自动增长属性的设置方法。此外，也讲解了如何查看和修改数据表结构，以及数据表的复制和删除操作。通过教务管理系统的实例，演示了如何将理论知识有效地应用于实际的数据库设计过程中。

课后习题

选择题

1. 在 MySQL 中,用于存储日期和时间的类型是(　　)。
   A. INT　　B. DATETIME
   C. VARCHAR　　D. DECIMAL
2. 在 MySQL 中,数据类型(　　)最适合存储电子邮件地址。
   A. INT　　B. VARCHAR
   C. DATE　　D. BLOB
3. 在 MySQL 中,创建新表的 SQL 语句是(　　)。
   A. ALTER TABLE　　B. CREATE TABLE
   C. ADD TABLE　　D. NEW TABLE
4. 如果需要删除表中的一个字段,应该使用 SQL 命令(　　)。
   A. REMOVE COLUMN　　B. DELETE COLUMN
   C. ALTER TABLE　　D. DROP COLUMN
5. 如果需要设置一个字段的值在插入或更新时自动递增,应使用(　　)属性。
   A. AUTO_INCREMENT　　B. INCREMENT
   C. AUTO_ADD　　D. AUTO_GROW

第4章 插入、修改和删除数据

存储在数据库系统中的数据是数据库管理系统的核心，数据库被设计用来管理数据的存储、访问和维护数据的完整性。MySQL 提供了功能丰富的数据库管理语句，包括有效地向数据库中插入数据的 INSERT 语句、更新数据的 UPDATE 语句，以及数据不再使用时删除数据的 DELETE 语句，这些语句提供了对数据的多种操作。

4.1 插 入 数 据

插入数据

创建数据库和数据表后，在使用数据库前，数据表中必须有数据。在 MySQL 中，使用 INSERT 语句向数据表中插入一行或多行数据记录。

语法规则如下：

```
INSERT INTO 表名 ([字段列表]) VALUES (字段值列表)
```

语法说明如下。

- 表名：插入数据的表名。
- 字段列表：可选项，指定要插入的数据的字段名，各字段之间用逗号(,)分隔。
- VALUES：要插入的字段数据。如果省略字段列表，则向数据表中的所有字段插入数据，此时 VALUES 后的数据的顺序要与表中定义的字段的顺序一致。

注意：在向 CHAR、VARCHAR、DATE、DATETIME 或 TEXT 类型的字段插入数据时，字段值要用单引号(')括起来，如'李阳'。

4.1.1 向表的所有字段插入数据

在数据库维护中，向表中所有的字段插入数据有两种方法。

1. 在 INSERT 语句中的表名后面指定所有字段名

语法规则如下：

```
INSERT INTO 表名 (字段名 1[,字段名 2...,字段名 n]) VALUES(字段 1 的值[,字段 2 的值...,字段
n 的值])
```

字段列表的顺序可以与表结构的顺序不同，但值的顺序要与 VALUSE 前面字段列表的顺序对应。在插入数据时，不需要提供自动增长字段的值，因为 MySQL 会自动为该字段生成唯一值，所以自动增长的字段可省略。

【例 4.1】 向学生信息表(students)中所有字段插入一条记录：姓名为张杨，性别为男，

出生日期为 2000-01-01。

```
--插入第一条数据:学号为自动增长,姓名为'张杨',性别为'男',出生日期为'2000-01-01'
INSERT INTO students (name, gender, birthdate)
VALUES ('张杨', '男', '2000-01-01');
```

注意:因为学号(id)字段被设置为自动增长,所以在插入数据时不指定它的值。数据库会自动为新插入的记录分配一个唯一自动增长的 id。

使用 SELECT 查询结果,SQL 语句如下:

```
SELECT * FROM students;
```

语句执行结果如图 4.1 所示,从执行结果显示可以看出已成功插入一条记录。

	id	name	gender	birthdate
▶	1	张杨	男	2000-01-01
*	NULL	NULL	NULL	NULL

图 4.1 插入第一条数据

2. 在 INSERT 语句中完全不指定字段名

语法规则如下:

```
INSERT INTO 表名 VALUES(字段 1 的值[,字段 2 的值...,字段 n 的值])
```

由于为表中所有的字段都指定了值,所以可以省略指定字段名。但此时,每个字段值的顺序要与表结构的字段顺序相同。

【例 4.2】 为 students 数据表插入一条记录。

```
INSERT INTO students VALUES (4,'赵六', '男', '2003-04-04');
```

使用 SELECT 查询结果,SQL 语句如下:

```
SELECT * FROM students;
```

语句执行结果如图 4.2 所示。

	id	name	gender	birthdate
	1	张杨	男	2000-01-01
▶	4	赵六	男	2003-04-04
*	NULL	NULL	NULL	NULL

图 4.2 插入第二条数据

4.1.2 指定字段插入数据

为表的指定字段插入数据,可以向表中部分字段插入数据,其他字段为表定义时的默认值。

语法规则如下：

```
INSERT INTO 表名 (字段名 1[,字段名 2…,字段名 n]) VALUES(字段 1 的值[,字段 2 的值…,字段 n 的值])
```

如果仅插入表的部分字段，必须在插入语句中的表名之后指定字段，表名后指定的字段列表的顺序可以与表结构的顺序不同，但值的顺序要与 VALUSE 前面字段列表的顺序对应。

【例 4.3】 向 students 数据表中插入一条记录：性别为'男'，姓名为'孙乐'。

```
--插入 name 为'孙乐',gender 为'男'
INSERT INTO students (gender,name) VALUES ( '男','孙乐');
```

使用 SELECT 查询结果，输入 SQL 语句如下：

```
select * from students;
```

语句执行结果如图 4.3 所示。

	id	name	gender	birthdate
▶	1	张杨	男	2000-01-01
	4	赵六	男	2003-04-04
	5	孙乐	男	NULL
*	NULL	NULL	NULL	NULL

图 4.3　插入第三条数据

从查询结果上可以看出，该学生的出生日期没有指定数据，所以该学生的出生日期为 NULL。而学号 id 字段，由于受自动增长约束，所以新插入的记录在上一条记录的 id 值 4 的基础上自动增长为 5。

4.1.3　同时插入多条记录

在插入数据时，大部分情况是要求同时插入多条记录。在 MySQL 中，使用 INSERT 语句插入多条数据时，可以指定多个字段后，在 VALUES 后的值列表之间用逗号分隔。

语法规则如下：

```
INSERT INTO 表名 ([字段列表])
VALUES(记录 1 的值列表),(记录 2 的值列表)…(记录 n 的值列表);
```

如果在不指定字段时，即省略字段列表，则需要为所有字段指定数值，并且数值的顺序和个数与表结构的字段一致。

如果在指定字段时，则需要分别列出字段名，并用逗号分隔，VALUES 之后的值要与前面的字段名和字段的类型对应。

【例 4.4】 向 students 数据表中插入两条记录。

```
INSERT INTO students
```

```
VALUES (2,'李芝芝', '女', '2001-02-02'),(3,'王长娟', '女', '2002-03-03');
```

使用 SELECT 查询结果,SQL 语句如下:

```
SELECT * FROM students;
```

语句执行结果如图 4.4 所示。

	id	name	gender	birthdate
▶	1	张杨	男	2000-01-01
	2	李芝芝	女	2001-02-02
	3	王长娟	女	2002-03-03
	4	赵六	男	2003-04-04
	5	孙乐	男	NULL
*	NULL	NULL	NULL	NULL

图 4.4　同时插入两条记录

注意:用户指定了记录的 id 值,又因为 id 字段为自动增长,所以 id 按升序排列在表中。

如果不指定 id 的值,那么由于 id 自动增长,新插入的记录会自动排列在最后一条记录的后面,id 值以其上一条记录的值为基础自动增长。

【例 4.5】　向 students 数据表中插入两条记录。

```
INSERT INTO students(gender,name, birthdate)
VALUES ('男','周容','2001-05-02'),('男','王利','2002-07-03');
```

因为 students 的 id 字段为自动增长,不用为其指定数值,所以需要将其他字段列出来,并为其他字段插入数据。

查询结果如图 4.5 所示。

	id	name	gender	birthdate
▶	1	张杨	男	2000-01-01
	2	李芝芝	女	2001-02-02
	3	王长娟	女	2002-03-03
	4	赵六	男	2003-04-04
	5	孙乐	男	NULL
	6	周容	男	2001-05-02
	7	王利	男	2002-07-03
*	NULL	NULL	NULL	NULL

图 4.5　插入周容和王利两条数据后的表内容

但是,如果为该表插入多条数据时,语句中省略字段名,而字段的值与字段的顺序和个数不一致时,就会发生错误。

【例 4.6】　向 students 表中插入字段数不同的记录。

```
INSERT INTO students
VALUES ('李方', '女', '2001-08-22')
```

```
,('张月', '女', '2002-03-23')
,('王明', '男', '2001-04-14');
```

数据表中有 4 个字段，而记录的值只有 3 个，在语句中没有指定字段，则执行结果为错误，反馈信息为 Error Code:Column count doesn't match value count at row 1，表示字段的顺序和个数与值的顺序和个数不一致。

4.1.4　将查询结果插入表

如果想从另外一个表中将符合条件的信息插入表中，只需要查询出符合条件的记录，就可以将多条记录插入表中。

语法规则如下：

```
INSERT INTO 表名 1 (字段列表 1)
SELECT 字段列表 2
FROM 表名 2
[ WHERE (条件表达式)];
```

从表 2 中将符合 WHERE 条件的记录的字段值插入表 1 的对应字段中。

【例 4.7】 创建数据表 students_girl，结构与 students 表相同，从 students 表中查询所有女生的记录插入 students_girl 表中。

```
--复制 students 的结构到新表 students_girl
CREATE TABLE students_girl LIKE students;
--从 students 表中将满足条件(性别为'女')的记录的插入新表中
INSERT INTO students_girl (name, gender, birthdate)
SELECT name, gender, birthdate
FROM students
WHERE (gender='女');
--查询 students_girl 表中所有数据
SELECT * FROM students_girl ;
```

执行结果如图 4.6 所示。

	id	name	gender	birthdate
▶	1	李芝芝	女	2001-02-02
	2	王长娟	女	2002-03-03

图 4.6　students_girl 表中数据

修改和删除数据

4.2　更新数据

数据表中已经有数据之后，可以根据需要对数据进行更新。可以更新特定的行或同时更新所有的字段。

语法规则如下：

```
UPDATE 表名
SET 字段名 1=新值 1[,字段名 2=新值 2,...]
[WHERE 子句];
```

其中：

- UPDATE 表名指定需要更新的数据表；
- SET 用于为要修改的字段指定新值，每个字段值可以是表达式，也可以是其默认值，如果是默认值，可以用关键字 DEFAULT 来表示，如果需要更新一条记录里的多个字段值时，SET 子句的每个值用逗号分隔；
- [WHERE 子句]为可选项，是指在修改数据的时候指定要修改的记录，通过条件表达式进行筛选和指定记录，如省略不写，将会修改整张表的所有记录。

【例 4.8】 在数据表 students_girl 中，将学号为 1 的学生姓名修改为李知芝。

```
UPDATE students_girl SET name='李知芝' WHERE id =1;
SELECT * FROM students_girl;
```

执行查询结果如图 4.7 所示。

	id	name	gender	birthdate
▶	1	李知芝	女	2001-02-02
	2	王长娟	女	2002-03-03
*	NULL	NULL	NULL	NULL

图 4.7 修改姓名后的表

4.3 删除数据

当数据表中的数据不再需要时，就可以将数据删除。

语法规则如下：

```
DELETE FROM 表名 [WHERE 子句];
```

其中：

- DELETE FROM 指定需要删除记录的数据表；
- [WHERE 子句]指在删除数据的时候指定删除的条件，通过条件表达式进行限定条件，满足条件的记录就删除，可以省略不写，如不写 WHERE 子句，将会删除整张表的所有记录。

注意：在删除表记录时，需要注意表的外键约束，否则可能会出现无法删除的情况。

【例 4.9】 在 students_girl 数据表中删除学号为 1 的记录。

```
DELETE FROM students_girl WHERE id =1;
SELECT * FROM students_girl;
```

执行查询结果如图 4.8 所示，结果显示已经删除成功。

	id	name	gender	birthdate
▶	2	王长娟	女	2002-03-03
*	NULL	NULL	NULL	NULL

图 4.8 删除学号为 1 的记录后的表内容

4.4 实战演练

1. 录入数据

在数据库中需要录入的数据如表 4.1～表 4.7 所示。

表 4.1 students 表数据

id	name	gender	birthdate
1	张杨	男	2000-01-01
2	李芝芝	女	2001-02-02
3	王长娟	女	2002-03-03
4	赵六	男	2003-04-04
5	孙乐	男	NULL

表 4.2 teachers 表数据

id	name
1	张婷
2	孙月
3	王佳

表 4.3 courses 表数据

id	name	credit
1	Java 程序设计	3
2	数据库原理及应用	4
3	计算机网络	3.5

表 4.4 teaching 表数据

course_id	teacher_id
1	1
3	1
1	2

续表

course_id	teacher_id
2	2
3	3

表 4.5　course_enrollments 表数据

id	student_id	course_id	enrollment_date
1	1	1	2023-09-01
2	2	2	2023-09-02
3	3	3	2023-09-03
4	1	3	2023-09-05
5	5	1	2023-09-10

表 4.6　grades 表数据

id	student_id	course_id	grade
1	1	1	85.5
2	2	2	92
3	3	3	78.5
4	1	3	95
5	5	1	88

表 4.7　vr_resources 表数据

id	resources_name	description	path
1	文档教程.pdf	关于产品使用的详细教程	/resources/docs/教程.pdf
2	软件安装包.zip	产品的最新安装包,包含所有必要文件	/resources/software/安装包.zip
3	产品使用手册.docx	产品使用说明和操作指南	/resources/manuals/使用手册.docx
4	图片素材.jpg	用于产品宣传的图片素材	/resources/images/素材.jpg
5	视频教程.mp4	产品操作视频教程	/resources/videos/教程.mp4
6	音频文件.mp3	产品相关的音频文件,如背景音乐	/resources/audios/文件.mp3

2. 实战操作

(1) 为 students 表插入第一条数据:学号为自动增长,姓名为张杨,性别男,出生日期为2000-01-01。

```
INSERT INTO students (name, gender, birthdate) VALUES ('张杨', '男', '2000-01-01');
```

(2) 为 students 表插入第二条数据:学号为自动增长,姓名为李芝芝,性别女,出生日期为2001-02-02。

```
INSERT INTO students VALUES (2, '李芝芝', '女', '2001-02-02');
```

(3) 为 students 表插入第三条和第四条数据，学号为自动增长。一条数据为：姓名为王长娟，性别女，出生日期为 2002-03-03。另一条数据为：姓名为赵六，性别男，出生日期为 2003-04-04。

```
INSERT INTO students (name, gender, birthdate) VALUES ('王长娟', '女', '2002-03-03'),
('赵六', '男', '2003-04-04');
```

(4) 为 students 表插入第五条数据：学号为自动增长，姓名为孙乐，性别男。由于没有插入该学生的生日，所以该学生的生日为 NULL。

```
INSERT INTO students (name, gender) VALUES ('孙乐', '男');
SELECT * FROM students;
```

(5) 为 teachers 表插入第一条数据：id 为自动增长，姓名为张婷。

```
INSERT INTO teachers (name) VALUES ('张婷');
```

(6) 为 students 表插入第二条数据：id 为自动增长，姓名为孙月。

```
INSERT INTO teachers (name) VALUES ('孙月');
```

(7) 为 teachers 表插入第三条数据：id 为自动增长，姓名为王佳。查询表中数据。

```
INSERT INTO teachers (name) VALUES ('王佳');
SELECT * FROM teachers;
```

(8) 为 courses 表插入 Java 程序设计课程，学分为 3.0。

```
INSERT INTO courses (name, credit) VALUES ('Java 程序设计', 3.0);
```

(9) 为 courses 表插入数据库原理及应用课程，学分为 4.0。

```
INSERT INTO courses (name, credit) VALUES ('数据库原理及应用', 4.0);
```

(10) 为 courses 表插入计算机网络课程，学分为 3.5。查询表中数据。

```
INSERT INTO courses (name, credit) VALUES ('计算机网络', 3.5);
SELECT * FROM courses;
```

(11) 为 teaching 表插入记录：Java 程序设计课程的 id 为 1，张婷的 id 为 1。

```
INSERT INTO teaching (course_id, teacher_id) VALUES (1, 1);
```

(12) 为 teaching 表插入记录：数据库原理及应用课程的 id 为 2，孙月的 id 为 2。

```
INSERT INTO teaching (course_id, teacher_id) VALUES (2, 2);
```

(13) 为 teaching 表插入记录：假设计算机网络课程的 id 为 3，王佳的 id 为 3。

```
INSERT INTO teaching (course_id, teacher_id) VALUES (3, 3);
```

(14) 为 teaching 表插入记录：张婷也可能教授计算机网络课程。

```
INSERT INTO teaching (course_id, teacher_id) VALUES (3, 1);
```

(15) 为 teaching 表插入记录:孙月也可能教授 Java 程序设计课程。查询表中数据。

```
INSERT INTO teaching (course_id, teacher_id) VALUES (1, 2);
SELECT * FROM teaching;
```

(16) 为 course_enrollments 表插入记录,插入第一条选课记录:学生 id 为 1,课程 id 为 1,选课日期为 2023-09-01。

```
INSERT INTO course_enrollments (student_id, course_id, enrollment_date) VALUES
(1, 1, '2023-09-01');
```

(17) 为 course_enrollments 表插入记录,插入第二条选课记录:学生 id 为 2,课程 id 为 2,选课日期为 2023-09-02。

```
INSERT INTO course_enrollments (student_id, course_id, enrollment_date) VALUES
(2, 2, '2023-09-02');
```

(18) 为 course_enrollments 表插入记录,插入第三条选课记录:学生 id 为 3,课程 id 为 3,选课日期为 2023-09-03。

```
INSERT INTO course_enrollments (student_id, course_id, enrollment_date) VALUES
(3, 3, '2023-09-03');
```

(19) 为 course_enrollments 表插入记录,插入第四条选课记录:学生 id 为 1,课程 id 为 3,选课日期为 2023-09-05。

```
INSERT INTO course_enrollments (student_id, course_id, enrollment_date) VALUES
(1, 3, '2023-09-05');
```

(20) 为 course_enrollments 表插入记录,插入第五条选课记录:学生 id 为 5,课程 id 为 1,选课日期为 2023-09-10。查询表中数据。

```
INSERT INTO course_enrollments (student_id, course_id, enrollment_date) VALUES
(5, 1, '2023-09-10');
SELECT * FROM course_enrollments;
```

(21) 为 grades 表插入记录,插入第一条成绩记录:学生 id 为 1,课程 id 为 1,成绩分数为 85.5。

```
INSERT INTO grades (student_id, course_id, grade) VALUES (1, 1, 85.5);
```

(22) 为 grades 表插入记录,插入第二条成绩记录:学生 id 为 2,课程 id 为 2,成绩分数为 92.0。

```
INSERT INTO grades (student_id, course_id, grade) VALUES (2, 2, 92.0);
```

(23) 为 grades 表插入记录,插入第三条成绩记录:学生 id 为 3,课程 id 为 3,成绩分数为 78.5。

```
INSERT INTO grades (student_id, course_id, grade) VALUES (3, 3, 78.5);
```

(24) 为 grades 表插入记录，插入第四条成绩记录：学生 id 为 1，课程 id 为 3，成绩分数为 95.0。

```
INSERT INTO grades (student_id, course_id, grade) VALUES (1, 3, 95.0);
```

(25) 为 grades 表插入记录，插入第五条成绩记录：学生 id 为 5，课程 id 为 1，成绩分数为 88.0。查询表中数据。

```
INSERT INTO grades (student_id, course_id, grade) VALUES (5, 1, 88.0);
SELECT * FROM grades;
```

(26) 为 vr_resources 表插入记录，查询表中数据。

```
INSERT INTO vr_resources (resources_name, description, path)
VALUES
('文档教程.pdf', '关于产品使用的详细教程', '/resources/docs/教程.pdf'),
('软件安装包.zip', '产品的最新安装包,包含所有必要文件', '/resources/software/安装包.
zip'),
('产品使用手册.docx', '产品使用说明和操作指南', '/resources/manuals/使用手册.docx'),('图
片素材.jpg', '用于产品宣传的图片素材', '/resources/images/素材.jpg'),
('视频教程.mp4', '产品操作视频教程', '/resources/videos/教程.mp4'),
('音频文件.mp3', '产品相关的音频文件,如背景音乐', '/resources/audios/文件.mp3');
SELECT * FROM vr_resources;
```

(27) 为 grades 表更新记录，将学生 id 更新为 1，课程 id 更新为 4，成绩 grade 字段更新为 92.0。查询表中数据。

```
UPDATE grades SET grade=92.0 WHERE student_id=1 AND course_id=4;
SELECT *  FROM grades;
```

(28) 为 grades 表删除学号为 1 并且课程号为 4 的成绩记录。查询表中数据。

```
DELETE FROM grades WHERE student_id =1 AND course_id =4;
SELECT *  FROM grades;
```

本章小结

本章深入剖析了 MySQL 数据库管理系统中数据操作的核心语句，涵盖了数据的插入、更新和删除。本章详细讲解了 INSERT 语句的使用技巧，包括向表的所有字段插入数据、向指定字段插入数据、一次性插入多条记录以及将查询结果插入表中。同时，介绍了如何使用 UPDATE 语句更新数据表中的数据，以及如何运用 DELETE 语句删除数据。通过实战演练的方式，演示了如何在实际数据库中灵活运用这些语句。

课后习题

选择题

1. 在 MySQL 中,插入数据到表中的 SQL 语句是(   )。

   A. INSERT　　B. ADD　　C. CREATE　　D. NEW

2. 在 MySQL 中,更新表中数据的 SQL 语句是(   )。

   A. UPDATE　　B. CHANGE　　C. MODIFY　　D. ALTER

3. 在 MySQL 中,删除表中数据的 SQL 语句是(   )。

   A. DELETE　　B. REMOVE　　C. DROP　　D. CLEAR

4. 在 MySQL 中,如果想要将查询结果直接插入另一个表中,应该使用的命令是(   )。

   A. INSERT INTO new_table SELECT * FROM old_table;

   B. COPY new_table FROM old_table;

   C. MOVE new_table FROM old_table;

   D. TRANSFER new_table FROM old_table;

5. 如果想要向表中插入多行数据,应该使用的 SQL 命令是 (   )。

   A. INSERT MULTIPLE

   B. INSERT ROWS

   C. INSERT INTO... VALUES (...), (...), (...)

   D. ADD INTO... VALUES (...), (...), (...)

第5章 查询数据

在 MySQL 的广阔领域中，查询数据无疑是每位数据库用户所必须精通的核心技艺。本章将引领读者走进查询数据的殿堂，从基础的 SELECT 语句讲起，逐步深入到聚合函数、分组查询、子查询、连接查询等高级应用。本章将揭示如何运用这些功能，精准定位数据，提取关键信息，以及如何进行复杂的数据分析。

5.1 基本查询语句

在 MySQL 中，基本查询语句是用户与数据库交互的基础。通过基本查询语句，用户可以方便地检索数据库中的数据，并根据需要进行筛选、排序等操作。下面将介绍基本查询语句的语法及其使用。

1. SELECT 语句的基本语法

SELECT 语句的基本语法如下：

```
SELECT 列名 1, 列名 2, ...
FROM 表名
WHERE 条件;
```

其中：

- SELECT 用于指定要查询的列名。可以指定多个列名，列名之间用逗号分隔。如果要查询所有列，可以使用通配符(*)。其中列名也叫字段名，是同一个概念的不同称呼，它们都指代表中的某一列。
- FROM 用于指定要查询的表名。必须指定一个有效的表名，以便 MySQL 知道从哪个表中检索数据。
- WHERE 是可选子句，用于指定筛选条件。只有满足条件的记录才会被选中。如果不使用 WHERE 子句，将返回表中的所有记录。

2. 语法解析

1) 选择列

在 SELECT 语句中，通过列名来指定要查询的列。可以指定一个或多个列名，列名之间用逗号分隔。

例如，学生表(students)中列名有学号(id)、姓名(name)、性别(gender)、出生日期(birthdate)，如果只需要查询学生姓名，只需要在 SELECT 语句后面写上姓名(name)。可以使用以下代码查询学生表中学生姓名：

```
--查询学生表中的姓名字段
```

```
SELECT name FROM students;
```

效果如图 5.1 所示。

Limit to 1000 rows
1 -- 查询学生表中的姓名字段
2 SELECT name FROM students;
3
100% 1:3
Result Grid Filter Rows: Search Export:

name
张杨
李芝芝
王长娟
赵六
孙乐

图 5.1 查询学生表中的姓名字段

如果想在学生姓名之后，再加上性别(gender)字段，只需要在 SELECT 语句中把性别(gender)字段写上，字段直接用逗号进行分隔。查询学生姓名和学生性别可以使用以下代码：

```
--查询学生表中的姓名和性别字段
SELECT name, gender FROM students;
```

效果如图 5.2 所示。

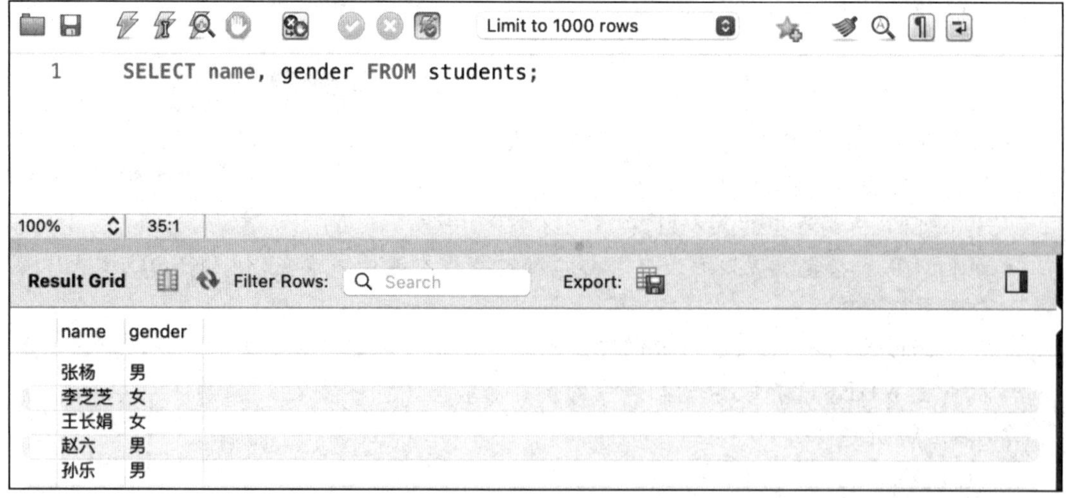

图 5.2 查询学生表中的姓名和性别字段

如果想查询课程表(courses)中的课程名称(name)和课程学分(credit)两个字段。可以使用 SELECT 语句进行查询，在 SELECT 后面跟上所要查询的字段名，代码如下：

```
--查询课程表中课程名称和课程学分的信息
SELECT name, credit from courses;
```

效果如图 5.3 所示。

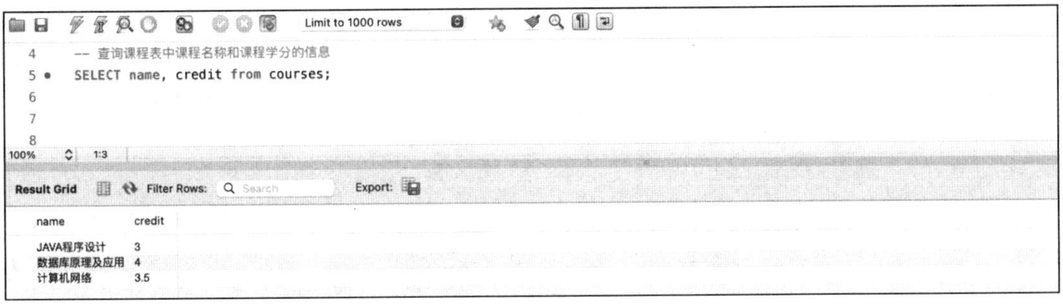

图 5.3　查询课程表中课程名称和课程学分的信息

注意：

- 当选择多列时，确保列名之间用逗号分隔，没有多余的空格或字符；
- 如果列名或表名包含特殊字符或与 SQL 关键字冲突，应使用反引号(')将其括起来。

以下是两个运行过程中容易出错之处。

- 拼写错误：列名或表名拼写错误会导致查询失败；
- 语法错误：缺少空格分开关键字、遗漏逗号、忘记写 FROM 子句等。

2）选择所有列

在 SQL 中，选择所有列通常意味着从指定的表中检索所有列的数据。这在初步了解表结构或需要查看表中所有记录的所有信息时非常有用。如果要查询表中的所有列，可以使用通配符(*)，该通配符代表“所有”，它告诉数据库想选择所有列。

例如，查询学生表(students)中的所有字段和数据，代码如下：

```
--查询学生表中的所有字段
SELECT * FROM students;
```

效果如图 5.4 所示。

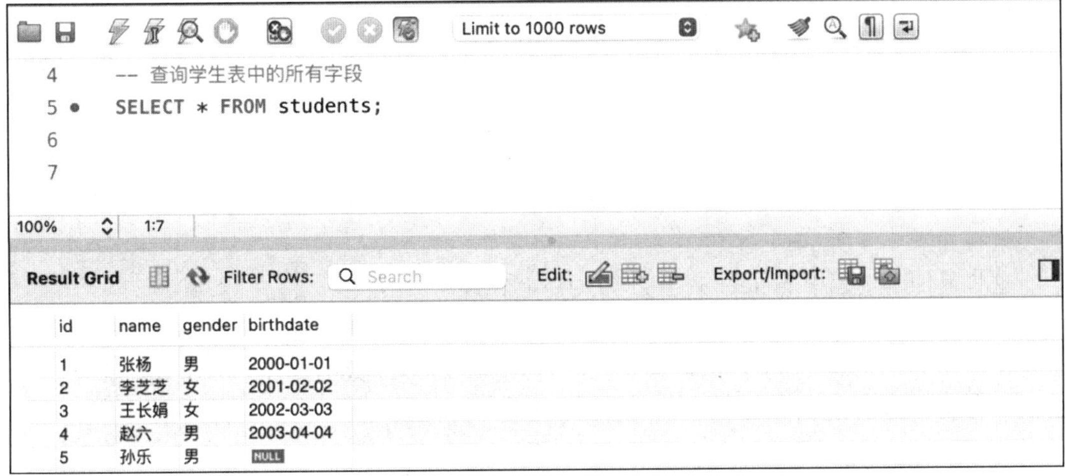

图 5.4　查询学生表中的所有字段

如果查询课程表(courses)中的所有字段和数据，可以使用以下代码：

```
--从 courses 表中选择所有列
SELECT * FROM courses;
```

效果如图 5.5 所示。

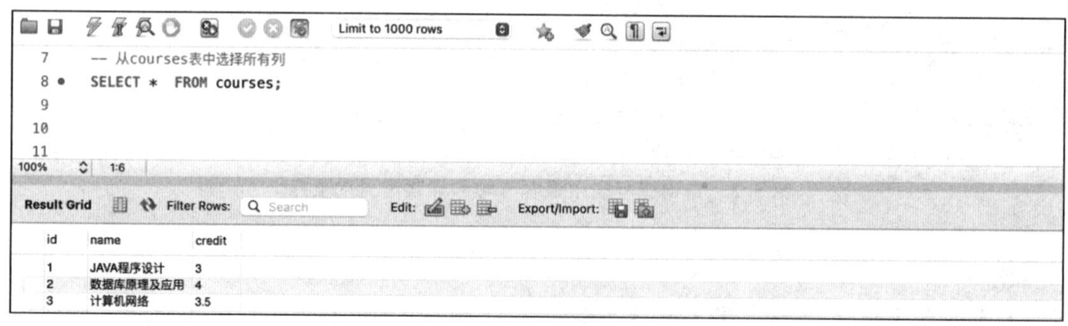

图 5.5 查询课程表中的所有字段和数据

3）添加筛选条件

由于有的数据表的数据很多，为了更快速地找到想要的结果，可以使用筛选条件，筛选出需要的数据。WHERE 子句可用于添加筛选条件，以限制返回的记录。它后面跟着一个或多个条件表达式，只有满足这些条件的记录才会被选中。

WHERE 语句语法如下：

```
SELECT column1, column2, ...
FROM table_name
WHERE condition;
```

其中：

- SELECT column1，column2，…这部分表示想要从数据库表中选取哪些列的数据。
- FROM table_name 表示要从哪个表中选取数据。
- WHERE condition 就是筛选条件，它告诉数据库只返回满足 condition 的记录。

例如，要查询学生表(students)中学生性别(gender)列值为'男'的所有学生，可以通过 WHERE 语句，判断 gender='男'，代码如下：

```
--查询学生表中 gender 列值为'男'的所有字段数据
SELECT * FROM students WHERE gender='男';
```

效果如图 5.6 所示。

这将返回学生表中 gender 列值为'男'的所有记录。

如果要在课程表(courses)查询课程名称(name)为"数据库原理及应用"的课程信息时，也是使用 WHERE 语句进行筛选，只要将条件设为 name='数据库原理及应用'，就可以筛选出课程名称为"数据库原理及应用"的课程信息，代码如下：

```
--查询'数据库原理及应用'课程信息
SELECT * FROM courses
WHERE name ='数据库原理及应用';
```

图 5.6　筛选条件效果

效果如图 5.7 所示。

```
-- 查询'数据库原理'课程信息
SELECT * FROM courses
WHERE name = '数据库原理及应用';
```

id	name	credit
2	数据库原理及应用	4

图 5.7　查询课程名称为“数据库原理及应用”的课程信息

WHERE 子句支持多种条件运算符，如等于(=)、不等于(<>或!=)、大于(>)、小于(<)、大于等于(>=)、小于等于(<=)等，还可以使用逻辑运算符(AND、OR、NOT)来组合多个条件。

4) 排序结果

排序结果就像是整理书架上的书籍一样。如果想按照书名、作者或出版日期来排列书籍，就需要进行排序。在 SQL 查询中，可以使用 ORDER BY 子句来按照某个字段对查询结果进行排序。排序顺序分为升序(从小到大)或降序(从大到小)。

排序语法如下：

```
SELECT column1, column2, ...
FROM table_name
ORDER BY column_name [ASC | DESC];
```

MySQL 数据排序与分页

其中：

- ORDER BY 是用来指定排序规则的子句；
- column_name 是想要根据其排序的字段名；
- ASC 和 DESC 是可选的，分别代表升序(从小到大)和降序(从大到小)排序，如果不指定，默认是升序。

如果要在学生表(students)查询所有学生信息，并按照出生日期(birthdate)升序排序，需要使用 ORDER BY 语句对 birthdate 字段进行升序排序，代码如下：

```
--查询所有学生信息，并按照出生日期升序排序，最后的 ASC 可以不写
SELECT * FROM students ORDER BY birthdate ASC;
```

效果如图 5.8 所示。

图 5.8 查询所有学生信息，并按照出生日期升序排序

注意：

- 确保排序的字段存在于表中；
- 注意排序字段的数据类型，比如日期和时间类型的字段，排序会按照实际的日期或时间顺序；
- 当使用 ORDER BY 对结果进行排序时，处理 NULL 值的方式是一个重要的考虑因素。默认情况下，NULL 值在升序排序（ASC）中被视为最小值，而在降序排序（DESC）中被视为最大值。但是，可以通过 IS NULL 或 COALESCE 等函数来控制 NULL 值的排序行为。

接着上个例子，如果在排序中，遇到出生日期为空（NULL），使用 2001-01-01 代替，则代码可以写成以下形式：

```
--查询所有学生信息，并按照出生日期升序排序，如果日期为空使用 2002-01-01 代替
SELECT * FROM students ORDER BY CASE WHEN birthdate IS NULL THEN '2002-01-01' ELSE
birthdate END ASC;
```

效果如图 5.9 所示。

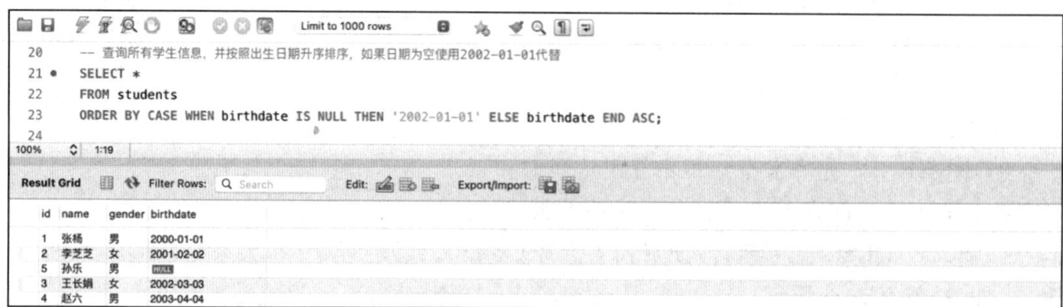

图 5.9 查询所有学生信息，并按照出生日期升序排序，如果日期为空使用 2002-01-01 代替

例如，要查询课程表(courses)中按学分(credit)降序的记录，需要使用 ORDER BY 语句对 credit 字段进行降序排序，因此需要 DESC 关键字，代码如下：

```
--查询课程表中按学分降序的记录
SELECT * FROM courses ORDER BY credit DESC;
```

效果如图 5.10 所示。

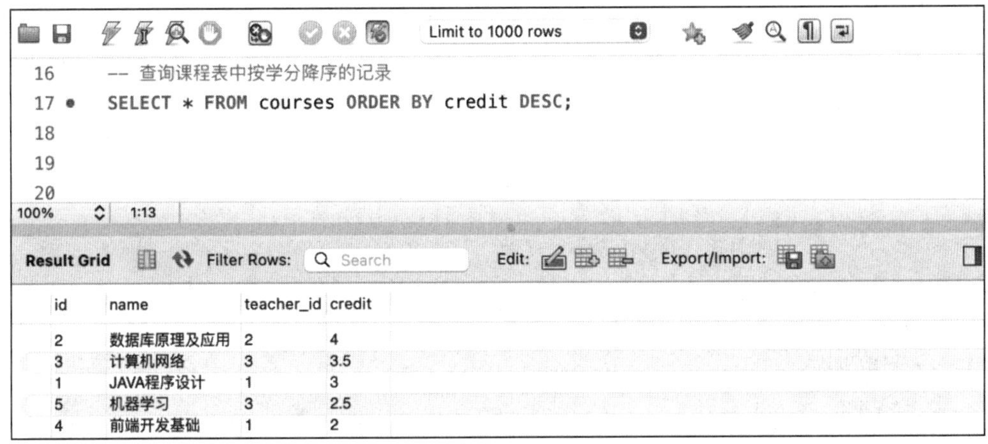

id	name	teacher_id	credit
2	数据库原理及应用	2	4
3	计算机网络	3	3.5
1	JAVA程序设计	1	3
5	机器学习	3	2.5
4	前端开发基础	1	2

图 5.10 排序结果

如果不指定排序顺序，默认为升序(ASC)。

5）限制结果数量

LIMIT 子句用于限制查询结果返回的记录数。它通常与 ORDER BY 子句一起使用，实现分页查询的效果。例如，要查看课程表中学分最高的两门课程，可以写成如图 5.11 所示。

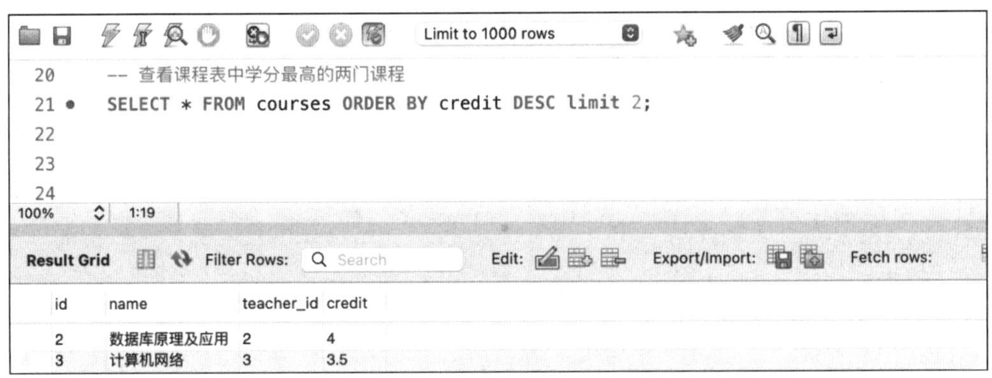

id	name	teacher_id	credit
2	数据库原理及应用	2	4
3	计算机网络	3	3.5

图 5.11 限制条件效果

5.2 单表查询

1. 查询所有字段

当想要查看表中的所有数据时，就可以使用查询所有字段的方法。这就像是打开一个文件夹，查看其中所有的文件和文档。

语法规则如下：

```
SELECT * FROM 表名;
```

使用 SELECT * 来选择表中的所有字段，FROM 关键字后面跟的是表名，指定从哪个表中获取数据。

如果想知道课程表中每门课程的全部信息，就可以使用如图 5.12 所示的查询。

图 5.12　查询所有课程数据效果

这条查询会返回 courses 表中的每一行数据，包括所有字段。

2. 查询指定字段

有时并不关心表中的所有信息，只需要查看特定的几个字段。这就像是打开一个文件夹，但只查看其中的几个特定文件。

语法规则如下：

```
SELECT 列名 1, 列名 2, ... FROM 表名;
```

通过指定列名来选择表中的特定字段，多个列名之间用逗号分隔。

如果只对课程表中的课程名称和学分感兴趣，可以使用如图 5.13 所示的查询。

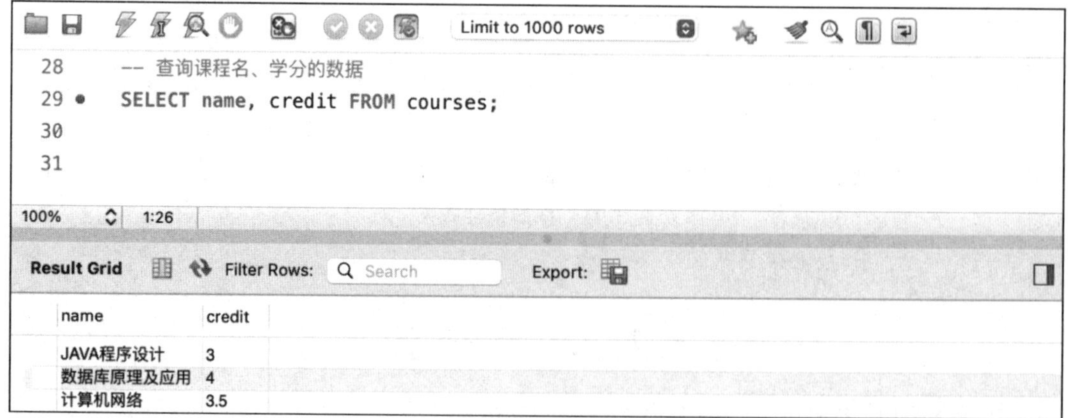

图 5.13　查询指定字段效果

这条查询只会返回每门课程的名称和学分，其他字段的信息则不会显示。

3. 带 IN 关键字的查询

当想要查找满足多个可能值的记录时，可以使用 IN 关键字。这就像是查找一个文件夹中所有文件名中包含“报告”或“计划”的文件。

语法规则如下：

```
SELECT * FROM 表名 WHERE column_name IN (value1, value2, ...);
```

其中，WHERE column_name IN (value1, value2, ...)：指定筛选条件，column_name 是需要匹配的列名，(value1, value2, ...)是一个值的列表，IN 关键字会检查 column_name 中的值是否在这个列表中，如果是，则返回对应的记录。

假设需要查询学生表(students)中序号(id)为 1 或 2 的信息，

可以使用 in 写出判断条件 id IN(1,2)，这条语句表示如果 id 属于括号内的数组，则进行筛选，总的查询语句如下：

```
--查询学生表中序号为 1 和 2 的信息
SELECT * FROM students WHERE id IN (1, 2);
```

效果如图 5.14 所示。

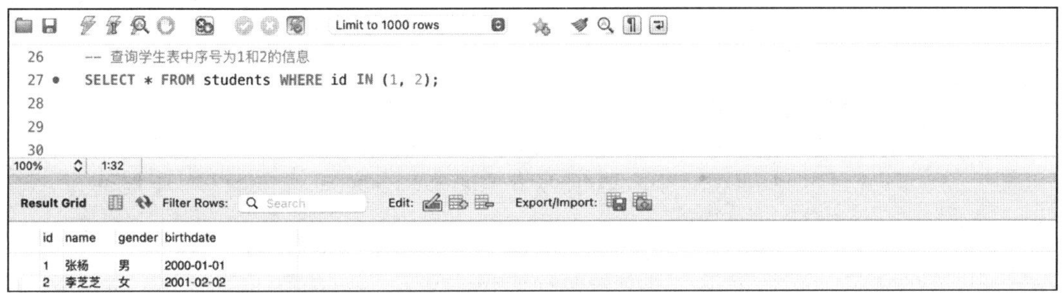

图 5.14 查询学生表中序号为 1 和 2 的信息

假设想要查询课程表(courses)中学分(credit)为 3 或 4 的课程，就使用 IN 来进行查询，可以写出判断条件为 credit IN (3,4)，其中(3,4)表示包含 3 或 4 的课程。总的查询语句如下：

```
--查询课程表中学分为 3 和 4 的课程
SELECT * FROM courses WHERE credit IN (3, 4);
```

查询效果如下图 5.15 所示。

这条查询会返回学分为 3 或 4 的课程信息。

注意：

- IN 关键字后面跟的括号内必须是一个值的列表，用逗号分隔；
- IN 关键字后面的列表中可以包含任意数量的值；
- IN 关键字是大小写不敏感的，但是在比较字符串类型的字段时，如果数据库表的字符集区分大小写(例如使用了 latin1_bin)，则查询结果也会区分大小写。

4. 带 BETWEEN...AND 的范围查询

当想要查找在某个范围内的记录时，可以使用 BETWEEN...AND 语句。这就像是查

图 5.15　查询课程表中学分为 3 和 4 的课程

找一个文件夹中所有修改日期在 2024 年 1 月 1 日至 2024 年 5 月 31 日的文件。

语法规则如下：

```
SELECT * FROM 表名 WHERE 列名 BETWEEN 值 1 AND 值 2;
```

其中，BETWEEN 和 AND 一起使用，用于查询某个列的值在指定范围内的记录。

如果想要查询学生表中出生日期在 2000-01-01 至 2002-01-01 的学生，可以使用如图 5.16 所示的查询。

图 5.16　带 BETWEEN...AND 的范围查询效果

这条查询会返回出生日期在 2000-01-01 至 2002-01-01 的学生的信息。

注意：

- BETWEEN...AND 关键字是包含边界值的，即 value1 和 value2 是包含在内的；
- 当比较日期或时间类型的数据时，必须使用正确的日期格式，通常是 YYYY-MM-DD；
- 对于数值类型字段，BETWEEN...AND 会按照数值大小进行筛选。

5. 带 LIKE 的字符匹配查询

在 SQL 查询语句中，LIKE 关键字是执行模糊搜索的得力助手，它允许根据一个模式去匹配数据库表中的记录。这就好比在一所大型的图书馆里寻找一本只知道部分书名的书，虽然书名不完整，但并没有放弃寻找，而是会根据脑海中记得的那几个关键词去搜索。在 SQL 中，这种根据部分信息去匹配完整数据的能力，就是通过 LIKE 关键字实现的。

LIKE 关键字通过模式匹配来搜索列中的值。模式可以包含通配符，这些通配符可以代表任意数量的字符或者单个字符，使得搜索更加灵活。

语法规则如下：

```
SELECT column1, column2, ...
FROM table_name
WHERE column_name LIKE 'pattern';
```

其中，LIKE 关键字后跟的是一个模式字符串，该字符串可以包含通配符。

- pattern 是希望匹配的模式，它可以包含%和_两个通配符。
- 通配符%代表零个、一个或多个字符。它非常灵活，可以匹配任意长度的字符串，包括空字符串。例如，'a%' 可以匹配任何以 a 开头的字符串，而'%a%' 可以匹配任何包含 a 的字符串。
- 通配符代表一个单一的字符。它用来匹配确切位置上的一个任意字符。例如，'a_c' 会匹配任何形如 axc 的字符串，其中 x 可以是任何单一字符。

假设想要查询学生表(students)中张姓的学生，张姓的同学可以使用通配符%代替姓后面的文字，即“张%”，代码如下：

```
--查询学生表中张姓的学生信息
SELECT * FROM students WHERE name LIKE '张%';
```

查询效果如图 5.17 所示。

图 5.17 LIKE 的字符匹配查询效果

这条查询会返回所有张姓学生的信息。

如果要查询学生表(students)中名字的第二个字是“长”字的学生信息。可以利用_代表第一个字符，%代表零个或多个字符，组成模式字符串 name LIKE '_长%'，代码如下：

```
--查询学生表中第二个字是“长”字的学生信息
SELECT * FROM students WHERE name LIKE '_长%';
```

查询效果如图 5.18 所示。

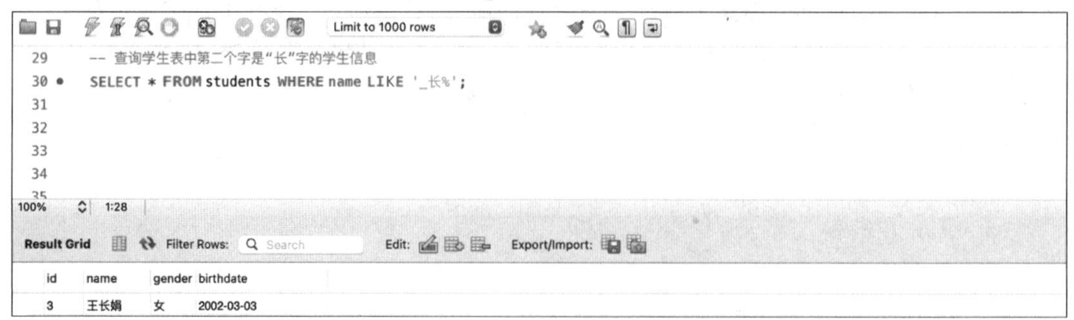

图 5.18 查询学生表中第二个字是“长”字的学生信息

注意：

- LIKE 关键字在进行模式匹配时是不区分大小写的(这取决于数据库的配置和使用的字符集，某些配置下可能会区分大小写)，如果需要区分大小写，请查阅特定数据库的文档；
- 使用%和_时要小心，避免创建过于宽泛的模式，这可能会导致查询性能下降，因为数据库需要扫描更多的行来找到匹配项；
- 在编写模式时，确保正确地转义任何在模式中用作通配符的特殊字符，以避免意外地匹配。

6. 查询空值

假如读者正在管理一个学生信息数据库，其中包含了学生的姓名、性别、出生日期等信息。由于某些原因，某些学生的出生日期可能没有记录。这时，这些未记录的出生日期在数据库中就会被标记为空值(NULL)。因此，在查询这些未记录出生日期的学生时，就需要使用到查询空值的方法。

在数据库的世界里，空值是一个特殊的存在，它表示某个字段没有具体的值或者这个值是未知的。与 0、空字符串或其他任何具体的数据类型不同，NULL 是一个占位符，它表示这个字段当前没有任何信息。在 MySQL 中，正确地处理空值是至关重要的，因为它会直接影响到查询的结果和数据的完整性。

在 MySQL 中，使用 IS NULL 来判断一个字段是否为空值，而使用 IS NOT NULL 来判断一个字段是否不为空。这两个操作符在构建查询语句时非常有用，它们可以帮助精确地定位那些含有或不含空值的记录。

语法规则如下：

```
SELECT column1, column2, ...
FROM table_name
WHERE column_name IS NULL;          --查询某字段为空值的记录
SELECT column1, column2, ...
FROM table_name
WHERE column_name IS NOT NULL;      --查询某字段不为空值的记录
```

其中：

- column_name 是想要检查是否为空值或非空值的字段的名称；
- IS NULL 关键字用于筛选出那些指定字段值为 NULL 的记录；
- IS NOT NULL 关键字则用于筛选出那些指定字段值不为 NULL 的记录。

如果想要找出学生表(students 表)中出生日期(birthdate)字段为空的学生，可以使用 birthdate IS NULL 来进行判断出生日期为空的学生，代码如下：

```
--查询学生表中出生日期为空的学生信息
SELECT * FROM students WHERE birthdate IS NULL;
```

效果如图 5.19 所示。

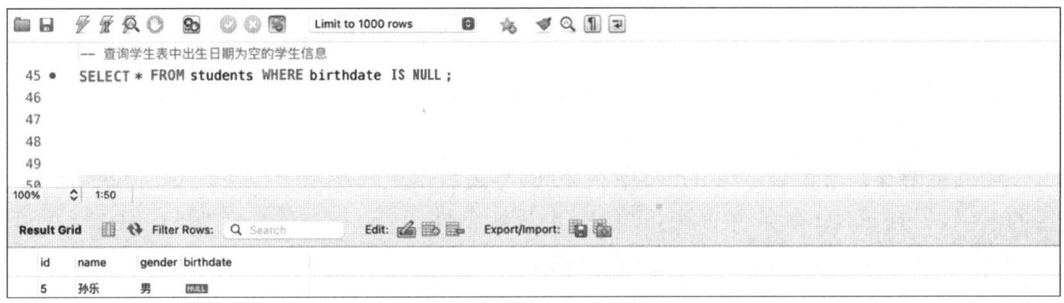

图 5.19 查询学生表中出生日期为空的学生信息

相反地，如果想要找出学生表(students)中出生日期(birthdate)字段不为空的学生，可以使用 birthdate IS NOT NULL 来进行判断出生日期不为空的学生，代码如下：

```
--查询学生表中出生日期不为空的学生信息
SELECT * FROM students WHERE birthdate IS NOT NULL;
```

效果如图 5.20 所示。

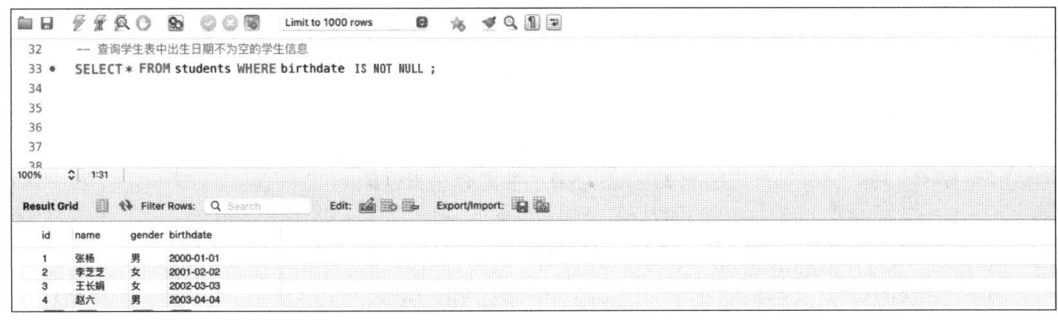

图 5.20 查询学生表中出生日期不为空的学生信息

注意：

- 当处理空值时，务必明确查询意图，有时字段可能包含了空字符串('')或者其他特殊值，这些值与 NULL 是不同的，需要使用不同的查询条件来筛选；
- 空值参与运算时，结果往往也是 NULL，因此，在编写涉及计算的查询时，要特别注意空值可能带来的影响；

- 在进行数据库设计时，如果某个字段允许为空，那么在编写应用逻辑时也要考虑到这一点，确保能够妥善处理空值情况。

7. 带 AND 的多条件查询

假如在一所大型的图书馆里寻找一本既是关于编程的，又是近期出版的书籍，这就需要用到多个条件来筛选，就像 MySQL 中的带 AND 的多条件查询一样。需要找到那些既满足“编程”这个主题，又满足“近期出版”这个时间范围的书籍。

在 MySQL 的查询语句中，AND 就像一个魔法连词，它能帮助把多个条件串起来，形成一个强大的筛选器。只有当数据记录同时满足这些被 AND 连接的条件时，它才会被选中，出现在查询结果中。

语法规则如下：

```
SELECT 列名 FROM 表名 WHERE 条件 1 AND 条件 2 AND ... AND 条件 N;
```

其中，条件 1 AND 条件 2 AND ... AND 条件 N：这里列出了多个条件，只有当数据同时满足这些条件时，才会被选中。

如果想要查询学生表(students)中在 2000 年之后出生(birthdate)并且性别(gender)为男的学生，根据 AND 多条件查询，可以写出过滤条件为：birthdate >='2000-01-01' AND gender ='男'。可以使用以下语句进行查询：

```
--查询学生表中在 2000 年之后出生并且是男生的同学信息
SELECT * FROM students WHERE birthdate > ='2000-01-01' AND gender ='男';
```

效果如图 5.21 所示。

图 5.21 带 AND 的多条件查询效果 1

这条查询会返回同时满足这两个条件的学生的信息。

如果是查询选修“计算机网络”并且已知该课程的 ID 是 3，并且分数达到 90 分的同学信息，可以使用以下语句进行查询：

```
--首先，找到“计算机网络”的课程 ID(假设已知为 3)
--然后，可以使用以下查询找到满足条件的学生信息
SELECT students.*
FROM students
JOIN grades ON students.id =grades.student_id
WHERE grades.course_id =3 AND grades.grade >=90;
```

效果如图 5.22 所示。

```
-- 2.可以使用以下查询找到满足条件的学生信息
SELECT students.* FROM students
JOIN grades ON students.id = grades.student_id
WHERE grades.course_id = 3 AND grades.grade >= 90;
```

id	name	gender	birthdate
1	张杨	男	2000-01-01

图 5.22　带 AND 的多条件查询效果 2

注意：

- AND 是一个逻辑运算符，用于连接多个条件，只有当所有条件都为真时，整个表达式才为真；
- 当使用多个条件查询时，要确保每个条件的字段都是存在的，并且数据类型匹配；
- 对于日期字段，可以使用 MySQL 的日期函数来进行处理，比如上面的 YEAR(birthdate) 就是取出 birthdate 字段的年份部分。

8. 带 OR 的多条件查询

与 AND 类似，OR 关键字也用于基于多个条件来查找记录，但只需要满足其中一个条件即可。这就像是查找一个文件夹中所有是“报告”类型或“计划”类型的文件。

语法规则如下：

```
SELECT * FROM 表名 WHERE 条件 1 OR 条件 2;
```

其中，OR 关键字用于连接多个条件，查询会返回满足至少一个条件的记录。

如果想要查询学生表中在 2000 年之后出生或者性别为“男”的学生，容易得出筛选条件为：birthdate>='2000-01-01' AND gender ='男';。

查询语句如下：

```
--查询学生表中在 2000 年之后出生或者是男生的同学信息
SELECT * FROM students WHERE birthdate > ='2000-01-01' AND gender ='男';
```

效果如图 5.23 所示。

图 5.23　带 OR 的多条件查询效果

这条查询会返回满足这两个条件中至少满足一个的学生的信息。

9. 查询结果不重复

当查询一个字段时，有时这个字段的值可能在表中重复出现多次。如果只想要查看这个字段的不重复值，可以使用 DISTINCT 关键字。

语法规则如下：

```
SELECT DISTINCT 列名 FROM 表名;
```

其中，DISTINCT 关键字用于返回唯一的记录，即去除查询结果中的重复行。

如果想要查看学生表中所有不重复的性别，可以使用如图 5.24 所示的查询。

```
56      -- 查询学生表中不重复的性别
57 ●    SELECT DISTINCT Gender FROM students;
```

Gender
男
女

图 5.24 查询结果不重复效果

10. 对查询结果排序

当从数据库中提取大量数据时，这些数据通常是按照它们在表中的存储顺序来显示的。但是，很多时候可能希望按照某种特定的顺序来查看这些数据，比如按照学生的年龄从小到大排列，或者按照成绩从高到低排列。这时，就可以使用 ORDER BY 子句来对查询结果进行排序。

语法规则如下：

```
SELECT * FROM 表名 ORDER BY 列名 [ASC|DESC];
```

其中，ORDER BY 关键字用于对查询结果进行排序；ASC 表示升序(默认)；DESC 表示降序。

如果想要查看学生表中按年龄从小到大排序的数据，可以使用如图 5.25 所示的查询。

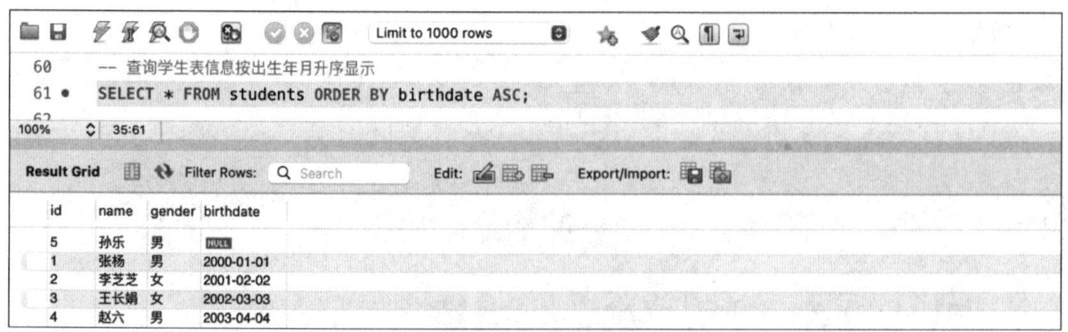

图 5.25 对查询结果排序

这条查询会返回学生表中按出生年月升序排序的数据。

11. 分组查询

有时，可能想要按照某个字段的值对查询结果进行分组，并对每个分组进行统计或计算。比如，可能想要知道每个班级有多少学生，或者每个专业的学生平均成绩是多少。这时，就可以使用 GROUP BY 子句来进行分组查询。

GROUP BY 和 HAVING 的使用

语法规则如下：

```
SELECT 列名, 聚合函数(列名) FROM 表名 GROUP BY 列名;
```

其中，GROUP BY 关键字用于将结果集按一个或多个列进行分组，通常与聚合函数(如 COUNT、SUM、AVG 等)一起使用，对每个分组执行计算。

如果想要统计学生表中各性别的数量，可以使用如图 5.26 所示的查询。

```
-- 统计学生表中各性别的总数
SELECT gender, count(gender) AS 数量 FROM students GROUP BY gender;
```

gender	数量
男	3
女	2

图 5.26　分组查询效果

这条查询会返回学生表中各性别的统计人数。

12. 使用 LIMIT 限制查询结果的数量

当查询结果的数据量非常大时，可能只需要查看其中的一部分数据。比如，可能想查看成绩最好的前几名学生，或者最新加入的几名学生。这时，就可以使用 LIMIT 关键字来限制查询结果返回的记录数。

语法规则如下：

```
SELECT * FROM 表名 LIMIT 数量;
```

或

```
SELECT * FROM 表名 LIMIT 起始位置, 数量;
```

其中，LIMIT 关键字用于限制返回的记录数。第一种语法将返回前“数量”条记录；第二个语法从“起始位置”开始返回“数量”条记录。起始位置是从 0 开始计数的。

如果想查询课程表中学分最高的两门课的信息，可以使用如图 5.27 所示的查询。

图 5.27　使用 LIMIT 限制查询效果

这条查询会返回课程表中学分最高的两门课的信息。

5.3 使用集合函数查询

在数据库查询中，集合函数(或称为聚合函数)用于对一组值执行计算，并返回一个单一的值。MySQL 提供了多种集合函数，如 COUNT()、SUM()、AVG()、MAX()和 MIN()等。这些函数在数据分析和报表生成中非常常用，但要注意的是，这些函数一般都和 GROUP BY 一起使用。

1. COUNT()

COUNT()用于计算表中记录的行数，或者计算某一列中非 NULL 值的数量。

语法规则如下：

```
COUNT([DISTINCT] expression)
```

或

```
COUNT(*)
```

其中，DISTINCT 关键字是可选的，用于计算唯一值的数量。如果使用 COUNT(*)，则计算表中所有行的数量，不考虑字段是否为 NULL。

如统计选课记录表中的每门课程的学生选取数量，可以使用如图 5.28 所示的查询。

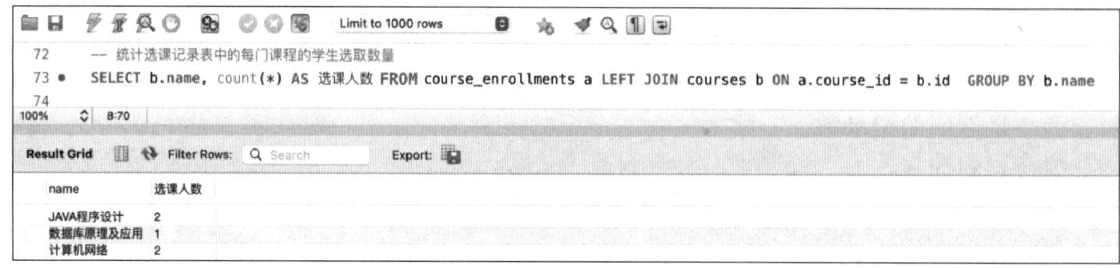

图 5.28 COUNT()效果

2. 其他常用函数语法结构

常用函数及作用如下：

- SUM()用于计算某列数值的总和；
- AVG()用于计算某列数值的平均值；
- MAX()用于计算某列数值的最大值；
- MIN()用于计算某列数值的最小值。

如果需要统计每个同学每门课的总分、平均分、最高分、最低分，可以使用如图 5.29 所示的查询。

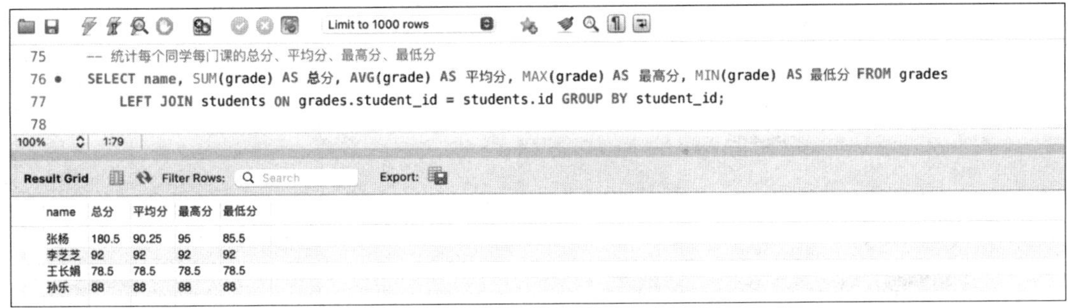

图 5.29　其他常用统计函数效果

5.4　连接查询

连接查询是关系数据库中非常关键的一种查询方式，它允许基于两个或多个表之间的某些相关列来组合它们的数据。连接查询主要用于合并来自两个或多个表的数据。这些表通常通过某些共同的列（例如外键和主键）相关联。通过连接查询，可以一次性检索多个表的相关数据，并以一个结果集的形式返回。

5.4.1　内连接查询

内连接（INNER JOIN）是一种连接两个或多个表的查询方式，它只返回那些在两个或多个表中都有匹配的行。如果某行在其中一个表中没有匹配项，那么这一行就不会出现在结果集中。

语法规则如下：

```
SELECT columns
FROM table1
INNER JOIN table2
ON table1.column=table2.column;
```

其中：

- SELECT columns 指定要查询的列；
- FROM table1 指定主查询表；
- INNER JOIN table2 指定要连接的表；
- ON table1.column＝table2.column 指定连接条件，即两个表中用于匹配的列。

如果查询所有选课的学生姓名和课程名称，首先通过 INNER JOIN 连接 students 表和 course_enrollments 表，基于学生 id 进行匹配。其次连接 courses 表，基于课程 id 进行匹配。最后返回所有选课的学生姓名和对应的课程名称，效果如图 5.30 所示。

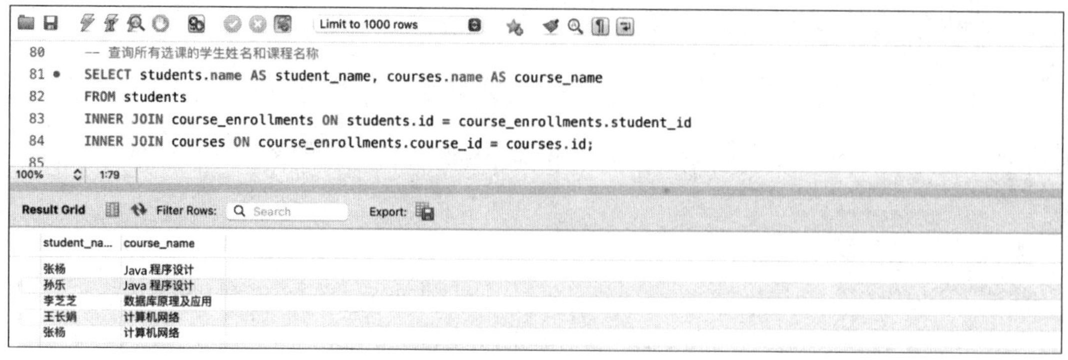

图 5.30 内连接查询效果

5.4.2 外连接查询

外连接(OUTER JOIN)是另一种连接两个或多个表的查询方式,它返回包括那些在一个表中存在匹配项但在另一个表中没有匹配项的行。外连接分为左外连接(LEFT OUTER JOIN)、右外连接(RIGHT OUTER JOIN)和全外连接(FULL OUTER JOIN)。在 MySQL 中,RIGHT OUTER JOIN 并不常用,可以通过 LEFT OUTER JOIN 的反向写法或者 UNION 来模拟实现。

语法规则如下:

```
--左外连接
SELECT columns
FROM table1
LEFT JOIN table2
ON table1.column =table2.column;

--右外连接
SELECT columns
FROM table1
RIGHT JOIN table2
ON table1.column =table2.column;
```

其中:

- LEFT JOIN 或 RIGHT JOIN 指定左外连接或右外连接;
- table1 和 table2 参与连接的表;
- ON table1.column=table2.column 定义连接条件。

在内连接例子中,是无法查到没有选课的学生的,如果需要查到这方面的信息,需要用到左连接,效果如图 5.31 所示。

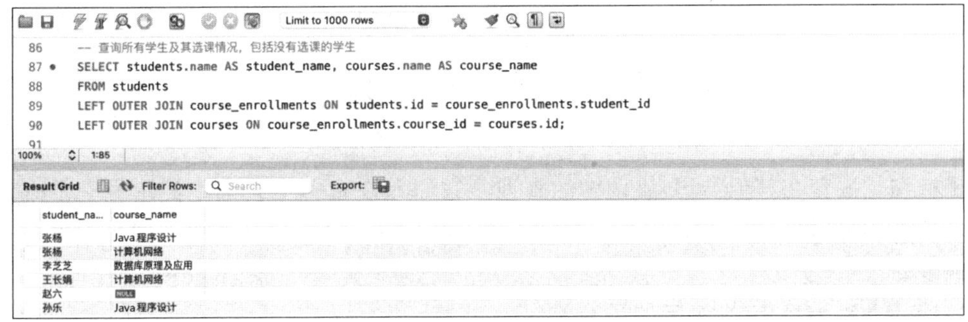

图 5.31　外连接查询效果

5.4.3　复合条件连接查询

复合条件连接查询允许在 ON 子句中指定多个连接条件，这样可以基于多个字段之间的关系来连接表。

语法规则如下：

```
SELECT columns
FROM table1
JOIN table2
ON table1.column1 =table2.column1 AND table1.column2 =table2.column2;
```

其中：

- JOIN 是指定连接操作；
- table1 和 table2 是参与连接的表；
- ON 子句中的 AND 是用于组合多个连接条件。

如果想要查询所有选修了课程 id 为 1 且成绩大于 85 分的学生姓名和成绩。需要通过复合条件连接 students、course_enrollments 和 grades 三个表。首先，students 表和 course_enrollments 表通过 students.id = course_enrollments.student_id 连接，找出所有学生的选课记录。其次，这个结果与 grades 表进行连接，连接条件是 course_enrollments.student_id = grades.student_id 和 course_enrollments.course_id = grades.course_id，这两个条件确保了每个学生的成绩与他们的选课记录匹配。最后，通过 WHERE 子句进一步筛选出课程 id 为 1 且成绩大于 85 分的学生记录，效果如图 5.32 所示。

```
-- 查询所有选修了课程ID为1且成绩大于90分的学生姓名和成绩
SELECT students.name AS student_name, grades.grade AS student_grade
FROM students
INNER JOIN course_enrollments ON students.id = course_enrollments.student_id
INNER JOIN grades ON course_enrollments.student_id = grades.student_id AND course_enrollments.course_id = grades.course_id
WHERE grades.course_id = 1 AND grades.grade > 85;
```

student_na...	student_gra...
张杨	85.5
孙乐	88

图 5.32　复合条件连接查询效果

5.5 子 查 询

子查询是嵌套在其他SQL查询中的查询。它们允许在一个查询中使用另一个查询的结果。子查询可以出现在SELECT、FROM或WHERE子句中，并可以返回单个值、一行、一列或多列。

1. 带ANY、SOME关键字的子查询

ANY和SOME关键字用于与子查询一起使用，以测试某个值是否与子查询返回的任何值匹配。

ANY和SOME在功能上是相同的，它们都用来比较子查询结果和外部查询结果。它们返回满足比较条件的结果中的任意一个值。然而，在某些情况下，ANY和SOME会有微小的区别。

1）行数不同

当子查询返回的行数与外部查询结果的行数不同时，ANY和SOME的行为会有所不同。具体来说，当子查询返回的行数多于外部查询结果的行数时，ANY和SOME会返回匹配行中的任意一个值。当子查询返回的行数少于外部查询结果的行数时，ANY和SOME会返回匹配行中的某个值，并且会用Null填充未匹配的结果。

2）空值处理

当子查询中存在空值时，ANY和SOME的行为也会有所不同。ANY会忽略空值，并返回非空值的比较结果。而SOME会将空值视为未匹配项，返回Null。

语法规则如下：

```
SELECT column1, column2, ...
FROM table_name
WHERE column_name operator ANY (subquery);
```

如需查询年龄大于任一女生年龄的男生信息，查询语句及效果如图5.33所示。

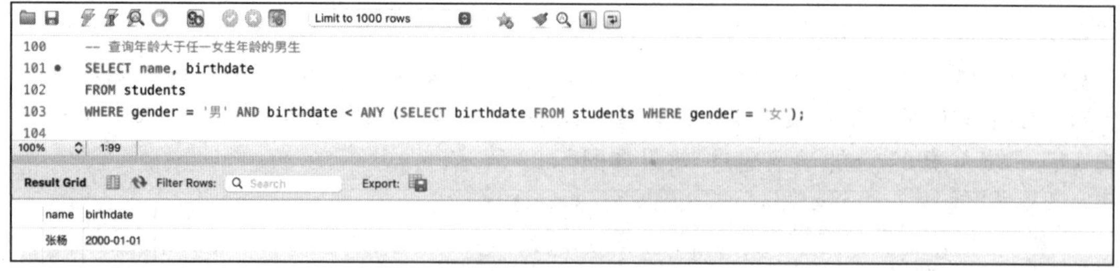

图5.33 空值查询效果

2. 带ALL关键字的子查询

ALL关键字用于与子查询一起使用，以测试某个值是否与子查询返回的所有值匹配。

语法规则如下：

```
SELECT column1, column2, ...
```

```
FROM table_name
WHERE column_name operator ALL (subquery);
```

如果查询成绩大于所有男生平均成绩的女生，查询语句及效果如图 5.34 所示。

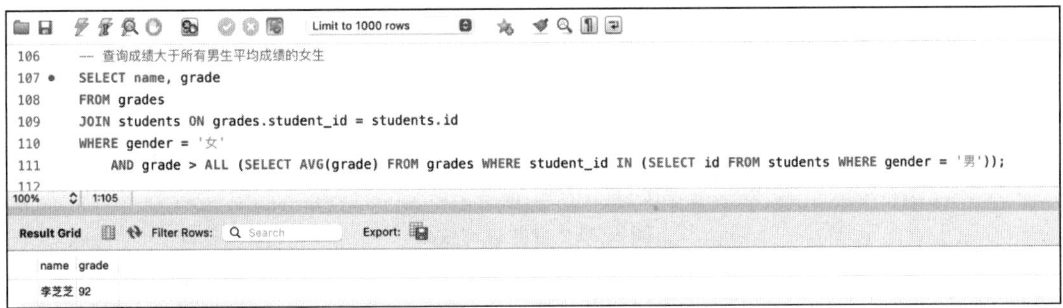

图 5.34 带 ALL 关键字的子查询效果

5.6 合并查询结果

合并查询结果是指将多个查询的结果组合成一个结果集。在 MySQL 中，可以使用 UNION 或 UNION ALL 操作符来实现这一功能。UNION 操作符会去除重复的记录，而 UNION ALL 则会保留所有的记录，包括重复的记录。

语法规则如下：

```
SELECT column_name(s) FROM table1
UNION [ALL]
SELECT column_name(s) FROM table2;
```

其中：

- SELECT column_name(s) FROM table1 是第一个查询语句，指定要从哪个表中选择哪些列；
- UNION [ALL]为合并操作符，UNION 会去除重复行，UNION ALL 会保留所有行；
- SELECT column_name(s) FROM table2 是第二个查询语句，指定要从哪个表中选择哪些列。

注意：

- 每个 SELECT 语句中选择的列数必须相同；
- 每个 SELECT 语句中对应列的数据类型必须兼容。

如果想要查询所有学生和教师的名字，并将这两个结果集并在一起，效果如图 5.35 所示。

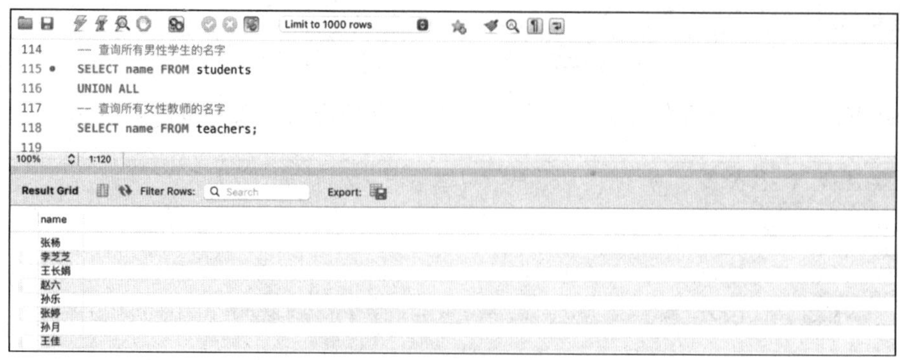

图 5.35 合并查询效果

5.7 为表和字段取别名

在 MySQL 查询中，为表和字段取别名是一个常见的做法，尤其是在处理复杂的查询和连接多个表时。取别名可以使查询语句更加简洁、易读，并有助于提高查询性能。

5.7.1 为表取别名

为表取别名就是在查询中为表指定一个临时的简短名称。这样做的好处是在查询中可以使用这个简短名称代替原始的表名，尤其是在连接多个表时，可以避免字段名冲突，并使查询语句更加简洁。

语法规则如下：

```
SELECT column_name
FROM table_name [AS] alias_name
```

其中，AS 关键字用于指定表的别名，但在实际使用中，AS 是可以省略的。alias_name 是为表指定的别名。

如果想要查询学生表中所有学生的姓名和出生日期，并为学生表取一个别名 s，效果如图 5.36 所示。

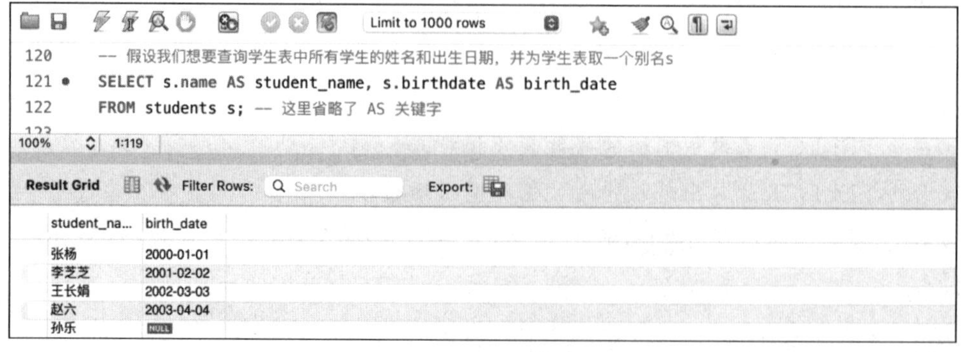

图 5.36 为表取别名效果

在上述查询中，为学生表取了一个别名 s，并且在 FROM 子句中省略了 AS 关键字。在 SELECT 子句中，可以通过别名 s 来引用表的字段。

5.7.2　为字段取别名

为字段取别名是在查询结果中为字段指定一个临时的、更具描述性的名称。这可以提高查询结果的可读性。

语法规则如下：

```
SELECT column_name [AS] alias_name
FROM table_name;
```

同样地，AS 关键字用于指定字段的别名，但在实际使用中也是可以省略的；alias_name 是为字段指定的别名。

如果想要查询学生表中学生的姓名和性别，并为它们取中文别名，效果如图 5.37 所示。

图 5.37　为字段取别名效果

5.8　使用正则表达式查询

5.2 节中学习了如何使用 LIKE 操作符来进行模糊查询。LIKE 虽然简单实用，但在处理复杂的模式匹配时，就显得有些捉襟见肘。这时，正则表达式(RLIKE 或者 REGEXP)就派上了用场。正则表达式提供了一种强大且灵活的方式，能够匹配、查找和替换符合特定模式的文本内容。

语法规则如下：

- ^用于匹配字符串的开头；
- $用于匹配字符串的结尾；
- . 用于匹配任意一个字符(除了换行符)；
- [...]用于匹配方括号中的任意字符；
- [^...]用于匹配不在方括号中的任意字符；
- *用于匹配前一个字符出现零次或多次；
- +用于匹配前一个字符出现一次或多次；

- ? 用于匹配前一个字符出现零次或一次；
- {n}用于匹配前一个字符出现恰好 n 次；
- {n,}用于匹配前一个字符出现至少 n 次；
- {n,m}用于匹配前一个字符出现 n 至 m 次；
- \|用于匹配|前后的任意表达式；
- (...)用于分组和引用；
- \\n 用于引用编号为 n 的捕获组的内容。

如果想查询学生表中姓名以“王”字开始，以“娟”字结尾的学生信息。可以使用 RLIKE 或 REGEXP 操作符配合正则表达式进行模式匹配。以下是使用 REGEXP 正则模式的思路：正则表达式模式应为^王.*娟$。这里^表示字符串的开始，王表示以“王”字开始，.* 表示匹配任意数量的任意字符，娟表示以“娟”字结尾，$ 表示字符串的结束，效果如图 5.38 所示。

图 5.38 使用正则表达式查询效果

图 5.38 中的 REGEXP 也可以替换为 RLIKE，效果一致。

如想查询学生表姓名至少有三个字的学生信息，除了使用 CHAR_LENGTH 计算长度外，也可以使用正则表达式的{n}来进行查询，效果如图 5.39 所示。

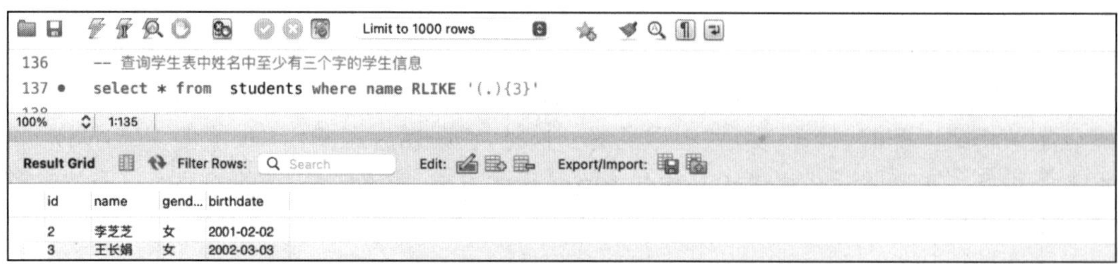

图 5.39 查询学生表中姓名中至少有三个字的学生信息

如想查询学生表中姓名中有叠字的学生信息。可以使用(.)匹配任意一个字符，并将其捕获为一个组(编号为 1)。然后引用编号为 1 的捕获组匹配到的内容，即要求该内容与捕获组中的字符相同。这时候整个正则表达式会匹配任何两个连续且相同的字符，效果如图 5.40 所示。

图 5.40 姓名中有叠字的效果

本章小结

本章系统讲解了数据库查询的核心技术，涵盖基本查询语句（SELECT、WHERE、ORDER BY）、单表查询（IN、BETWEEN、LIKE）、连接查询（内/外连接）、子查询（ANY/ALL）、正则表达式匹配及结果集合并（UNION）。通过案例演示了如何利用过滤条件、分组统计、多表关联及复杂模式匹配实现高效数据检索，强调不同查询方式在实际业务场景中的应用价值，为数据提取与分析提供技术支撑。

课后习题

一、选择题

1. 如果想要查询名字以“张”开头的所有学生，应该使用（　　）操作符。

   A. LIKE '张%'　　B. ='张'

   C. IN('张')　　D. BETWEEN '张' AND '张 z'

2. 以下（　　）连接类型会返回左表的所有记录，即使右表中没有匹配的记录。

   A. INNER JOIN　　B. LEFT JOIN

   C. RIGHT JOIN　　D. FULL JOIN

3. 查询所有学生的姓名和年龄，并按年龄降序排序，应使用（　　）关键字。

   A. ORDER BY　　B. GROUP BY　　C. LIMIT　　D. DISTINCT

二、实操题

1. 查询所有女生的姓名和学号。
2. 查询每个课程的学生人数并按从小到大排序。
3. 查询每个教师的课程数量。
4. 查询平均成绩高于 90 分的课程名称。
5. 查询所有学生的姓名和他们所选课程的名称。
6. 使用正则查询名字只有两个字的学生

第6章 索引、视图、事务和数据库恢复

在数据库管理领域,索引、视图、事务和数据库恢复是构建高效、安全、可靠的数据库系统的基石。这些核心概念贯穿于数据管理的整个生命周期,从优化查询性能到保护数据完整性以及实现故障恢复,都发挥着不可或缺的作用。

想象一下,有一本很大的电话簿,如果没有目录,每次找电话号码都得从头翻到尾,效率就非常低。索引就像电话簿的目录,它能帮助快速定位到想要找的信息。在数据库中,索引能让数据库更快地找到需要的数据,提高查询速度。索引是数据库优化的利器,它通过特定的数据结构,实现了对数据的高效访问。索引能够显著提高查询性能,使得数据库系统能够迅速定位到所需的数据,而无须逐行扫描整个表。索引的巧妙运用,是数据库性能优化的关键。

视图则是数据库查询的抽象层,为用户提供了一种以特定角度查看数据的方式。通过定义视图,用户可以屏蔽数据的复杂性和底层结构,只查看关心的数据子集或聚合结果。视图不仅简化了数据访问,还增强了数据的安全性,通过限制用户对基础表的直接访问,降低了数据泄露的风险。视图就像是一扇窗户,通过这扇窗户,只能看到数据库中的一部分数据。这扇窗户是由数据库管理员提前设定好的,所以不同的用户通过不同的窗户看到的数据可能是不一样的。总之,视图的优势在于可以隐藏数据的复杂性,简化数据操作,并通过限制访问保护数据的安全。

事务是数据库管理系统中的一项重要功能,它确保了数据库操作的一致性和可靠性。事务将一系列的数据库操作(如插入、更新、删除等)作为一个逻辑单元来执行,具备"要么全部成功执行,要么全部回滚(撤销)"的特性。事务的 ACID 特性(原子性、一致性、隔离性和持久性)保证了即使在发生故障的情况下,数据库也能保持数据的一致性和完整性。银行账户的转账操作可以看作一个事务:从账户 A 转 100 元到 B 账户。它包含两个步骤:从 A 账户扣除 100 元,然后给 B 账户增加 100 元。这两个步骤要么都成功,要么都失败,不可能只执行其中一个。这样就能保证数据的准确性和一致性。

数据库恢复则是保障数据库安全的最后一道防线。当数据库系统发生故障或数据丢失时,数据库恢复技术能够迅速将数据库恢复到一致的状态。这依赖于定期的数据库备份和详细的日志记录。备份文件提供数据恢复的基础,而日志记录则提供了恢复过程中所需的关键信息。举个例子,如果计算机突然坏了,数据库恢复就通过备份和日志记录来恢复丢失的数据。备份相当于把数据保存在一个安全的地方,而日志记录则跟踪数据的变化过程。当数据库出现问题时,通过备份和日志记录就可以恢复数据,从而保证数据的完整性和可靠性。

6.1 索　　引

6.1.1 索引定义

在图书馆找书时，例如查找一本名为《数据库原理及应用》的书，如果没有索引或目录的帮助，整个搜索过程将会十分烦琐。通常，可能需要从第一个书架开始，一排排、一列列地逐本检查每一本书，直到找到目标书籍为止。这种方法既耗时又低效，尤其是在藏书丰富的图书馆中。

如果图书馆拥有一个完善的索引系统，那么找书就变得轻而易举了。这个索引系统就像一个大型目录，列出了所有书籍的书名以及它们的具体位置。只需在索引中查找《数据库原理及应用》这本书，系统就会提供这本书所在的书架、书排及位置的信息。这样，用户就能直接走到指定位置，迅速找到所需书籍。

这种通过索引找书的方式，与数据库中的索引工作原理十分相似。在数据库中，数据检索是日常操作的核心，而索引是提高检索效率的关键技术。随着数据量的不断增长，传统的全表扫描方式在查询大量数据时变得效率低下。为了解决这个问题，数据库设计者引入了索引这一概念。索引是一种特殊的数据结构，用于记录数据表中某些列（通常称为索引键或键列）的值以及这些值在数据表中的存储位置信息。

具体来说，索引就像数据库的"目录"或"索引系统"，能够帮助数据库系统迅速定位到所需的数据。当想要查询某个数据时，如果没有索引，数据库就需要逐行检查表中的每一行数据，直到找到匹配的结果。而通过索引，数据库就可以直接通过索引定位到数据所在的位置，从而大大加快查询速度。因此，索引在数据库管理系统中发挥着至关重要的作用，是优化数据库性能的关键技术之一。

索引在数据库中发挥着至关重要的作用，主要体现在以下几个方面。

- 提高查询效率：索引显著减少了查询时需要扫描的数据量，从而加快查询速度。特别是在处理大量数据时，索引的作用更加明显。
- 优化排序操作：索引本身是有序的，通过索引能够更快地对数据进行排序操作。这不仅可以减少排序所需的时间和计算资源，还可以提高排序结果的准确性。
- 支持数据完整性：索引可以帮助数据库系统维护数据的完整性，便于检查数据的唯一性、引用完整性等约束条件，从而确保数据的准确性和一致性。

虽然索引能够带来诸多好处，但在实际使用时也需要注意以下几点。

- 合理创建索引：不是所有列都需要创建索引，通常仅对经常用于查询条件的列创建索引。过多的索引会增加存储空间的占用和维护成本，因此需要根据实际情况进行权衡选择。
- 考虑索引的维护成本：当数据表中的数据发生变化时（如插入、更新或删除操作），索引也需要进行相应更新。这会增加数据库的维护成本。因此，在创建索引时需要考虑到数据表的更新频率和更新量，以确保索引的实用性和高效性。
- 注意索引的选择性：选择性高的列（即不同值较多的列）更适合创建索引。因为这样的索引能够更有效地过滤数据，减少扫描的数据量，从而提高查询效率。相反，选择性低的列(即重复值较多的列)创建索引可能效果不明显，甚至可能增加存储和维护成本。

索引是数据库管理系统中不可或缺的一部分，能够显著提高查询效率，优化排序操作，并支持数据完整性。然而，在创建和使用索引时，需要权衡其带来的性能优势和潜在成本。合理地设计和使用索引，可以充分发挥数据库系统的性能，提高数据处理和检索的效率。

6.1.2 索引分类

在 MySQL 中，索引是数据库快速检索数据的关键。为了更高效地检索数据，可以根据数据的特性和查询需求来选择合适的索引类型。本章将介绍几种常见的索引分类，并结合具体的表结构来解释这些概念。

1. 单列索引

单列索引是基于表中的一个列创建的索引。

以 students 表为例，如果经常需要根据学生的姓名来查询学生信息，那么就可以在 name 列上创建一个单列索引。这样，当执行基于姓名的查询时，数据库就能更快地定位到相应的数据行。

2. 复合索引

复合索引是基于表中的多个列创建的索引。

假设经常在 students 表上执行同时基于 name 和 gender 的查询，那么就可以在 name 和 gender 列上创建一个复合索引。这样，当执行基于这两个列的查询时，数据库就能更快地找到匹配记录。

3. 主键索引

主键索引是基于表的主键列创建的索引。

在 students 表中，id 列是主键列，它自动拥有一个主键索引。这个主键索引确保每个学生都有一个唯一的 ID，同时也为基于 ID 的查询提供了快速的检索方式。

4. 唯一索引

唯一索引确保表中的某一列(或某几列的组合)的值是唯一的。

虽然 students 表中的 id 列已经拥有了主键索引(它本身也是唯一的)，但假如想在 teachers 表的 name 列上确保每个教师的姓名都是唯一的，那么就可以在 name 列上创建一个唯一索引。这样，任何试图插入重复教师姓名的操作都会被数据库拒绝。

5. 普通索引

普通索引是最常见的索引类型，它没有特殊的要求或限制。

在 courses 表中，如果经常需要根据课程名称来查询课程信息，那么就可以在 name 列上创建一个普通索引。这样，当执行基于课程名称的查询时，数据库就能更快地定位到相应的数据行。

6. 全文索引

全文索引用于在文本数据中进行全文搜索。

虽然示例表结构中并没有直接的文本字段需要全文搜索，但假设 courses 表的 description 字段(假设存在)包含了课程的详细描述，并且想要根据这些描述来搜索课程，那么就可以在 description 字段上创建一个全文索引。这样，就能使用全文搜索功能来快速找到包含特定关键词的课程描述。

7. 空间索引

空间索引用于存储与查询地理空间数据，如地图上的位置信息。

虽然示例表结构并不涉及地理空间数据，但在某些应用中(如物流、地图应用等)，可能需要使用空间索引来快速检索地理位置信息。

6.1.3 创建和应用索引

索引的创建

1. 创建单列索引和复合索引

在 MySQL 中，可以使用 CREATE INDEX 语句来创建单列索引和复合索引。基本语法如下：

```
CREATE INDEX index_name ON table_name (column1, ...);
```

其中：

- index_name 为索引的名称；
- table_name 为要创建索引的表名；
- (column1，...)为要创建索引的列名，可以是单列或多列。

假设经常通过学生姓名查询学生信息，可以为学生表上的 name 列创建一个单列索引。可以使用以下语句进行创建：

```
--为 students 表的 name 列创建一个名为 idx_name 的单列索引
CREATE INDEX idx_name ON students (name);
```

效果如图 6.1 所示。

图 6.1　为学生表上的 name 列创建一个单列索引

注意：出现绿色的图标表示索引生成成功，如果索引已经生成过了，再次执行语句，则会出现如下错误：Error Code：1061. Duplicate key name 'idx_name'(表示存在同名索引)，如图 6.2 所示。

图 6.2　同名索引报错提示

对于单列索引还需要注意以下两点。

- 索引虽然可以加速查询，但也会占用存储空间，并可能降低写操作的性能(如 INSERT、UPDATE、DELETE)。
- 索引的选择性很重要，即索引列中不同值的数量与总记录数的比值。选择性越高，索引越有效。

如果经常同时根据姓名和出生日期查询学生，可以创建一个复合索引，可以使用以下语句进行创建：

```
--为 students 表的 name 和 birthdate 列创建一个名为 idx_name_birthdate 的复合索引
CREATE INDEX idx_name_birthdate ON students (name, birthdate);
```

复合索引需要注意以下三点。

- 索引的选择性：不是所有列都适合创建索引。例如，对于性别列，由于只有两个可能的值，索引的效果可能不明显。
- 复合索引的列顺序：复合索引的列顺序会影响索引的效率。经常用于搜索、排序和连接的列应该放在索引的前面。
- 索引的维护：索引会占用额外的存储空间，并且在插入、更新或删除数据时也需要更新索引，可能会降低这些操作的性能。

2. 创建主键索引

在 MySQL 中，主键索引通常在创建表时定义，但也可以后续添加，基本语法如下：

```
--创建表时定义主键索引
CREATE TABLE table_name (
    column_name INT NOT NULL,
    ...
    PRIMARY KEY (column_name)
);

--后续添加主键索引
ALTER TABLE table_name ADD PRIMARY KEY (column_name);
```

假设要创建一个新的学生表，表名为 new_students，只有 id 和 name 字段，并为自增的 id 列设置主键索引，可以使用以下语句进行创建：

```
--假设要创建一个新的表，并为 id 列设置主键索引
CREATE TABLE new_students (
    id INT AUTO_INCREMENT,
    name VARCHAR(50),
    PRIMARY KEY(id)
);
```

注意：

- 主键索引是唯一的，并且不允许有空值；
- 一个表只能有一个主键索引。

3. 创建唯一索引

唯一索引就像身份证号码，每个人的身份证号码都是唯一的。在数据库中，唯一索引确保某列的所有值在表中都是唯一的。

语法规则如下：

```
CREATE UNIQUE INDEX index_name ON table_name (column_name);
```

其中：

- CREATE UNIQUE INDEX 是创建唯一索引的 SQL 命令；
- index_name 是为索引指定的名字，这个名字可以帮助在以后识别和管理这个索引；
- table_name 是要创建索引的表的名字；
- column_name 是要为其创建唯一索引的列的名字。也可以指定多个列名，用逗号隔开，以创建复合唯一索引。

假设想要确保学生表(students 表)中的每个学生都有一个唯一的 Email 地址，可以为这个 Email 列创建一个唯一索引，代码如下：

```
--为 students 表的 Email 列创建一个名为 uq_email 的唯一索引
CREATE UNIQUE INDEX uq_email ON students (email);
--假设有一个 Email 列，现在要插入一些数据
INSERT INTO students (name, email) VALUES ('张三', 'zhangsan@ mysql.com'); --成功
INSERT INTO students (name, email) VALUES ('李四', 'zhangsan@ mysql.com'); --失败，
                                                                   --因为 Email 已存在
```

注意：在上面的例子中，第二次插入会失败，因为 Email 列已经有一个值为'zhangsan@mysql.com'的记录，违反了唯一索引的规则，所以插入失败。

4. 需要注意的事项

1) 空值

唯一索引允许列中存在空值(NULL)，但多个空值在唯一索引中是被视为不同的。也就是说，可以在表中插入多个 Email 列为 NULL 的记录，而不会违反唯一索引的规则。

2) 与主键索引的区别

唯一索引和主键索引都保证列的唯一性，但一个表只能有一个主键索引，而可以有多个唯一索引。此外，主键索引不允许有空值，而唯一索引允许。

3) 索引的更新

索引的更新通常发生在数据库中的数据发生变化(如插入、修改或删除数据)时。MySQL 会自动更新相关的索引以保持其与数据的一致性。但是，这并不意味着不能或不需要手动干预索引的更新。在某些情况下，可能需要手动重建或优化索引以提高其性能。

- 直接更新：当在数据库中插入、修改或删除数据时，MySQL 会自动更新相关的索引。这是最常见和直接的索引更新方式。
- 批量更新：如果需要一次性更新大量数据，可能会考虑使用批量更新。通过将多个更新操作合并成一个批量操作，可以减少单个更新操作对索引的影响，提高索引的利用率和查询性能。
- 重建索引：在某些情况下，索引可能会变得碎片化或不再有效。这时，可以使用

ALTER TABLE 语句来重建索引。例如，ALTER TABLE students DROP INDEX idx_students_name_gender, ADD INDEX idx_students_name_gender (name, gender); 这个语句首先删除了旧的索引，然后立即添加了一个新的索引。

6.1.4 管理索引

1. 查看索引

在数据库中，索引是为了加快查询速度而创建的一种数据结构。当想要了解某个表上有哪些索引时，需要用到特定的方法来查看，语法规则如下：

```
SHOW INDEX FROM 表名;
```

其中，SHOW INDEX 是查看索引的命令。

以学生表(students 表)为例，可以使用以下语句来查看索引信息：

```
--查看 students 表的索引信息
SHOW INDEX FROM students;
```

效果如图 6.3 所示。

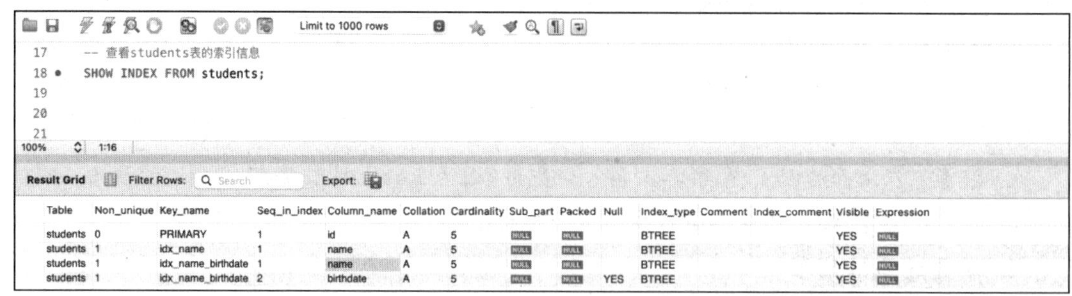

Table	Non_unique	Key_name	Seq_in_index	Column_name	Collation	Cardinality	Sub_part	Packed	Null	Index_type	Comment	Index_comment	Visible	Expression
students	0	PRIMARY	1	id	A	5	NULL	NULL		BTREE			YES	NULL
students	1	idx_name	1	name	A	5	NULL	NULL		BTREE			YES	NULL
students	1	idx_name_birthdate	1	name	A	5	NULL	NULL		BTREE			YES	NULL
students	1	idx_name_birthdate	2	birthdate	A	5	NULL	NULL	YES	BTREE			YES	NULL

图 6.3 查看 students 表的索引信息

2. 修改索引

MySQL 并没有直接提供修改索引的语句，但可以通过删除旧索引并重新创建新索引来模拟“修改索引”的操作。

6.1.3 小节已介绍了如何创建索引，除了使用 CREATE INDEX 关键字创建索引外，MySQL 也支持使用 ALTER TABLE 的关键字来创建索引。

语法规则如下：

```
--使用 ALTER TABLE 添加索引
ALTER TABLE table_name ADD INDEX index_name(column_name);
```

其中：

- ALTER TABLE 是创建索引的关键字；
- table_name 是指要在哪个表上创建索引；
- index_name 是给这个索引取的名字，方便以后引用或删除；
- column_name 是指要在哪个字段上创建索引。

例如，为学生表的姓名字段创建索引，可以使用以下代码：

```
--为学生表的姓名字段创建索引
CREATE INDEX idx_students_name ON students(name);

--或者使用 ALTER TABLE
ALTER TABLE students ADD INDEX idx_students_name(name);
```

以上两句代码的效果是一致的。

注意：

- 如果试图为一个不存在的字段创建索引，MySQL 会报错；
- 如果创建的索引名与已有的索引名重复，MySQL 也会报错。

删除旧索引的语法规则如下：

```
ALTER TABLE table_name DROP INDEX index_name;
```

其中，index_name 是要删除的索引的名称。

假设不再需要刚才例子中创建的 idx_students_name 索引，要删除了 students 表上的 idx_students_name 索引，可以使用以下代码：

```
--删除了 students 表上的 idx_students_name 索引
ALTER TABLE students DROP INDEX idx_students_name;
```

假设需求变化了，需要同时按学生姓名和性别查询，为了提高查询性能，可以为这两个字段创建一个复合索引，但是之前创建了 idx_students_name 的索引，如何对该索引进行修改呢？

可以先把该索引删掉再创建新的索引即可，可以使用以下代码：

```
--删除原有的单列索引
ALTER TABLE students DROP INDEX idx_students_name;

--创建复合索引
ALTER TABLE students ADD INDEX idx_students_name_gender (name, gender);
```

6.2 视　　图

6.2.1 视图概述

视图是一种虚拟表，它并不真实存储数据，而是基于一个或多个真实表中的数据，通过 SQL 查询语句来定义。用户可以像查询普通表一样查询视图，但视图只显示定义时指定的数据列和数据行。视图可以简化复杂的 SQL 查询，隐藏数据的复杂性，并且还可以提供数据的安全性。

就像在学校生活中，若要筹备一次班级聚会，需要收集所有同学的兴趣爱好和特长，以便更好地安排活动。但是，班级里有很多同学，每个人的信息都记录在一张大表格里，包括姓名、学号、年龄、联系方式、家庭住址等。在这个大表格中，只关心同学们的兴趣爱好和特长，其他的信息对来说并不那么重要。

这个时候，就可以使用视图这种神奇的工具，它就像是一个定制版的表格，可以根据需求，从大表格中筛选出关心的信息，并隐藏掉其他不相关的信息。

在这个例子中，可以创建一个视图，只包含同学们的姓名和兴趣爱好。当需要查看这些信息时，只需要查询这个视图就可以了，而不需要每次都去翻找整个大表格。这样，就可以更加高效、便捷地获取到需要的信息。

视图不仅可以帮助快速获取所需信息，还可以保护数据的隐私和安全。比如，在这个例子中，除姓名和兴趣爱好外，其他同学的个人信息都被隐藏了，只有创建视图的人才能看到这些信息，这样就可以确保数据的安全性和隐私性。

6.2.2 创建和应用视图

视图的创建和使用

创建视图的语法规则如下：

```
CREATE VIEW 视图名称 AS
SELECT 列名 1, 列名 2, …
FROM 表名
WHERE 条件;
```

其中：

- CREATE VIEW 是用于创建视图的关键词；
- 视图名称是给视图取的名字，这个名字在数据库中必须是唯一的；
- AS 后面跟着的是定义视图的 SELECT 语句；
- SELECT 是用于选择数据的 SQL 语句，可以包含列名、表名、连接条件、筛选条件等。

想要创建一个视图，该视图显示所有男生的姓名、选课课程和课程学分。可以使用以下代码：

```
--创建视图 view_male_students_courses
CREATE VIEW view_male_students_courses AS
SELECT
    s.name AS student_name,         --学生姓名
    c.name AS course_name,          --课程名称
    c.credit AS course_credit       --课程学分
FROM
    students s  --学生表
JOIN
    course_enrollments ce ON s.id = ce.student_id  --通过选课记录表连接学生表和课
                                                   --程表
JOIN
    courses c ON ce.course_id = c.id  --通过课程 ID 连接课程表
WHERE
```

```
s.gender = '男';  --筛选出男生
```

以上代码的逻辑如下：

(1) 创建了一个名为 view_male_students_courses 的视图。

(2) 在 SELECT 语句中，选择了学生姓名(s.name)、课程名称(c.name)和课程学分(c.credit)，并使用 AS 关键字给它们取了别名。

(3) 使用了 students(学生表)、course_enrollments(选课记录表)和 courses(课程表)。通过 JOIN 语句，根据选课记录将学生表和课程表连接起来。

(4) 在 WHERE 子句中，筛选出男学生。

视图创建之后，需要进行查询，可以使用 SELECT 语句，将之前的表名使用视图名创建即可。查询 view_male_students_courses 视图，可以使用以下代码：

```
--可以使用以下查询来查看视图中的数据
SELECT * FROM view_male_students_courses;
```

效果如图 6.4 所示。

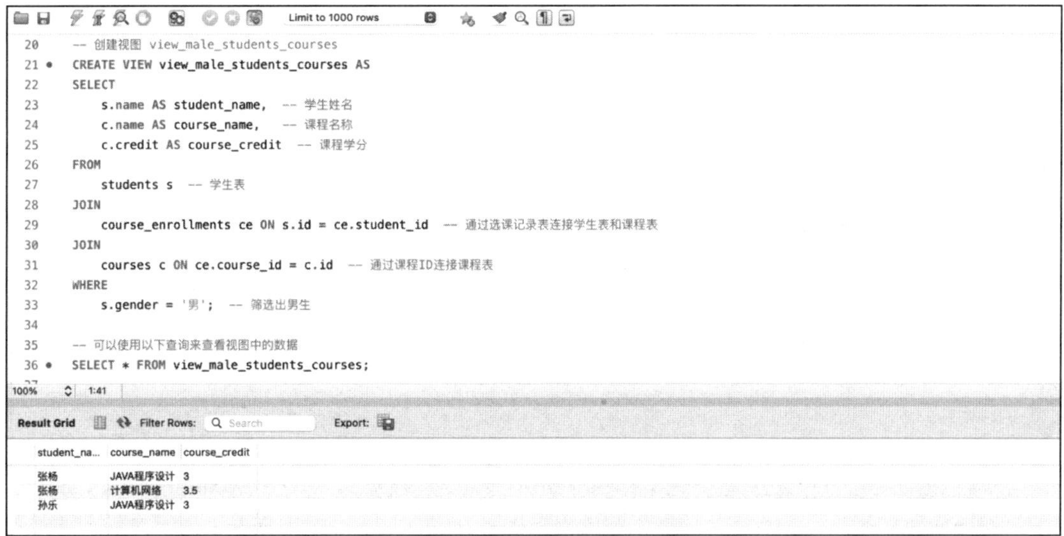

图 6.4 视图创建及查询

6.2.3 管理视图

1. 查看创建视图的 SQL 语句

语法规则如下：

```
SHOW CREATE VIEW 视图名称;
```

假设想查询 view_male_students_courses 视图的创建语句，可以使用以下代码：

```
--假设已经创建了 view_male_students 视图
SHOW CREATE VIEW view_male_students;
```

效果如图 6.5 所示。

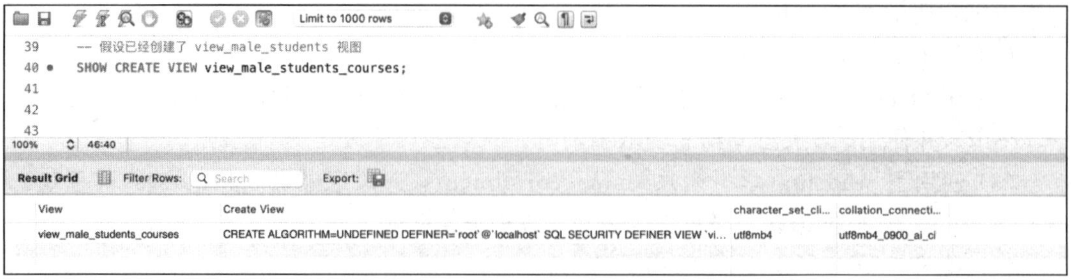

图 6.5　查看视图的创建语句

其中,Create View 里就是视图创建语句,和创建时候的语句不完全一样,但是都可以通过这些语句创建出相同的视图。

2. 查看视图的结构

语法规则如下:

```
DESCRIBE 视图名称;
```

假设想查询 view_male_students_courses 视图的结构,可以使用以下代码:

```
--或者查看字段结构
DESCRIBE view_male_students_courses;
```

效果如图 6.6 所示,其中 Field 列表示列名,Type 表示列的类型。

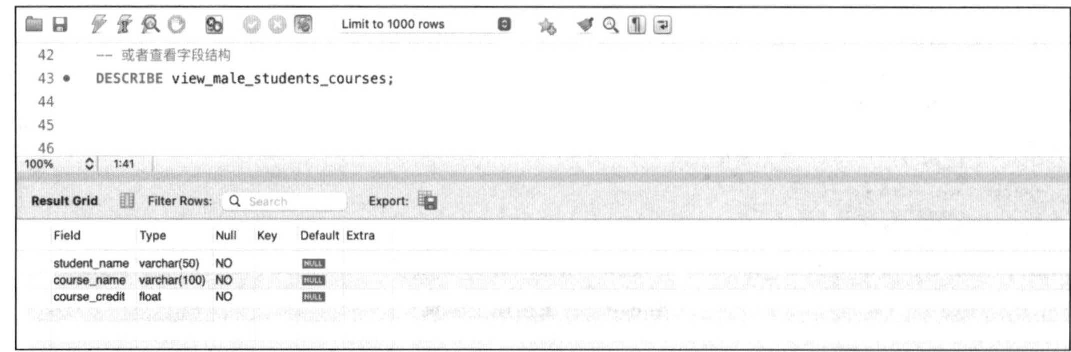

图 6.6　查看字段结构

3. 视图的查询

对于视图查询,使用的语法和查询普通表的语法是一样的,即 SELECT 语句。

语法规则如下:

```
SELECT 列名 1, 列名 2, ...
FROM 视图名称
WHERE 条件;
```

其中:

- SELECT 指定要从视图中选择哪些列;

- FROM 指定要从哪个视图中选择数据；
- WHERE(可选)指定筛选条件，以进一步缩小查询结果的范围。

6.2.2 小节创建了一个名为 view_male_students_courses 的视图，它包含了学生的姓名、所选课程的名称和课程的学分。现在，想要查询所有学生的选课信息中学分大于 3 的课程。可以使用以下代码：

```
--查询 view_male_students_courses 视图，获取所有学生的选课信息，并筛选出学分大于 3 的
--课程
SELECT student_name, course_name, course_credit
FROM view_male_students_courses
WHERE course_credit >3;
```

效果如图 6.7 所示。

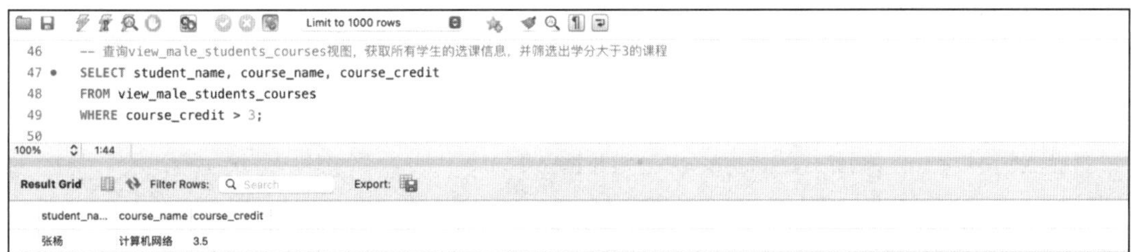

图 6.7　通过视图查询信息

注意：

- 视图只是一个预定义的查询，它本身不存储数据，当查询视图时，实际上是在执行视图背后的 SQL 查询语句；
- 视图可以简化复杂的查询，但也可能因为底层数据的变化而返回不同的结果，因此，在查询视图时，需要确保底层数据是预期的；
- 当视图定义中包含复杂的查询逻辑(如多表连接、子查询等)时，查询视图可能会比直接查询表更慢。

4. 视图的修改

ALTER VIEW 命令允许修改已存在的视图。需要指定要修改的视图的名称，然后提供一个新的 SELECT 语句来定义这个视图的内容。

语法规则如下：

```
ALTER VIEW 视图名称 AS
SELECT 语句;
```

其中，ALTER VIEW 命令允许修改已存在的视图。需要指定要修改的视图的名称，然后提供一个新的 SELECT 语句来定义这个视图的内容。

对于 6.2.2 小节创建的 view_male_students_courses 视图继续进行修改，在视图中只显示学分大于 3 的学生信息。修改视图后，可以使用 SELECT 语句进行查询，代码如下：

```
--修改视图 view_male_students_courses 要求视图中查询的数据，额外筛选出学分大于 3 的
--课程
```

```
ALTER VIEW view_male_students_courses AS
SELECT
    s.name AS student_name,       --学生姓名
    c.name AS course_name,        --课程名称
    c.credit AS course_credit     --课程学分
FROM
    students s   --学生表
JOIN
    course_enrollments ce ON s.id =ce.student_id   --通过选课记录表连接学生表和课
                                                   --程表
JOIN
    courses c ON ce.course_id =c.id                --通过课程 ID 连接课程表
WHERE
    s.gender ='男'                                 --筛选出男生
    andc.credit >3;                                --要求学分大于 3 分

--可以使用以下查询语句来查看视图中的数据
SELECT * FROM view_male_students_courses;
```

效果如图 6.8 所示。

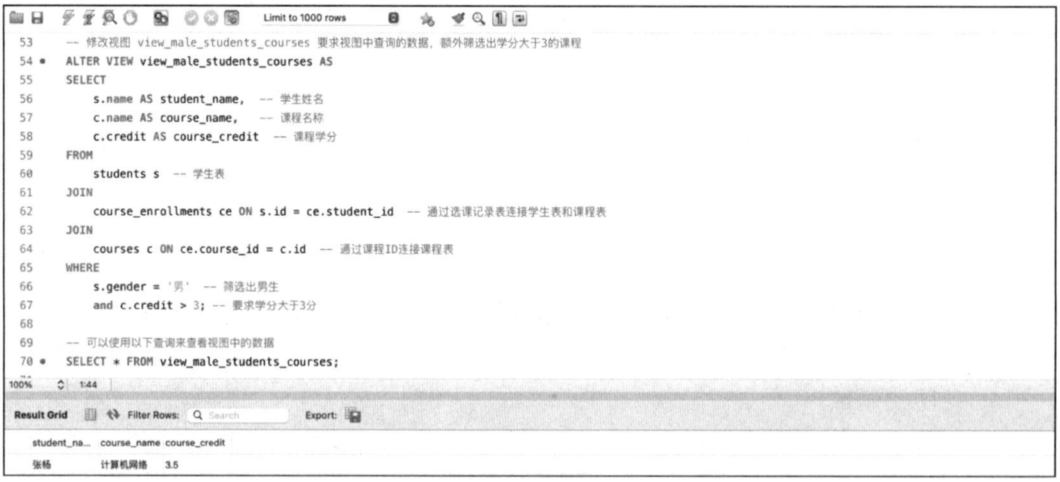

```
-- 修改视图 view_male_students_courses 要求视图中查询的数据，额外筛选出学分大于3的课程
ALTER VIEW view_male_students_courses AS
SELECT
    s.name AS student_name,  -- 学生姓名
    c.name AS course_name,   -- 课程名称
    c.credit AS course_credit  -- 课程学分
FROM
    students s  -- 学生表
JOIN
    course_enrollments ce ON s.id = ce.student_id  -- 通过选课记录表连接学生表和课程表
JOIN
    courses c ON ce.course_id = c.id  -- 通过课程ID连接课程表
WHERE
    s.gender = '男'  -- 筛选出男生
    and c.credit > 3; -- 要求学分大于3分

-- 可以使用以下查询语句来查看视图中的数据
SELECT * FROM view_male_students_courses;
```

student_na...	course_name	course_credit
张杨	计算机网络	3.5

图 6.8　修改视图

5. 视图的删除

视图的删除和数据表的删除语法类似，语法规则如下：

```
DROP VIEW [IF EXISTS] 视图名;
```

其中：

- DROP VIEW 是用来删除视图的 SQL 命令；
- [IF EXISTS] 是一个可选的子句，用于在视图存在时才删除它，避免因为视图不存在而引发的错误；
- 视图名是想要删除的视图的名称。

例如要把之前的创建的 view_male_students_courses 视图删掉，则可以使用以下的代码：

```
--删除视图 view_male_students_courses
--加上 IF EXISTS 子句可以确保，如果视图不存在，则不会报错
DROP VIEW IF EXISTS view_male_students_courses;
```

6.3 事　　务

6.3.1 事务概述

在银行转账操作中，当从 A 账户转账 100 元到 B 账户时，实际上发生了两个操作：从 A 账户扣除 100 元和向 B 账户增加 100 元。这两个操作必须作为一个整体来执行，即要么都成功，要么都失败。否则，如果只有一个操作成功，那么银行的账目就会出错。在数据库中，这样的一组操作就被称为一个事务。

事务(transaction)是数据库操作的一个逻辑单位，它可以是一条 SQL 语句，也可以是由多条 SQL 语句组成的一个执行单元。事务具有原子性(atomicity)、一致性(consistency)、隔离性(isolation)和持久性(durability)，这通常被称为 ACID 特性。

1. 原子性

事务被视为一个不可分割的工作单位，也就是说，事务中的操作要么全部完成，要么全部不完成。这确保了数据库的一致性状态不会被事务中途的失败所破坏。事务中的所有操作都被视为一个单一的逻辑单元，它们共同执行以完成一个完整的业务过程。如果事务中的任何操作失败，那么整个事务都会被回滚(rollback)，数据库会回到事务开始之前的状态。

2. 一致性

事务必须使数据库从一个一致性状态变换到另一个一致性状态。这意味着在事务开始之前和事务结束之后，数据库的完整性约束没有被破坏。在事务处理过程中，数据库的状态可能会暂时地处于不一致的状态，但当事务完成时，它必须确保所有的数据都满足所有的完整性约束。如果事务在执行过程中发生错误，系统必须能够恢复到一致性的状态。

3. 隔离性

在事务完成之前，事务的中间状态对其他事务是不可见的。这意味着多个事务可以并发地执行，但它们之间不会相互干扰。每个事务都似乎是在独立的环境中运行，不受其他事务的影响。数据库系统必须提供一种机制来确保事务的隔离性，以防止多个事务并发执行时导致的数据不一致。

4. 持久性

一旦事务提交，它对数据库中数据的修改就是永久性的，即使系统崩溃或重启也不会丢失。这确保了即使在发生故障的情况下，数据的修改也能被持久地保存下来。数据库系统通常会使用日志和恢复机制来确保事务的持久性。当事务被提交时，它的修改会被写入日志中，并在稍后的某个时间点被永久地写入数据库中。如果系统发生故障，那么可以使用日志来恢复数据库到故障发生之前的状态，并重新应用已提交的事务的修改。

注意：不是所有 MySQL 中的存储引擎都支持事务。MyISAM 或者 MEMORY 存储引擎不支持事务，InnoDB 或者 DB 则支持事务，可以使用事务的特性和功能。

6.3.2 事务的应用

事务在数据库管理系统中扮演着至关重要的角色，特别是在需要确保数据一致性和完整性的场景，以下是一些经典的应用场景。

1. 银行转账

当用户从一个账户向另一个账户转账时，事务可以确保转账的整个过程(包括从源账户扣款和向目标账户存款)要么全部成功执行，要么全部不执行(即回滚到原始状态)。这确保了资金的正确性和安全性。

2. 订单支付与库存扣减

当用户下单并支付时，事务可以确保订单金额的扣除和库存数量的减少是原子性的。如果支付失败或库存不足，事务将回滚，确保系统状态的一致性。

3. 订票与付款

当用户预订航班并支付成功后，事务可以确保座位的正确预订以及支付金额的准确处理。如果支付失败或座位已售罄，事务将回滚，避免造成不必要的损失。

4. 预订与结账

当用户预订酒店房间并结账时，事务可以确保房间的正确预订以及金额的准确结算。如果结账失败或房间已被预订，事务将回滚，保持系统数据的准确性。

5. 在线支付系统的交易操作

在线支付系统中的每一笔交易都需要使用事务来确保支付的原子性和一致性。这包括验证用户账户余额、扣除交易金额以及更新用户账户信息等操作。

6.3.3 事务的处理

在数据库中，事务是一系列操作(如插入、更新、删除等)的集合，这些操作要么全部成功执行，要么全部不执行。事务确保数据库的完整性，使得在并发操作中数据始终保持一致。

1. 执行事务的语法

1) 开始事务

使用 START TRANSACTION 或 BEGIN 命令来标记事务的开始。在事务开始后，可以执行多个 SQL 语句，这些语句要么全部成功，要么全部失败。

2) 提交事务

使用 COMMIT 命令来提交事务，即将事务中所有的 SQL 语句的修改永久保存到数据库中。

3) 回滚事务

如果事务中的某个 SQL 语句执行失败，或者想撤销事务中的所有修改，可以使用 ROLLBACK 命令来回滚事务，即将数据库恢复到事务开始前的状态。

假设要为学生 ID 为 1 的学生添加一门课程 ID 为 1 的选课记录，并且同时更新该学生的成绩。将会操作选课记录表(course_enrollments)和成绩表(grades)。如果再次出错，就进行回滚，可以使用以下代码：

```
--开始一个事务
START TRANSACTION;

--插入一条选课记录
INSERT INTO course_enrollments (student_id, course_id, enrollment_date)
VALUES (1, 1,NOW());
--假设要为学生更新成绩，但这里先故意写错，以展示回滚的效果
UPDATE grades SET grade ='A' WHERE student_id =1 AND course_id =1;
--注意:这里'A'是字符串，而 grade 字段是 FLOAT 类型，会导致错误

--由于上一条语句会出错，选择回滚事务
ROLLBACK;
```

由于更新成绩出错了，进行了回滚。由于事务中插入一条选课记录被回滚了，所以此时的数据库恢复事务前的状态。

如果更新成功，则可以进行提交，可以使用以下代码：

```
--现在，正确地更新学生的成绩
START TRANSACTION;

--插入选课记录(如果之前没有插入的话)
INSERT INTO course_enrollments (student_id, course_id, enrollment_date)
VALUES (1, 1,NOW());

--更新学生成绩
UPDATE grades SET grade =90 WHERE student_id =1 AND course_id =1;

--提交事务，使修改永久化
COMMIT;
```

2. 执行事务的语法设置自动提交关闭或开启

在数据库中，每执行一条 SQL 语句，如果开启了自动提交，那么这条语句的效果会立即被保存到数据库中，就像每次拿一件商品就立刻结账一样。但有时希望执行多条 SQL 语句后再统一保存，这就需要关闭自动提交，开始一个事务，然后执行多条 SQL 语句，最后统一提交这些更改，类似于在超市里集齐所有商品后一次性结账。

语法规则如下：

- SET autocommit=0；用于关闭自动提交功能，然后执行的 SQL 语句不会立即生效，需要手动提交；
- SET autocommit=1；用于开启自动提交功能，然后执行的每一条 SQL 语句都会立即生效。

3. 事务隔离级别

在数据库中，事务是一系列的操作，它们被视为一个单独的工作单元。以银行转账为

例，从A账户中减去一定金额，并在B账户中增加相同金额，这两个动作必须同时成功或同时失败，以保证资金不会丢失或重复计算。这就是事务的原子性。

但是，当多个事务同时运行时，问题就出现了。比如，当两个事务都试图读取和修改同一笔资金时，就可能发生"脏读"(读取到其他事务尚未提交的数据)、"不可重复读"(同一字段的多次读取结果不一致)，或"幻读"(在一个事务内读取到了某行数据，但另一个并发事务却插入了符合其WHERE子句的新行)。

为了解决这些问题，数据库管理系统引入了事务隔离级的概念。这就像在银行中设置不同的隔离窗口，每个窗口处理一个事务，确保它们之间不会互相干扰。

MySQL支持以下4种事务隔离级别。

1) READ UNCOMMITTED(未提交读)

最低隔离级别，允许读取并发事务尚未提交的数据。可能出现脏读、不可重复读和幻读。

2) READ COMMITTED(提交读)

允许读取并发事务已经提交的数据。可以避免脏读，但可能出现不可重复读和幻读。

3) REPEATABLE READ(可重复读)

对同一字段的多次读取结果都是一致的。这是MySQL InnoDB存储引擎的默认隔离级别。可以避免脏读和不可重复读，但可能出现幻读(InnoDB通过多版本并发控制MVCC解决了这一问题)。

4) SERIALIZABLE(可串行化)

最高的隔离级别，所有的事务依次逐个执行。可以完全遵守ACID(原子性、一致性、隔离性、持久性)属性，但性能开销最大。

6.4 数据库恢复

6.4.1 数据库恢复概述

数据库恢复是指通过技术手段将因各种原因丢失或损坏的电子数据进行恢复的技术。在数据库技术广泛应用于各个行业的背景下，人为误操作、人为恶意破坏、系统不稳定、存储介质损坏都可能造成重要数据丢失或不可用，数据库恢复就显得尤为重要。一旦数据出现丢失或损坏，都可能给企业和个人带来巨大的损失。

数据库恢复的方式主要有三种：应急恢复、版本恢复和前滚恢复。应急恢复用于防止数据库处于不一致或不可用状态；版本恢复是指使用备份操作期间创建的映像来复原数据库的先前版本；前滚恢复则是版本恢复的一个扩展，使用完整的数据库备份和日志相结合，使数据库或被选择的表空间恢复到某个特定时间点。

另外，数据库恢复原理主要包括三个阶段：日志重做、日志撤销和内存恢复。这些阶段通过对事务日志的分析和应用，以及对数据库的重建和内存的恢复，来将数据库从损坏或崩溃的状态恢复到可用状态。

6.4.2 故障的种类

在数据库管理和维护中，故障的种类多种多样，每一种都可能对数据的完整性和系统的稳定性造成威胁。接下来，将详细介绍几种主要的故障类型，包括事务故障、系统故障、介质故障，以及计算机病毒。这些故障不仅影响数据库的正常运行，还可能导致数据丢失或损坏，因此了解和应对这些故障至关重要。

1. 事务故障

事务故障是指由于程序执行错误而导致事务未能按预期正常完成的故障。事务故障通常由以下两类错误引起。

(1) 逻辑错误：这类错误通常源于程序本身的缺陷或不当操作，如用户输入了非法的数据、程序尝试访问不存在的数据、计算过程中发生溢出，或者超出了系统资源的限制等。这些逻辑错误会导致事务无法正常执行到预期的终点，从而需要被撤销。

(2) 系统错误：系统错误是指由于系统内部状态异常或资源竞争等问题，导致事务无法正常进行。例如，当多个事务相互等待对方释放资源时，可能会发生死锁现象，使得涉及死锁的事务都无法继续执行。此外，系统崩溃、内存泄漏等系统层面的问题也可能导致事务故障。

当发生事务故障时，数据库管理系统会检测到错误，并启动相应的恢复机制来撤销该事务，以确保数据库的一致性和完整性不受影响。这通常包括回滚事务对数据库的修改，将数据库恢复到事务开始之前的状态。

2. 系统故障

系统故障是指数据库管理系统(DBMS)或底层操作系统、硬件平台由于某种原因导致无法正常运行或提供服务的状态。系统故障可能由多种因素引起，包括但不限于以下几个方面。

- 硬件故障：硬件组件的损坏或失效，如磁盘驱动器故障、内存错误、电源供应不稳定、CPU 过热等，都可能导致系统无法正常运作。
- 软件故障：操作系统或 DBMS 的错误、漏洞或配置不当，可能导致系统崩溃、服务停止或响应异常。此外，软件更新不当或冲突也可能引起系统故障。
- 网络故障：网络连接问题、路由故障、网络拥塞或安全攻击(如拒绝服务攻击)等，可能导致数据库系统无法通过网络进行通信或数据交换。
- 电源问题：突然的电源中断、电压波动或电源供应器故障等，都可能导致系统突然关闭或数据损坏。
- 环境因素：自然灾害(如火灾、洪水、地震)、过热或过冷的环境、灰尘和污染等，也可能对系统的正常运行造成影响。
- 并发控制问题：在高并发环境下，如果系统的并发控制机制设计不当或出现故障，可能会导致系统死锁、资源竞争过度或性能下降等问题。
- 人为错误：管理员或用户的错误操作，如误删除文件、错误的配置更改或安全漏洞的利用，都可能导致系统故障。

当系统故障发生时，数据库管理系统(DBMS)通常会启动恢复机制，以最小化数据丢失并确保系统的可恢复性。这可能包括使用备份数据恢复系统、修复或替换损坏的硬件、重新配置软件设置、解决网络问题等。为了预防系统故障，需要采取适当的预防措施，如定期备份数据、监控硬件和软件状态、确保网络安全性等。

3. 介质故障

介质故障也称为物理故障，是指数据库存储介质（如硬盘、磁带、固态硬盘等）出现损坏或不可访问的情况，导致存储在上面的数据无法被正常读取或写入。介质故障可能由多种原因引起，包括但不限于以下几点。

- 硬件老化：存储设备随着使用时间的增长，可能会出现性能下降、电路老化等问题，最终导致设备失效或数据损坏。
- 环境因素：存储介质可能因暴露在极端温度、湿度、灰尘、电磁干扰等不利环境下而受损。
- 物理损坏：存储设备受到撞击、震动、水淹等物理冲击时，可能会直接导致介质损坏。
- 制造缺陷：部分存储设备可能在生产时就存在缺陷，这些缺陷可能在一段时间后导致设备故障。
- 磁盘坏道：硬盘等存储设备在使用过程中可能会产生坏道，这些坏道上的数据将无法被正常读取。
- 固件或驱动程序问题：存储设备的固件或驱动程序出现问题时，也可能导致介质故障。

介质故障对数据库的影响是严重的，因为它可能导致数据丢失或损坏。为了防范介质故障，需要采取以下措施。

- 定期备份数据：将重要数据定期备份到其他介质或远程位置，以确保在介质故障发生时能够恢复数据。
- 使用 RAID 技术：通过 RAID（独立磁盘冗余阵列）技术，将多个存储设备组合成一个逻辑单元，以提高数据的可靠性和容错性。
- 定期检查和维护：定期对存储设备进行检查和维护，包括清理灰尘、检查连接线路、更新固件和驱动程序等。
- 使用高质量硬件：选择经过严格测试和认证的存储设备，以确保其质量和可靠性。

在介质故障发生后，需要尽快采取措施恢复数据。这可能需要使用数据恢复软件或联系专业的数据恢复服务提供商来帮助恢复数据。

4. 计算机病毒

计算机病毒（computer virus）是一种人为制造的、具有破坏性的程序代码，它能够破坏计算机功能、数据或影响计算机的正常使用。计算机病毒通常被隐藏在正常程序中，通过复制自身来感染其他计算机或文件，进而传播到整个网络。

计算机病毒具有多种特性，包括传染性、隐蔽性、感染性、潜伏性、可激发性、表现性或破坏性。它们可以通过各种方式传播，如通过软盘、硬盘、光盘和网络等。一旦计算机被感染，病毒可能会潜伏在系统中，等待满足触发条件后进行破坏，降低系统运行速度，占用系统资源，破坏数据，或导致系统崩溃。

计算机病毒的类型多种多样，包括系统病毒、蠕虫病毒、木马病毒、黑客病毒、脚本病毒、宏病毒等，各自具有不同的特点和攻击方式，但都会对计算机系统和数据安全造成威胁。

为了防范计算机病毒，用户需要采取一系列措施，例如安装杀毒软件和防火墙并及时更新，养成良好的上网习惯，定期杀毒和安装补丁，积极学习网络安全知识等。同时，用户还需要注意避免使用来路不明的软件，不随意打开陌生人的邮件和单击链接，以降低感染病毒的风险。

6.4.3　恢复的实现技术

在数据库管理系统中，数据恢复是一个至关重要的环节，它确保了数据库在发生故障时能够迅速、准确地恢复到一致性的状态。数据恢复的实现依赖于多种技术，其中最为关键的是数据转储和登记日志文件。此外，数据库镜像技术也为数据恢复提供了额外的保障。

1. 数据转储

数据转储是数据库恢复中的基本技术，是指数据库管理员定期将整个数据库复制到磁带、磁盘或其他存储介质上保存起来的过程。这些备用的数据文本称为后备副本(backup)或后援副本。当数据库遭到破坏后，可以将后备副本重新装入，但重装后备副本只能将数据恢复到转储时的状态。要想恢复到故障发生时的状态，必须重新运行自转储以后的所有更新事务。

数据转储的方法主要有以下两种。

(1) 静态转储：在系统中无运行事务时进行的转储操作。转储开始时数据库处于一致性状态，转储期间不允许对数据库的任何存取和修改活动，得到的一个数据一致性的副本。实现简单，但却降低了数据库的可用性，因为转储必须等待正在运行的用户事务结束。

(2) 动态转储：在转储期间允许对数据库进行存取、修改操作，因此转储和用户事务可并发执行。这种方法提高了数据库的可用性，但转储得到的数据副本可能并不一致。为此，系统必须采用其他手段(如日志)来保证转储的正确性。

2. 登记日志文件

在事务处理的过程中，数据库管理系统(DBMS)会把事务开始、事务结束以及对数据库的插入、删除和修改的每一次操作都写入日志文件。这些日志文件在数据库恢复中起着至关重要的作用。

当数据库发生故障时，系统可以利用日志文件中的信息，通过撤销(UNDO)或重做(REDO)操作来恢复数据库到某个一致性的状态。具体来说，对于在故障发生时尚未完成的事务(即未提交的事务)，系统可以利用日志文件中的信息来撤销这些事务对数据库所做的修改；对于在故障发生前已经完成的事务(即已提交的事务)，如果其修改结果尚未被写入数据库，则系统可以利用日志文件中的信息来重做这些事务，以保证数据库的完整性。

数据转储和登记日志文件是数据库恢复技术的两个重要组成部分。它们共同确保了在数据库发生故障时，能够迅速、准确地恢复到某个已知的正确状态。

6.4.4　恢复策略

数据库恢复策略是为了确保在数据库系统发生故障、数据丢失或损坏时能够迅速、准确地恢复数据库至一个一致和完整的状态的一系列预定义的方法和步骤。

针对6.4.2小节提到的不同故障种类，这里分别进行对应的故障恢复策略介绍。

1. 事务故障恢复

事务故障恢复是一种确保数据库在事务执行过程中发生故障时能够恢复到一致状态的策略。以下是事务故障恢复的主要恢复策略。

1）日志记录

数据库系统会维护一个事务日志，用于记录所有事务的启动、修改和提交等操作。这些日志记录是事务故障恢复的基础。

2）撤销（UNDO）操作

当事务发生故障时，系统需要撤销该事务对数据库所做的所有修改，将数据库恢复到事务开始前的状态。恢复子系统会反向扫描日志文件（即从后向前扫描），找到该事务的所有更新操作。

对于每一个更新操作，系统会执行其逆操作，即使用日志记录中"更新前的值"来恢复数据库。

- 如果记录是插入操作，系统会执行删除操作（因为"更新前的值"为空）。
- 如果记录是删除操作，系统会执行插入操作（因为"更新后的值"为空）。
- 如果记录是修改操作，系统会用修改前的值替换修改后的值。

这个过程会一直持续到系统找到该事务的开始标记，此时事务故障的恢复就完成了。

3）自动恢复

事务故障的恢复通常由系统自动完成，不需要用户进行干预。

4）定期备份

除了事务日志外，管理员还可以定期备份数据库，以便在发生严重故障时能够使用备份文件进行恢复。

5）事务隔离

通过确保事务在执行过程中与其他事务隔离，可以减少事务故障对其他事务的影响。这通常通过数据库管理系统的事务隔离级别来实现。

6）故障检测与通知

数据库系统应该能够检测到事务故障，并立即通知管理员或自动启动恢复过程。

7）恢复测试

管理员应定期测试事务故障恢复策略的有效性，以确保在真正发生故障时能够成功恢复数据库。

通过结合上述策略，可以确保数据库在事务故障发生时能够迅速、准确地恢复到一致状态，从而保障数据的完整性和可靠性。

2. 系统故障恢复

系统故障恢复的恢复策略主要涉及当整个数据库系统或部分系统组件发生故障时，如何使系统快速恢复正常运行的一系列方法和步骤。以下是系统故障恢复的主要恢复策略。

1）备份与恢复

定期备份整个数据库系统或关键数据，以便在发生故障时能够迅速恢复。备份可以包括数据库文件、配置文件、日志文件等。

使用备份数据进行恢复时，需要确保备份数据的完整性和可用性。这通常涉及恢复数据的校验、修复和验证等步骤。

2）冗余与容错

通过部署冗余硬件和软件来增强系统的容错能力。例如，使用双机热备、集群技术或云服务等来确保系统的高可用性。在硬件层面，可以采用磁盘阵列、容错服务器等技术来防止单点故障。在软件层面，可以利用分布式系统、负载均衡等技术来提高系统的容错性和可扩展性。

3）故障检测与诊断

部署监控和告警系统来实时监测数据库系统的运行状态和性能指标。当系统发生故障时，这些系统能够及时发现并通知管理员。

使用日志分析工具对系统日志进行解析和诊断，以确定故障的原因和位置。

4）恢复计划

制订详细的系统故障恢复计划，包括故障识别、隔离、恢复和验证等步骤。恢复计划应该明确各种故障场景下的恢复流程和责任人。

同时，应定期对恢复计划进行测试和演练，以确保在真正发生故障时能够迅速、准确地执行恢复操作。

5）快速恢复技术

利用快照技术、增量备份和差异备份等快速恢复技术来缩短恢复时间。这些技术可以在不影响正常业务运行的情况下，快速地将系统恢复到故障前的状态。

6）持续集成与自动化测试

通过持续集成和自动化测试来确保系统代码的质量和稳定性。这可以减少由于代码错误或配置不当导致的系统故障。

7）容灾与备份中心

在地理上分散的地点建立容灾中心和备份中心，以便在主中心发生故障时能够迅速切换到备份中心并恢复业务运行。这可以提高系统的可靠性和抗灾能力。

通过综合应用这些策略，可以确保数据库系统在发生故障时能够迅速恢复正常运行，从而保障业务的连续性和数据的可靠性。

3. 介质故障恢复

介质故障恢复的策略主要涉及在数据库的物理存储介质（如磁盘）发生损坏时，如何恢复数据库的完整性和一致性。以下是介质故障恢复的主要策略。

1）备份与恢复

定期对整个数据库进行备份，确保有可用的备份副本。当介质故障发生时，可以使用这些备份副本来恢复数据库。

在恢复过程中，需要确保备份是最新的，并验证其完整性和一致性。

2）完全介质恢复

对于所有必要的日志文件都可用的完全介质恢复，可以处理完全损坏的或关闭的数据库。如果数据文件或表空间损坏，可以使用备份的数据文件进行恢复。如果控制文件损坏，可以使用备份的控制文件进行恢复。

3）数据转储与日志文件

使用数据转储法（如静态转储和动态转储）来定期备份数据库。静态转储在系统中没有事务运行时进行,而动态转储则允许在事务运行时进行备份。在动态转储的情况下,还需要利用日志文件来恢复数据库到转储结束时的状态。

日志文件记录了所有对数据库的更改操作,包括事务的开始、结束和更新等。在介质故障恢复时,可以利用日志文件来重做已提交的事务。

除了恢复策略外,还需要采取预防措施来减少介质故障的发生。这包括使用高质量的硬件、定期维护存储设备、避免将数据库存储在易受物理损坏的环境中等。

6.4.5 数据库镜像

数据库镜像是DBMS提供的一种高级功能,旨在通过创建和维护主数据库的完整副本(即镜像数据库)来提高数据可用性和容错性。

数据库镜像的基本思想是将主数据库的数据和更改操作实时复制到一个或多个镜像服务器上。这种复制过程是由数据库管理系统(DBMS)自动完成的,无需数据库管理员(DBA)的实时干预。每当主数据库发生数据更新(如INSERT、UPDATE、DELETE等操作)时,数据库管理系统(DBMS)会将这些更改操作同步到镜像数据库,从而确保主数据库和镜像数据库之间的数据一致性。

数据库镜像的主要优势在于提高了数据库的可用性和容错性。当主数据库由于硬件故障、软件错误或人为操作失误等原因无法提供正常服务时,数据库管理员(DBA)可以迅速切换到镜像数据库,以确保业务的连续性和数据的完整性。此外,由于镜像数据库是主数据库的完整副本,因此在主数据库发生灾难性故障时,可以通过镜像数据库进行数据的快速恢复。

除了提高可用性外,数据库镜像还可以用于并发操作和负载均衡。当一个用户对主数据库加排他锁进行修改操作时,其他用户仍然可以读取镜像数据库中的数据,从而减少了用户之间的等待时间。此外,通过将读取操作分配给镜像数据库,可以减轻主数据库上的负载,提高整体性能和响应速度。

然而,需要注意的是,数据库镜像是通过复制数据实现的,频繁地复制自然会降低系统运行效率。因此,在实际应用中,数据库管理员(DBA)需要权衡数据的安全性和系统的运行效率,选择对关键数据进行镜像而不是对整个数据库进行镜像。

总之,数据库镜像是一种强大的数据库备份和恢复策略,它通过创建和维护主数据库的完整副本来提高数据的可用性和容错性。同时,它还可以用于并发操作和负载均衡,提高整体性能和响应速度。然而,在实际应用中需要注意权衡数据的安全性和系统的运行效率。

本章小结

本章系统讲解了索引、视图、事务与数据库恢复的核心技术。索引部分涵盖单列、复合索引的创建与管理,强调其对查询效率的优化作用;视图通过虚拟表简化复杂查询并提升数据安全性;事务通过ACID特性保障数据一致性,支持提交与回滚操作;数据库恢复技术包括备份策略、日志应用及镜像机制,确保数据持久化与故障修复能力。内容聚焦数据管理的核心机制，为数据库性能优化与安全运维提供理论支撑。

课后习题

一、选择题

1. 在 MySQL 中，索引的作用是(　　)。
   A. 加快查询速度　　B. 加快插入速度
   C. 加快删除速度　　D. 加密数据
2. 在 MySQL 中，使用以下(　　)语句可以查看表的索引信息。
   A. SHOW TABLES;　　B. SHOW COLUMNS;
   C. SHOW INDEX FROM 表名;　　D. DESCRIBE 表名;
3. 在 MySQL 中，以下(　　)情况下不建议使用索引。
   A. 表中数据量非常大　　B. 需要经常对表进行全表扫描
   C. 需要经常对表进行范围查询　　D. 表中的某个字段经常作为查询条件
4. MySQL 中，(　　)关键字用于删除索引。
   A. DROP INDEX　　B. DELETE INDEX
   C. REMOVE INDEX　　D. TRUNCATE INDEX
5. 以下关于唯一索引的说法(　　)是错误的。
   A. 唯一索引可以确保索引列中的值不重复
   B. 一个表只能有一个唯一索引
   C. 主键索引是一种特殊的唯一索引
   D. 唯一索引可以加快查询速度
6. 在 MySQL 中，创建一个视图的语句是(　　)。
   A. CREATE TABLE 视图名 AS SELECT 语句;
   B. CREATE VIEW 视图名 AS SELECT 语句;
   C. ALTER VIEW 视图名 AS SELECT 语句;
   D. INSERT INTO VIEW 视图名 SELECT 语句;
7. 在 MySQL 中，如果一个视图是基于多个表的连接，那么(　　)说法是正确的。
   A. 视图中的数据是实时更新的
   B. 视图中的数据是静态的，不会随着基础表的变化而变化
   C. 视图中的数据更新取决于存储过程的设置
   D. 视图中的数据更新取决于基础表的数据变化
8. 以下(　　)不是视图的优点。
   A. 简化复杂的 SQL 查询　　B. 提高数据的安全性
   C. 省存储空间　　D. 可以通过视图更新基础表中的数据
9. 以下(　　)不是创建视图时需要考虑的因素。
   A. 查询的复杂性　　B. 视图的安全性
   C. 视图的大小　　D. 视图的执行时间

10. 以下( )不是 MySQL 中视图的限制。

A. 视图不能包含 ORDER BY 子句　　B. 视图不能包含子查询

C. 视图不能基于临时表　　D. 视图不能包含计算列

11. 在 MySQL 中,( )命令用于提交一个事务。

A. COMMIT　　B. END TRANSACTION

C. STOP TRANSACTION　　D. FINISH

12. 以下( )不属于事务的 ACID 属性之一。

A. Atomicity　　B. Consistency

C. Isolation　　D. Distribution

13. MySQL 中,以下( )命令用于回滚一个事务。

A. UNDO　　B. ROLLBACK

C. CANCEL　　D. REVERT

14. 在 MySQL 中,当数据库系统突然崩溃后,采用( )能将数据恢复到最近的一致性状态。

A. 使用事务日志　　B. 重启数据库服务器

C. 使用备份文件　　D. 使用 REPAIR TABLE 命令

15. 在 MySQL 中,以下( )存储引擎支持事务。

A. MyISAM　　B. InnoDB

C. MEMORY　　D. CSV

二、实操题

1. 创建一个视图,显示所有已选修课程但成绩低于 60 分的学生姓名和课程名称。

2. 创建一个视图,显示每位教师的姓名以及他们教授的课程总数和总学分。

3. 为了提高查询学生姓名和性别的速度,请在 students 表上添加一个合适的索引。

4. 实现一个事务:在为学生添加成绩时,首先检查学生是否选修了该课程,然后添加成绩。如果学生未选修该课程,则不添加成绩并回滚事务。

5. 将数据库进行备份,然后删除学生表后,对数据库进行还原。

第7章 存储过程和触发器

在日常生活中，数据处理和管理是一项重要而烦琐的任务。例如，每当学期期末，辅导员需要统计学生的成绩、绩点以及奖学金评定情况，这是一项庞大且需要精确处理的工作。但是如果通过“存储过程”，一切都将变得简单而高效。

存储过程就像是一个专门为辅导员设计的自动化工具。辅导员只需调用预先定义好的“成绩统计与奖学金评定”存储过程，并输入相应的参数，系统便会自动从数据库中提取每位学生的成绩数据，进行计算、分析和筛选，最终生成一份详尽的报告。这不仅大大减轻了辅导员的工作负担，还确保了数据的准确性和一致性。

而“触发器”则可以在数据发生变化时自动执行预设的操作。当学生的成绩被更新时，触发器可以自动被触发，将更新后的成绩同步到其他相关表格中，如学生档案表、奖学金评定表等，确保数据的实时性和一致性。

存储过程和触发器发挥的作用很大，它们通过自动化处理数据，提高了工作效率，减少了人为错误，为信息化服务带来了极大的便利。

7.1 存储过程

7.1.1 创建存储过程和自定义函数

创建存储过程的语法如下：

```
CREATE PROCEDURE 存储过程名(参数列表)
BEGIN
    --SQL 语句集
END;
```

其中：

- CREATE PROCEDURE 是创建存储过程的 SQL 命令；
- 存储过程名是为存储过程起的名字，需要遵循 MySQL 的命名规则。

注意：参数列表是可选的，它定义了存储过程可以接受的参数。每个参数包括参数名、参数类型以及参数模式(IN、OUT、INOUT)。

- IN：输入参数，表示该参数的值必须在调用存储过程时指定，在存储过程中只能被读取；
- OUT：输出参数，表示该参数的值可以在存储过程中被改变，并且可以返回给调用者；
- INOUT：输入输出参数，表示该参数的值必须在调用存储过程时指定，并且可以在存储过程中被改变和返回；
- 参数列表是包含参数名、参数类型和参数模式的列表，各部分之间用逗号分隔；
- BEGIN ... END;是存储过程的主体，包含要执行的 SQL 语句集。

注意：MySQL 的命令行执行的每一条命令都是以分号结尾的，也就是说，判断是否为一条命令，要看其结尾有没有分号。而存储过程中可能会有多个分号，解决这类问题的办法是在存储过程的开头加上“DELIMITER //”，结尾加上“//”。

如果想创建一个存储过程来查询指定学号的学生姓名，并且传入学号 1 作为参数，可以使用以下代码：

```
--创建一个存储过程，名为 GetStudentNameByID，接收一个 IN 类型的参数 student_id
DELIMITER //
CREATE PROCEDURE GetStudentNameByID(IN student_id INT)
BEGIN
    --使用 SELECT 语句查询学生姓名，并将结果存储在变量中(虽然这里可以直接输出结果，但为
    --了说明，可以将结果存储在变量中)
    SELECT name FROM students WHERE id = student_id;
END//
DELIMITER;
```

自定义函数(user defined function，UDF)是 MySQL 中一种特殊的存储过程，用于封装特定的计算逻辑，并返回单个值。与存储过程不同的是，自定义函数可以在 SQL 语句中像内置函数一样被调用，并且必须返回一个值。

创建自定义函数的语法如下：

```
CREATE FUNCTION 函数名(参数列表) RETURNS 返回类型
BEGIN
    --函数体，包含 SQL 语句集，用于计算并返回结果
    RETURN 结果变量;
END;
```

其中：
- CREATE FUNCTION 是创建自定义函数的 SQL 命令；
- 函数名是定义的函数名称；
- 参数列表定义了函数接受的参数，各个参数之间同样使用逗号分隔；
- RETURNS 指定了函数返回值的类型；
- RETURN 用于在函数体中指定函数的返回值。

例如创建一个自定义函数，用于计算学生的年龄(基于当前日期和学生的出生日期)，可以使用以下代码：

```
--创建一个自定义函数，名为 CalculateAge，返回当前年龄
DELIMITER //
CREATE FUNCTION CalculateAge(birthdate DATE) RETURNS INT
BEGIN
    RETURN YEAR(CURDATE()) - YEAR(birthdate);
```

```
END //
DELIMITER ;
```

注意：如果以上代码运行出现 1418 错误的问题，可以使用以下 SQL 命令来设置这个变量。

```
SET GLOBAL log_bin_trust_function_creators =1;
```

7.1.2　调用存储过程和自定义函数

在 MySQL 中，存储过程和自定义函数是预先编写的 SQL 语句集，它们可以被多次调用以执行特定的任务。存储过程可以执行一系列 SQL 语句，而自定义函数则返回一个值。调用它们就像调用 MySQL 内置的函数或过程一样简单，但它们执行的是用户定义的逻辑。

调用存储过程的语法如下：

```
CALL 存储过程名(参数列表);
```

其中：

- 存储过程名是之前创建的存储过程的名称；
- 参数列表定义了存储过程的参数，如果存储过程有参数，则需要提供参数值，并用逗号分隔各个参数值。

例如，调用 7.1.1 小节中创建的存储过程 GetStudentNameByID，可以使用如下代码：

```
--调用存储过程，传入学号 1 作为参数
CALL GetStudentNameByID(1);
```

存储过程的调用如图 7.1 所示。

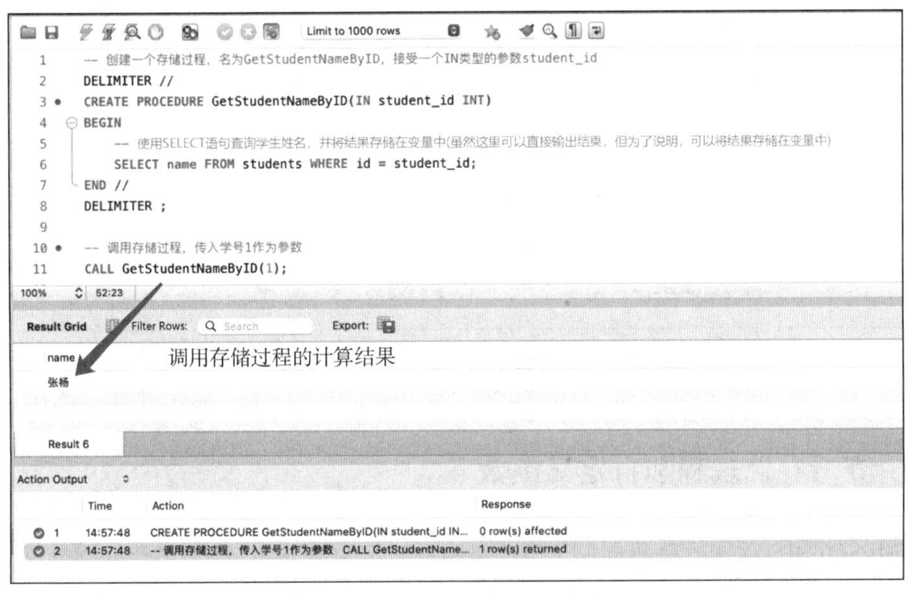

图 7.1　存储过程的调用

自定义函数可以在 SQL 查询中像内置函数一样被调用，它们可以出现在 SELECT、WHERE、ORDER BY 等子句中。

调用自定义函数的语法如下：

```
SELECT 自定义函数名(参数) FROM 表名 WHERE 条件;
```

其中：

- 自定义函数名是之前创建的自定义函数的名称；
- 参数是指，如果自定义函数有参数，则需要提供参数值；
- 表名和条件是常规的 SQL 查询部分，用于指定从哪个表中检索数据以及应用哪些筛选条件。

如使用 7.1.1 小节中创建的自定义函数 CalculateAge 计算学号为 1 的学生的年龄，可以使用以下代码：

```
--使用自定义函数计算学号为 1 的学生的年龄
SELECT name,CalculateAge(birthdate) AS age
FROM students
WHERE id =1;
```

结果如图 7.2 所示。

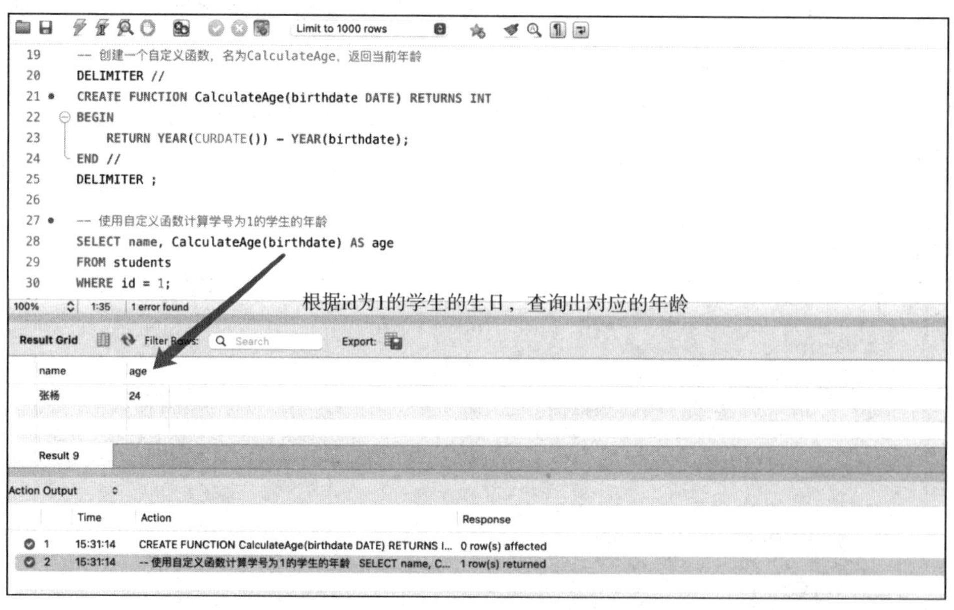

图 7.2 计算学号为 1 的学生的年龄

7.1.3 查看存储过程和自定义函数

在 MySQL 中，存储过程和自定义函数是两种可以封装 SQL 语句集合并存储在数据库中的对象。它们允许用户通过指定的名称和参数（如果有的话）来调用这些预定义的 SQL 语句集。存储过程主要用于执行复杂的业务逻辑，而自定义函数则用于返回单个值。

查看存储过程的定义,可以使用 SHOW CREATE PROCEDURE 语句,语法如下:

```
SHOW CREATE PROCEDURE 存储过程名;
```

其中:

- SHOW CREATE PROCEDURE 用于显示创建存储过程的语句命令;
- 存储过程名表示需要查看的存储过程的名称。

例如,查询 7.1.1 小节定义的存储过程 GetStudentNameByID,可以使用以下代码:

```
--查看存储过程定义
SHOW CREATE PROCEDURE GetStudentNameByID;
```

查看自定义函数的定义,可以使用 SHOW CREATE FUNCTION 语句,语法如下:

```
SHOW CREATE FUNCTION 函数名;
```

其中:

- SHOW CREATE FUNCTION 是一个命令,用于显示自定义函数的创建语句;
- 函数名表示需要查看的自定义函数的名称。

例如,查询 7.1.1 小节定义的自定义函数 CalculateAge,可以使用以下代码:

```
--查看存储过程定义
SHOW CREATE PROCEDURE CalculateAge;
```

自定义函数的使用

7.1.4 修改存储过程和自定义函数

ALTER PROCEDURE 的作用是更改用 CREATE PROCEDURE 建立的预先指定的存储过程,该命令不会影响相关存储过程或存储功能。

修改存储过程属性的语法如下:

```
ALTER {PROCEDURE | FUNCTION}sp_name [characteristic ...]
characteristic:
{CONTAINS SQL | NO SQL | READS SQL DATA | MODIFIES SQL DATA}
| SQL SECURITY{DEFINER | INVOKER}
| COMMENT 'string'
```

其中:

- sp_name 参数表示存储过程或函数的名称;
- characteristic 参数指定存储函数的特性;
- CONTAINS SQL 表示子程序包含 SQL 语句,但不包含读或写数据的语句;
- NO SQL 表示子程序中不包含 SQL 语句;
- READS SQL DATA 表示子程序中包含读数据的语句;
- MODIFIES SQL DATA 表示子程序中包含写数据的语句;
- SQL SECURITY {DEFINER | INVOKER}指明谁有权限来执行,DEFINER 表示只有定义者自己才能够执行;INVOKER 表示调用者可以执行。

• COMMENT 'string'是注释信息。

存储过程和自定义函数一旦创建,就不能直接修改其内容了。需要先删除现有的存储过程或自定义函数,然后使用新的定义重新创建。

7.1.5 删除存储过程和自定义函数

在 MySQL 中,存储过程和自定义函数是预编译的 SQL 语句集,可以在需要时调用执行。但有时由于业务需求变化或者代码优化等,可能需要删除这些存储过程或函数。

(1) 删除存储过程的语法如下:

```
DROP PROCEDURE IF EXISTS 存储过程名;
```

其中:

• DROP PROCEDURE 是删除一个存储过程的命令;
• IF EXISTS 用于在存储过程不存在时避免错误,如果没有这个子句,而存储过程又不存在,MySQL 会返回一个错误;
• 存储过程名是要删除的存储过程的名称。

假设有一个存储过程名为 GetStudentNameByID,想要删除它,可以使用以下 SQL 语句:

```
--删除存储过程 GetStudentNameByID
DROP PROCEDURE IF EXISTS GetStudentNameByID;
```

(2) 删除自定义函数的语法:

```
DROP FUNCTION IF EXISTS 函数名;
```

其中:

• DROP FUNCTION 是用来删除函数的命令;
• IF EXISTS 函数名的含义与删除存储过程时相同。

假设有一个函数名为 CalculateAge,想要删除它,可以使用以下 SQL 语句:

```
--删除函数 CalculateAge
DROP FUNCTION IF EXISTSCalculateAge;
```

对于存储过程和自定义函数的创建、修改和删除,还可以使用 Workbench 进行,如图 7.3 所示。

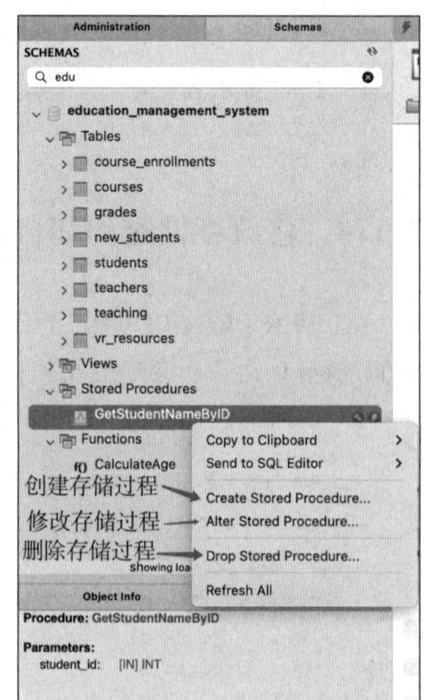

图 7.3 使用 Workbench 创建、修改和删除存储过程

7.2 触 发 器

触发器(trigger)是数据库中的一种特殊的存储过程,当在指定的表上进行特定的数据修改操作(如 INSERT、UPDATE 或 DELETE)时,触发器会被自动执行或触发。触发器可

以帮助实现数据校验、数据更新、日志记录等自动化功能。

7.2.1 创建触发器

创建触发器的语法如下：

```
CREATE TRIGGER trigger_name
trigger_time trigger_event
ON table_name FOR EACH ROW
BEGIN
    --触发器执行的 SQL 语句
END;
```

其中：

- CREATE TRIGGER 用于创建触发器的关键字；
- trigger_name 是给触发器起的名称，目的是在后续的管理和维护中引用该触发器；
- trigger_time 用于指定触发器是在数据修改操作之前(BEFORE)还是之后(AFTER)触发；
- trigger_event 指定会触发触发器的数据修改操作类型，操作可以是 INSERT、UPDATE 或 DELETE；
- ON table_name 指定要在哪个表上创建触发器；
- FOR EACH ROW 指定触发器对受影响的每一行都执行一次数据修改操作，而不是对整个表只执行一次；
- BEGIN...END;包含触发器要执行的 SQL 语句集。

假设想在每次向 grades 表中插入新的成绩记录时，都自动检查该学生的成绩是否及格(假设及格为 60 分)，如果不及格，则向另一个表 failed_grades 中插入一条记录。以上操作可以分为以下两步完成。

(1) 创建 failed_grades 表。

创建表的 SQL 语句如下：

```
CREATE TABLE failed_grades (
    id INT AUTO_INCREMENT PRIMARY KEY,
    student_id INT,
    course_id INT,
    grade FLOAT,
    failed_date TIMESTAMP DEFAULT CURRENT_TIMESTAMP
);
```

(2) 创建触发器。

创建触发器的语句如下：

```
DELIMITER //
CREATE TRIGGER trg_check_failed_grades
AFTER INSERT ON grades
```

```
FOR EACH ROW
BEGIN
    --检查新插入的成绩是否不及格(小于 60 分)
    IFNEW.grade < 60 THEN
        --如果不及格,则向 failed_grades 表中插入记录
        INSERT INTO failed_grades (student_id, course_id, grade)
        VALUES (NEW.student_id, NEW.course_id, NEW.grade);
    END IF;
END;
//
DELIMITER ;
```

注意:在 MySQL 中,触发器体内的 SQL 语句需要使用 NEW 和 OLD 关键字来引用新插入或旧的数据行的列值。在上面的例子中,使用 NEW. grade 来引用新插入的成绩。

7.2.2 查看触发器

在 MySQL 中,可以使用 SHOW TRIGGERS 语句来查看数据库中的所有触发器,其语法如下:

```
SHOW TRIGGERS [FROM schema_name] [LIKE 'pattern'];
```

其中:

- SHOW TRIGGERS 是查看触发器的命令;
- FROM schema_name 是当想知道某个特定数据库中的触发器是哪一个时,可以使用的子句;
- LIKE 'pattern'是一个可选的过滤子句,它允许基于触发器的数据表来过滤结果。

假设已经在 education_management_system 数据库中创建一个名为 trg_check_failed_grades 的触发器,它会在向 grades 表插入新记录后执行某些操作。可以使用以下查询来查看所有触发器,包括这个触发器:

```
--查看 mydb 数据库中的所有触发器
SHOW TRIGGERS FROM education_management_system;

--如果知道触发器的名称模式,可以使用 LIKE 来过滤结果
SHOW TRIGGERS FROM education_management_system LIKE 'grades';
```

7.2.3 使用触发器

当触发器创建好后,如果达到触发条件,它会自动根据设定的条件在数据库表上执行特定的操作。触发器是数据库中的一种特殊机制,它允许在数据表发生特定事件(如 INSERT、UPDATE 或 DELETE 操作)时自动执行预定义的 SQL 语句。

触发器是自动被触发的，也就是说，它们不需要手动调用。当在触发器所关联的表上执行指定的操作时，触发器就会自动被激活，并执行其中定义的 SQL 语句。

7.2.1 小节创建了 failed_grades 表，并且创建了 trg_check_failed_grades 触发器，在 grades 表中插入新成绩时检查成绩是否不及格，并在不及格时自动在 failed_grades 表中插入记录。

触发器会在插入新记录时自动工作，例如，使用以下 SQL 语句插入一条新的成绩记录：

```
--插入一条新的成绩记录
INSERT INTO grades (id,student_id, course_id, grade)
VALUES (6, 1, 101, 55);
--无须执行任何关于触发器的特殊命令,因为触发器是自动被触发的
```

在上述示例中，向 grades 表中插入了一条新的成绩记录，其中 id 为 6，学生 id 为 1，课程 id 为 101，成绩为 55 分(不及格)。由于已经创建了 trg_check_failed_grades 触发器，因此触发器会在插入这条记录后自动检查成绩是否小于 60 分。如果成绩不及格，它会自动在 failed_grades 表中插入一条新记录。

7.2.4 删除触发器

触发器校验
成绩是否成功

在 MySQL 中，删除触发器的语法如下：

```
DROP TRIGGER [IF EXISTS] [schema_name]trigger_name;
```

其中：

- DROP TRIGGER 是删除一个触发器的命令；
- IF EXISTS 用于避免当触发器不存在时发生错误，如果触发器不存在，且没有使用 IF EXISTS，MySQL 会返回一个错误，该字段是可选的；
- trigger_name 表示要删除的触发器的名称，在删除触发器时，需要确保提供正确的名称，否则数据库管理系统不知道要删除哪个触发器。

假设有一个名为 trg_check_failed_grades 的触发器，它在 grades 表上每插入一条成绩不及格的新记录后自动执行一些操作。现在，不再需要这个触发器了，希望删除它，则可以使用以下 SQL 语句：

```
--删除触发器
DROP TRIGGER IF EXISTS trg_check_failed_grades;
```

本 章 小 结

本章系统讲解了存储过程与触发器的核心技术。存储过程通过封装可重用的 SQL 代码块，支持输入、输出参数及复杂逻辑，提升数据处理效率；触发器则基于表操作事件(如插入、更新、删除)自动执行预设逻辑，确保数据一致性与业务规则的强制实施。通过

案例演示了存储过程的参数传递与调用、触发器的事件触发机制，强调二者在自动化数据管理、减少冗余代码及增强系统可靠性中的关键作用，为数据库高级编程提供技术支撑。

课后习题

一、选择题

1. 在 MySQL 中，(   )对象允许预定义一组为了响应特定数据库事件而自动执行的 SQL 语句。

A. 存储过程　　B. 自定义函数　　C. 触发器　　D. 视图

2. 用于创建 MySQL 存储过程的语句是(   )。

A. CREATE FUNCTION　　B. CREATE TRIGGER

C. CREATE PROCEDURE　　D. CREATE ROUTINE

3. 在 MySQL 中，定义一个返回整数值的自定义函数的语句是(   )。

A. CREATE FUNCTION myFunc() RETURNS INT ...

B. CREATE PROCEDURE myFunc() RETURNS INT ...

C. CREATE FUNCTION myFunc INT ...

D. CREATE PROCEDURE myFunc INT ...

4. MySQL 触发器可以在(   )事件上被触发。

A. INSERT　　B. UPDATE　　C. DELETE　　D. 以上都是

5. 在 MySQL 中，用于删除一个已存在的存储过程的语句是(   )。

A. DROP FUNCTION　　B. DELETE PROCEDURE

C. DROP PROCEDURE　　D. REMOVE PROCEDURE

6. 在 MySQL 中，用于修改已存在的自定义函数的语句是(   )。

A. ALTER FUNCTION

B. MODIFY FUNCTION

C. UPDATE FUNCTION

D. 不可以直接修改，需要删除后重新创建

7. 在 MySQL 中，调用一个存储过程的方法是(   )。

A. 直接在 SQL 查询中使用存储过程名

B. 使用 CALL 语句和存储过程名

C. 在 WHERE 子句中使用存储过程名

D. 在 SELECT 语句中使用存储过程名

二、实战题

1. 编写一个存储过程，接受学生 id 作为参数，返回该学生的所有课程成绩。

2. 编写一个存储过程，用于查询指定教师所负责的课程中，所有选课学生的名单及他们的成绩。

3. 创建一个自定义函数，用于计算某个学生所有课程的平均成绩。该函数应接受学生

id 作为参数,并返回平均成绩。

4. 编写一个自定义函数,根据课程 id 和教师 id,计算该课程所有学生的平均成绩,并返回。

5. 创建一个触发器,每当有学生在 course_enrollments 表中选课或退课时,自动在日志文件 enrollment_logs(新建)中记录操作类型、学生 id、课程 id 和操作时间。

第 8 章 MySQL DBA常用技术

DBA，即数据库管理员(database administrator)，是负责数据库的设计、安装、配置、优化、监控、备份、恢复、安全管理和故障排除等工作的专业人员。他们是企业数据库系统的守护者，确保数据库的稳定运行和数据的完整性、安全性、高效性。用户管理和数据库备份与恢复是 DBA 的两大重要工作内容，本章将从这两个方面展开介绍。

8.1 用户管理

用户创建和权限管理

MySQL 的用户管理主要涉及对 MySQL 中用户权限的添加、修改、删除及账号管理两方面内容。

8.1.1 权限表

MySQL 的权限系统允许 DBA 精确控制哪些用户可以访问数据库，以及他们可以对数据库中的数据和对象执行哪些操作。MySQL 的权限信息主要存储在 MySQL 数据库的几个特定表中，这些表被称为权限表。权限表主要包括 user 表、db 表和 host 表、tables_priv 表和 columns_priv 表、procs_priv 表。值得注意的是，这些表都位于名为 mysql 数据库的(本章后续部分提到 mysql 数据库都特指名为 mysql 的特定数据库，而非 MySQL 数据库软件)数据库下，想要对这些表进行操作，先要用命令 USE mysql 进行数据库切换，把当前数据库切换为 mysql。图 8.1～图 8.3 分别显示了使用命令 use mysql 和 show tables 后所展示的数据表情况。图中用框线框出的是与权限控制相关的表。

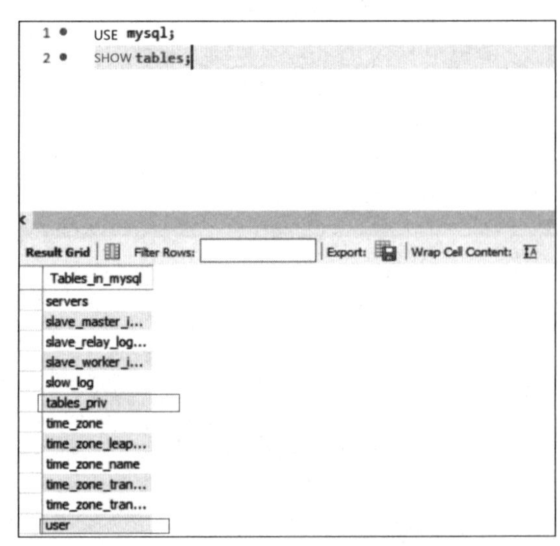

图 8.1 mysql 数据库下的权限表(第一部分)

1. user 表

mysql 数据库中的 user 表是 MySQL 权限系统中最重要的表之一，它位于 MySQL 数据库中，用于存储用户账号信息、全局权限以及账号认证信息(如密码)。

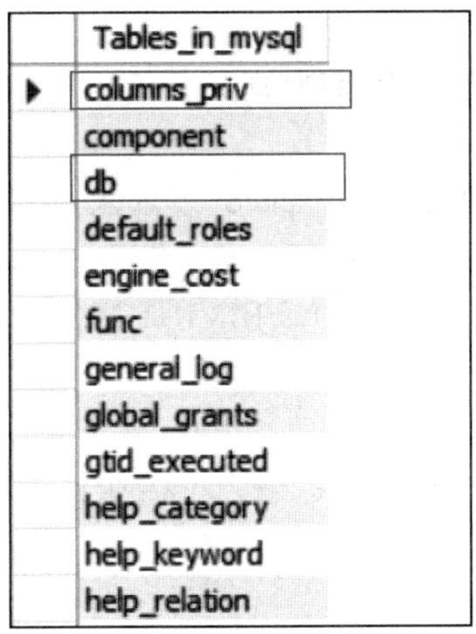

Tables_in_mysql
columns_priv
component
db
default_roles
engine_cost
func
general_log
global_grants
gtid_executed
help_category
help_keyword
help_relation

图 8.2 mysql 数据库下的权限表(第二部分)

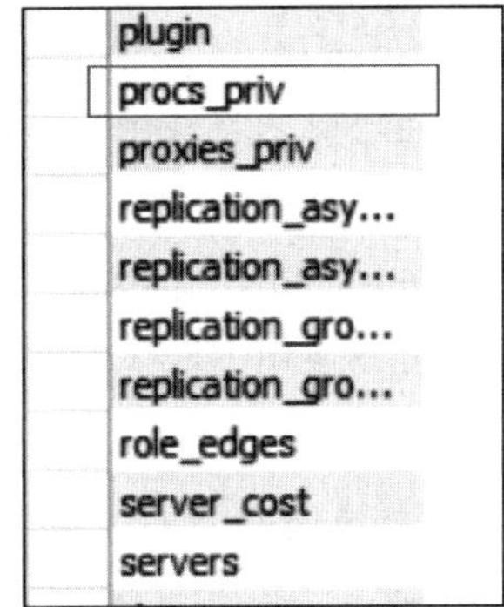

plugin
procs_priv
proxies_priv
replication_asy...
replication_asy...
replication_gro...
replication_gro...
role_edges
server_cost
servers

图 8.3 mysql 数据库下的权限表(第三部分)

user 表的作用是记录和管理连接到 MySQL 服务器的账号信息。控制这些账号对数据库服务器的全局权限。

user 表的关键字段如下：

- Host 字段表示允许连接到 MySQL 服务器的主机名或 IP 地址，当值为%时，表示允许从任何主机连接 MySQL 服务器；
- User 代表用户名，与 Host 字段一起作为主键，用于唯一标识一个用户账号；
- Password(或新版本中其他与认证相关的字段)用于存储用户密码的加密哈希值或其他认证信息；
- 以_priv 结尾的字段(如 Select_priv、Insert_priv 等)定义了用户是否具有执行特定操作(如 SELECT、INSERT 等)的权限，这些字段的值通常为'Y'(表示有权限)或'N'(表示没有权限)。

图 8.4 展示了 user 表的部分列。

```
1 • select * from user
```

Result Grid | Filter Rows: | Edit: | Export/Import: | Wrap Cell Content:

Host	User	Select_priv	Insert_priv	Update_priv	Delete_priv	Create_priv	Drop_priv	Reload_priv	Shutdown_priv	Process_priv	File_priv	Grant_priv
localhost	mysql.infoschema	Y	N	N	N	N	N	N	N	N	N	N
localhost	mysql.session	N	N	N	N	N	N	N	Y	N	N	N
localhost	mysql.sys	N	N	N	N	N	N	N	N	N	N	N
localhost	root	Y	Y	Y	Y	Y	Y	Y	Y	Y	Y	Y
NULL	NULL	NULL	NULL	NULL	NULL	NULL	NULL	NULL	NULL	NULL	NULL	NULL

图 8.4 user 表的部分列

在 user 表中启用的权限都是全局级别的，这意味着它们适用于 MySQL 服务器上的所有数据库。

通过 GRANT 和 REVOKE 语句，可以为用户账户分配或撤销这些全局权限。

从安全角度出发，user 表中以_priv 结尾的字段的默认值通常为'N'，表示新用户在默认情况下没有任何权限。

使用 GRANT 语句为用户赋予权限时，应遵循最小权限原则，即只授予用户真正需要的权限。

除了上述字段，user 表还可能包含其他字段，如 Account_locked（表示账户是否被锁定）等。这些字段的具体用途和名称可能因 MySQL 版本的不同而有所变化。

可以通过 GRANT 语句为用户赋予权限，例如 GRANT ALL PRIVILEGES ON *.* TO 'username'@'host'；将为指定用户授予对所有数据库和表的所有权限。

同样，可以使用 REVOKE 语句撤销用户的权限。

注意：直接修改 user 表的做法并不常见，因为使用 GRANT 和 REVOKE 等 SQL 命令来管理权限更为安全和方便。这些命令会自动更新 user 表以及其他相关的权限表。

2. db 表

mysql 的 db 表与 user 表在权限系统中扮演着重要的角色，但它们的关注点和应用场景有所不同。user 表主要关注全局级别的用户权限，而 db 表则关注特定数据库的权限设置。

db 表用于存储用户对 MySQL 服务器上特定数据库的访问权限。这些权限会覆盖在 user 表中设置的全局权限。

db 表的关键字段如下：

- Host 字段的作用与 user 表中的该字段作用类似，表示允许连接到 MySQL 服务器的主机名或 IP 地址；
- Db 是 db 表相较于 user 表增加的一个字段，用于指定数据库的名称，表示该记录是针对哪个数据库的权限设置；
- 以_priv 结尾的字段（如 Select_priv、Insert_priv 等）与 user 表中的这些字段功能类似，定义了用户是否具有在特定数据库上执行特定操作的权限。

图 8.5 展示了 db 表的部分列。

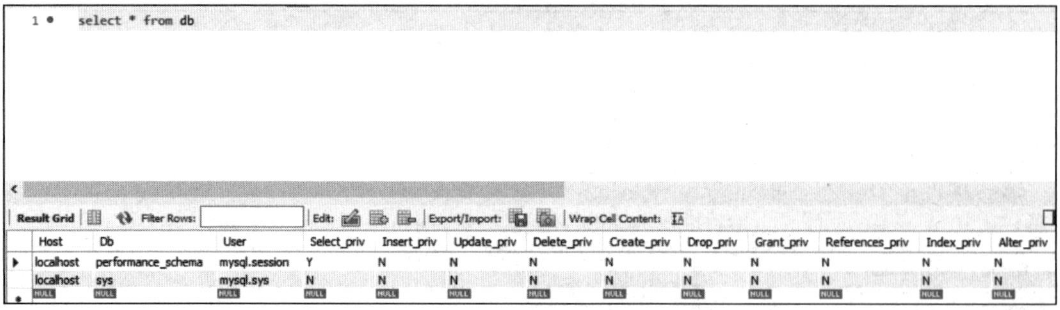

```
1 ●  select * from db
```

Result Grid | Filter Rows: | Edit: | Export/Import: | Wrap Cell Content:

Host	Db	User	Select_priv	Insert_priv	Update_priv	Delete_priv	Create_priv	Drop_priv	Grant_priv	References_priv	Index_priv	Alter_priv
localhost	performance_schema	mysql.session	Y	N	N	N	N	N	N	N	N	N
localhost	sys	mysql.sys	N	N	N	N	N	N	N	N	N	N
NULL	NULL	NULL	NULL	NULL	NULL	NULL	NULL	NULL	NULL	NULL	NULL	NULL

图 8.5 db 表的部分列

注意：在 db 表中设置的权限仅适用于指定的数据库，不会影响其他数据库。这允许 DBA 为不同的用户或用户组在不同的数据库上设置不同的权限。

通过在 db 表中为特定用户设置权限，可以覆盖在 user 表中设置的全局权限。例如，即使在全局级别上某个用户没有 SELECT 权限，但在 db 表中为该用户指定了某个数据库的 SELECT 权限，则该用户仍然可以在该数据库上执行 SELECT 操作。

与 user 表一样，从安全角度出发，db 表中以_priv 结尾的字段的默认值通常为'N'，表示新用户在默认情况下对特定数据库没有任何权限。

在为用户分配数据库权限时，同样应遵循最小权限原则，只授予用户真正需要的权限。

可以通过 GRANT 语句为用户在特定数据库上赋予权限，例如 GRANT SELECT, INSERT ON database_name. * TO 'username'@'host';将为指定用户授予在指定数据库上执行 SELECT 和 INSERT 操作的权限。

同样，可以使用 REVOKE 语句撤销用户在特定数据库上的权限。

注意：与 user 表相比，db 表更关注针对特定数据库的权限设置，而不是全局级别的用户权限。同时，在 db 表中设置的权限会覆盖在 user 表中设置的全局权限，因此在为用户分配权限时需要综合考虑全局和特定数据库的权限设置。

3. host 表

host 表在 MySQL 中用于存储与主机相关的权限信息。这个表位于 MySQL 数据库中，并且包含一些关键字段，如 Host(表示主机名或 IP 地址)、User(表示允许连接到该主机的用户)、Password(表示用户的密码)、Host_name(表示主机名)、IP(表示主机的 IP 地址)、Server_id(表示服务器的唯一标识符)、Create_time(表示创建记录的时间)和 Update_time(表示最后更新记录的时间)。

然而，需要注意的是，MySQL 的 host 表在 5.6 版本中被明确废弃。在 MySQL 5.5 及之前的版本中，host 表确实存在，但由于其局限性(如 GRANT/REVOKE 语句并不能直接触发对 host 表中数据的读写操作)，它通常被忽略，且在很多情况下其用途并不明显。因此，host 表的功能在很大程度上已被其他权限表(如 user、db、tables_priv 和 columns_priv)所取代。

4. tables_priv 表

tables_priv 表在 MySQL 中用于存储用户对特定表的权限信息。与 user 表相似，tables_priv 表也用于权限管理，但它更加专注于表级别的权限设置。

tables_priv 表存储用户对特定表的权限信息，这些权限会覆盖在 user 表和 db 表中设置的全局权限和数据库级别的权限。

tables_priv 表的关键字段如下：

- Host 表示主机名或 IP 地址；
- Db 用于指定数据库名，表示这个权限是针对哪个数据库的；
- User 用于指定用户名，表示这个权限是授予哪个用户的；
- Table_name 用于指定表名，表示这个权限是针对哪个表的；
- 以_priv 结尾的字段与 user 表中的这些字段功能类似，但这里的权限是针对特定表的，如 tables_priv(包括 SELECT、INSERT、UPDATE、DELETE 等权限)。

图 8.6 展示了查询 tables_priv 表的数据结果。

顾名思义，tables_priv 表控制表级别的用户权限。当用户试图访问或操作某个表时，MySQL 会检查 tables_priv 表以确定用户是否具有相应的权限。这些权限会覆盖在 user 表和 db 表中设置的全局权限和数据库级别的权限。

总的来说，tables_priv 表为用户提供了更细粒度的权限控制，使数据库管理员能够更精确地管理用户对特定表的访问和操作。

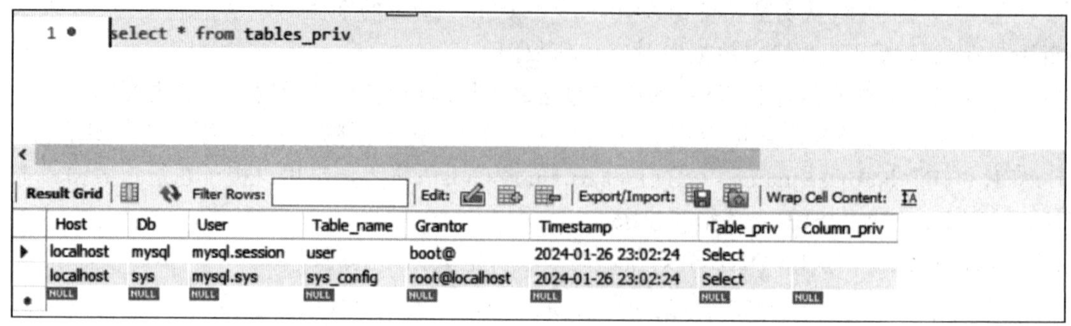

图 8.6　查询 tables_priv 表的数据结果

5. columns_priv 表

columns_priv 表在 mysql 数据库中用于存储用户对特定数据列(即表中的字段)的权限信息。与 user、db 表和 tables_priv 表类似,columns_priv 表也是权限管理系统中的一部分,提供了更细粒度的访问控制。

columns_priv 表的主要功能是存储用户对特定数据列的权限设置。这些权限可以包括读取(SELECT)、写入(INSERT、UPDATE)等操作。通过 columns_priv 表,数据库管理员可以精确地控制用户对表中每个字段的访问和操作权限。

columns_priv 表的关键字段如下:

- Host 代表主机名或 IP 地址,表示用户连接数据库时使用的主机或 IP 地址;
- Db 代表数据库名,表示这个权限是针对哪个数据库的;
- User 代表用户名,表示这个权限是授予哪个用户的;
- Table_name 代表表名,表示这个权限是针对哪个表的;
- Column_name 代表列名(字段名),表示这个权限是针对表中的哪个字段的;
- 以_priv 结尾的字段表示不同的权限,如 Select_priv、Insert_priv、Update_priv 等。这些字段用于表示用户在该列上的具体操作权限。

图 8.7 展示了查询 columns_priv 表的数据结果。

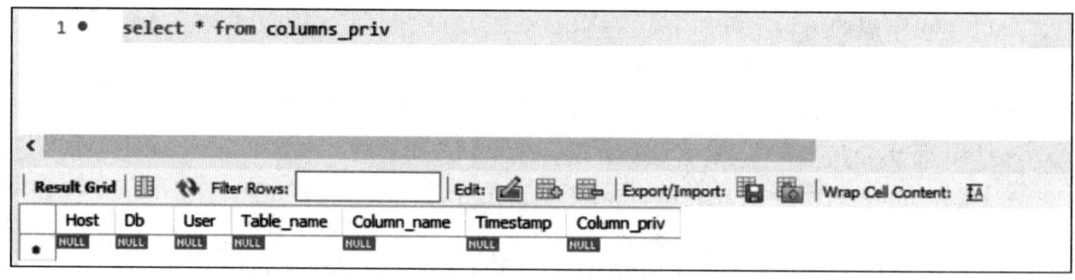

图 8.7　查询 columns_priv 表的数据结果

columns_priv 表允许数据库管理员为用户设置针对表中特定列的权限。例如,管理员可以为用户 john 在 mydatabase 数据库的 mytable 表的 age 列上设置只读权限(Select_priv 为'Y',其他权限为'N')。这样,john 就只能读取 age 列的数据,而不能修改或删除它。

通过 columns_priv 表,数据库管理员可以为用户提供更细粒度的访问控制选项,确保数据的安全性和完整性。

6. procs_priv 表

procs_priv 表在 mysql 数据库中用于保存存储过程和函数的权限信息。这个表允许数据库管理员精确地控制哪些用户可以执行哪些存储过程和函数,以及他们执行这些存储过程和函数时拥有的权限。

procs_priv 关键字段如下:

- Host 表示用户连接数据库时所使用的主机名或 IP 地址;
- Db 表示这个权限是针对哪个数据库的;
- User 表示这个权限是授予哪个用户的;
- Routine_name 表示存储过程或函数的名称;
- Routine_type 表示存储过程或函数的类型(如 FUNCTION 或 PROCEDURE);
- 以_priv 结尾的字段,如 Execute_priv,表示用户是否有权执行该存储过程或函数。

图 8.8 展示了查询 procs_priv 表的数据结果。

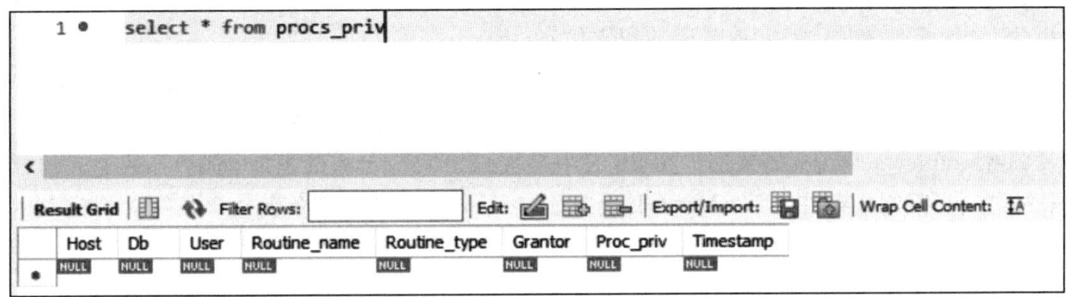

图 8.8 procs_priv 表的数据查询结果

procs_priv 表是 mysql 数据库中用于存储过程和函数权限信息的表。通过它,数据库管理员可以为用户提供对存储过程和函数的精确访问控制选项,从而确保数据库的安全性和完整性。

表 8.1 列出了上述六种权限表在功能、关键字段、权限控制范围方面的对比。通过表 8.1,读者可以从整体上看到,MySQL 为了实现不同粒度的权限控制提供了不同的表。

表 8.1 MySQL 六种权限表对比

表 名	功 能	关 键 字 段	权 限 控 制
user	存储用户账号信息、全局权限和账号认证信息	Host、User、Password、* _priv	全局级别的用户权限
db	存储用户对特定数据库的访问权限	Host、Db、* _priv	特定数据库的权限,覆盖 User 表中的全局权限
host	在旧版本中用于存储基于主机名的权限(5.6 及以后的版本已弃用)	Host、Db、* _priv	基于主机名的权限(5.6 及以后的版本已弃用)
tables_priv	存储用户对特定表的权限	Host、Db、User、Table_name、* _priv	表级别的权限

续表

表　名	功　能	关键字段	权限控制
columns_priv	存储用户对表中特定列的权限	Host、Db、User、Table_name、Column_name、*_priv	列级别的权限
procs_priv	存储用户对存储过程和函数的权限	Host、Db、User、Routine_name、Routine_type、*_priv	存储过程和函数的权限

当 MySQL 接收一个用户尝试执行某个操作(如 SELECT)的请求时,它会按照以下顺序检查权限。

(1) user 表:MySQL 首先会检查 user 表以确定用户是否具有全局权限。这里的全局权限指的是适用于 MySQL 服务器上所有数据库的权限。

(2) db 表:如果 user 表中没有为特定的数据库明确设置权限,或者如果设置了但允许或拒绝了数据库级别的权限(例如,通过 GRANT 或 REVOKE 命令),那么 MySQL 会查看 db 表。db 表包含针对特定数据库的权限信息。

(3) host 表(尽管在 5.6 及以后的 MySQL 版本中已被弃用):在某些老版本的 MySQL 中,host 表也被考虑在内,但在 5.6 及以后的版本中,它通常被忽略。

(4) tables_priv 表:如果用户在 db 表中被授权访问特定的数据库,但针对某个表的权限被进一步限制或允许,那么 MySQL 会查看 tables_priv 表。这个表包含了针对特定表的权限信息。

(5) columns_priv 表:如果用户试图访问表的特定列,并且这些列的访问权限在 tables_priv 表中没有被明确设置,那么 MySQL 会进一步查看 columns_priv 表。这个表允许管理员为表的特定列设置权限。

(6) procs_priv 表:如果用户试图执行存储过程或函数,那么 MySQL 会查看 procs_priv 表,从而确定用户是否有执行这些存储过程或函数的权限。

(7) 动态权限(如果 MySQL 版本支持):某些 MySQL 版本(如 MySQL 8.0 及更高版本),支持动态权限,这些权限可以在运行时进行更改,因此具有更高的灵活性。

在这个检查过程中,如果 MySQL 在任何一步发现了拒绝访问的权限(例如,user 表中的 Select_priv 为'N'),它将立即拒绝该操作。否则,它将继续检查,直到找到允许访问的权限或检查完所有相关的权限表。

8.1.2 账号管理

1. 登录及退出服务器

登录及退出 MySQL 服务器的方法主要有以下几种。

1) 使用命令行

这是最常见的方法,读者可以通过命令行或终端输入以下命令来登录 MySQL 服务器:

```
mysql -u 用户名 -p
```

执行上述命令后,系统会提示输入密码。输入密码时,密码字符不会显示在屏幕上。

图 8.9 显示了使用命令行登录 root 用户的情况,在正确输入密码后,会看到 mysql>的

提示符,表示登录成功。

```
管理员: 命令提示符 - mysql -u root -p
Microsoft Windows [版本 10.0.17763.2300]
(c) 2018 Microsoft Corporation。保留所有权利。

C:\Users\Administrator>mysql -u root -p
Enter password: ******
Welcome to the MySQL monitor.  Commands end with ; or \g.
Your MySQL connection id is 11
Server version: 8.3.0 MySQL Community Server - GPL

Copyright (c) 2000, 2024, Oracle and/or its affiliates.

Oracle is a registered trademark of Oracle Corporation and/or its
affiliates. Other names may be trademarks of their respective
owners.

Type 'help;' or '\h' for help. Type '\c' to clear the current input statement.

mysql> _
```

图 8.9 命令行 MySQL 登录成功提示

如果需要连接特定的 MySQL 服务器(例如,非默认的端口或不同的主机),可以使用以下格式:

```
mysql -h 主机名 -P 端口号 -u 用户名 -p
```

例如,连接位于 localhost 的 MySQL 服务器,但端口是 3307。

```
mysql -h localhost -P 3307 -u 用户名 -p
```

在命令行模式下需要退出服务器,只需要在 mysql>命令提示符后输入 exit 或\q(反斜杠加 q),退出 MySQL 服务器,如图 8.10(使用 exit 退出)和图 8.11(使用\q 退出)所示。

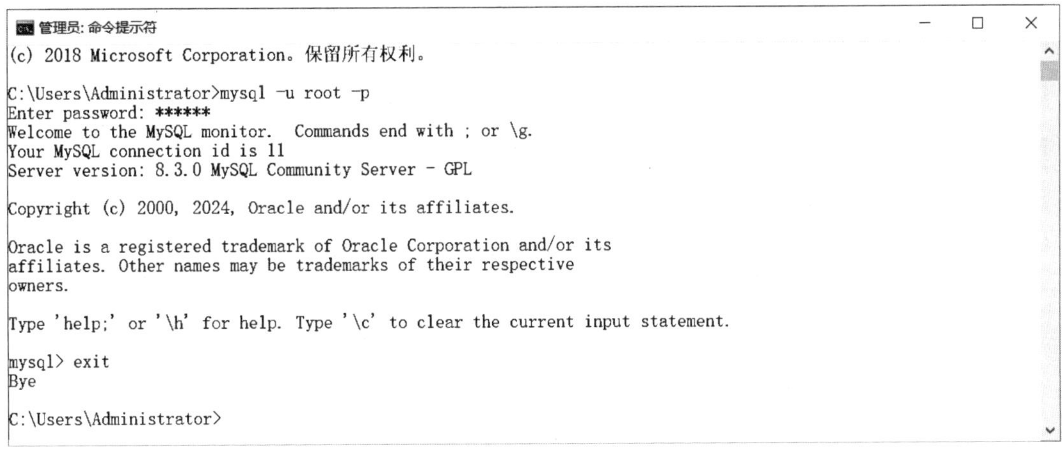

图 8.10 使用 exit 退出登录

2) 使用图形界面工具

许多图形界面工具(如 phpMyAdmin、MySQL Workbench、Navicat premium 等)可以用来连接和管理 MySQL 服务器。这些工具通常具有用户友好的界面,允许用户通过图形化方式登录、浏览和管理数据库。

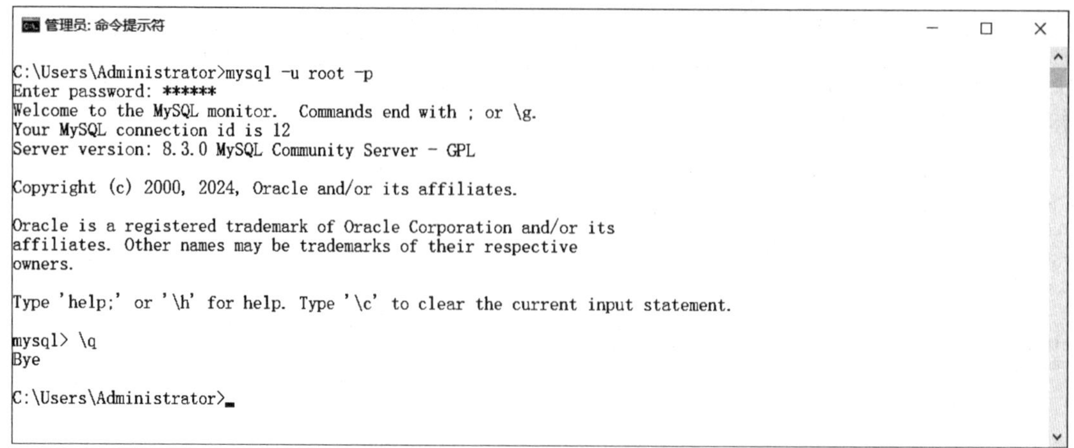
```
管理员: 命令提示符
C:\Users\Administrator>mysql -u root -p
Enter password: ******
Welcome to the MySQL monitor.  Commands end with ; or \g.
Your MySQL connection id is 12
Server version: 8.3.0 MySQL Community Server - GPL

Copyright (c) 2000, 2024, Oracle and/or its affiliates.

Oracle is a registered trademark of Oracle Corporation and/or its
affiliates. Other names may be trademarks of their respective
owners.

Type 'help;' or '\h' for help. Type '\c' to clear the current input statement.

mysql> \q
Bye

C:\Users\Administrator>
```

图 8.11　使用\q 退出登录

下面介绍如何使用 MySQL Workbench 登录和退出数据库，以下是具体的操作步骤。

(1) 打开 MySQL Workbench。单击 MySQL Connections 旁边的加号，新建一个连接。

(2) 在弹出的新建连接窗口中填写数据库的连接信息，包括连接名称、主机名、端口、用户名和密码等信息。需要填写的字段及其含义如表 8.2 所示。

表 8.2　连接数据库常用字段及说明

字 段 名	含　义	说　明
Connection Name	连接名称	可以自定义连接名称，用于标识连接
Connection Method	连接方式	主要的连接方法包括 Standard TCP/IP 和 Standard TCP/IP over SSH 等
Hostname	主机名	如果连接本机的数据库服务器，可在该字段中填写 localhost 或者 127.0.0.1
Username	MySQL 用户名	MySQL 用户名，比如 root
Password	MySQL 密码	MySQL 密码
Port	端口号	MySQL 的默认端口是 3306
Default Schema	默认模式	可以留空，如果留空可以稍后指定

注意：如果使用 Standard TCP/IP over SSH 方法，需要额外提供以下信息。

- SSH Hostname，表示 SSH 服务器的地址或主机名；
- SSH Username，表示 SSH 服务器的用户名；
- SSH Password 或 SSH Key File，表示连接到 SSH 服务器需要的密码(或 SSH 密钥文件)。

使用 SSH 隧道的好处是它可以增加连接的安全性，因为它会加密 MySQL 连接流量。但是，这也需要额外的配置，并确保 SSH 服务器是可访问和安全的。

(3) 单击"测试连接"按钮，测试是否能成功连接到数据库。如图 8.12 所示，在信息填写无误的情况下，会看到连接测试成功的提示。

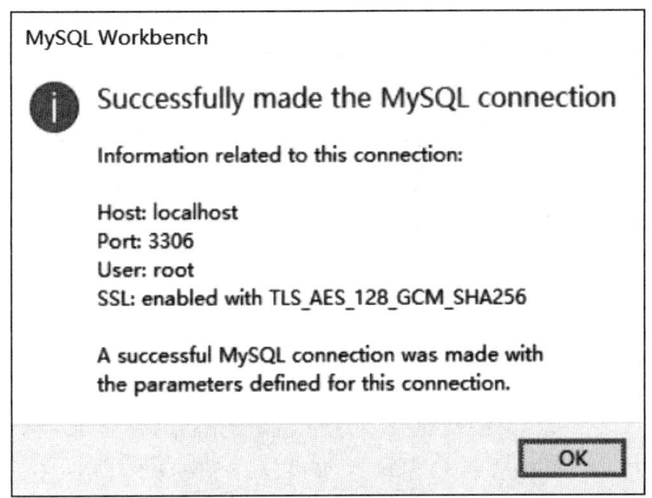

图 8.12 连接测试成功提示

如果测试成功，单击 OK 按钮以建立连接；如果配置信息输入有误，如密码输入错误，测试连接将会报错，如图 8.13 所示。

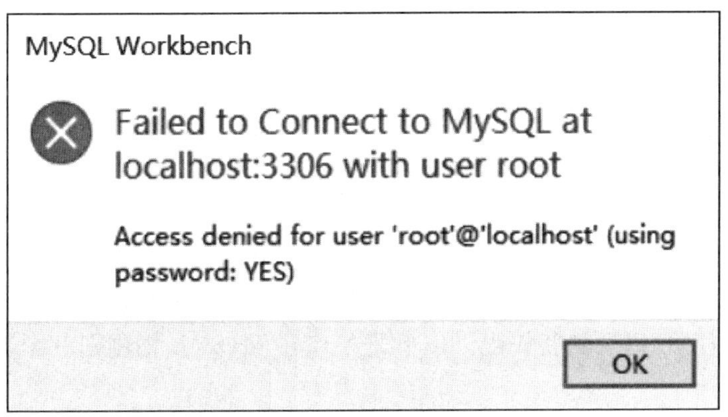

图 8.13 连接测试失败提示

如果 MySQL 服务没有启动，也会导致测试连接失败的情况出现。读者可以通过 MySQL 提供的错误码进行排查。

在 MySQL Workbench 中，退出或断开与 MySQL 服务器的连接非常简单。以下是具体的操作步骤。

(1) 打开 MySQL Workbench 并连接 MySQL 服务器。在主界面左侧的 Navigator 面板中，会看到已建立的数据库连接。这些连接通常以服务器名称或 IP 地址的形式列出。

(2) 右击想要断开的连接，然后选择 Close Connection 或类似的选项。这将断开与该 MySQL 服务器的连接。

注意： 断开连接后，将无法执行任何数据库操作，直到重新建立连接。因此，在断开连接之前，请确保已经完成了所有必要的数据库操作。

3）使用编程语言

软件工程师在开发各种网站和应用时，通常会使用编程语言进行数据库的连接和操作。由于 MySQL 是一种使用非常广泛的关系数据库，它支持使用各种主流编程语言（如 Python、Java、PHP 等）进行连接。通常需要安装对应的 MySQL 库或驱动来连接 MySQL 服务器。在实际使用过程中，需要在代码中指定连接参数（如主机名、端口、用户名和密码），然后调用相应的库函数或方法来建立连接。

下面给出一个 Python 连接 MySQL 的代码片段：

```
# 确保已经安装了 MySQL-connector-python 库。如果没有，可以使用 pip 来安装
import MySQL.connector
# 创建连接
cnx=MySQL.connector.connect(user='your_username',
password='your_password',host='your_host', database='your_database')
# 创建一个游标对象 cursor
cursor =cnx.cursor()
# 执行 SQL 查询
query = ("SELECT * FROM your_table")
cursor.execute(query)
# 获取查询结果的所有行
for (column1, column2, ...) in cursor:
    print(column1, column2, ...)
# 关闭游标和连接
cursor.close()
cnx.close()
```

2. 新建普通用户

在 MySQL 中新建一个普通用户通常涉及两个主要步骤：创建用户、赋予该用户访问特定数据库或表的权限，以及刷新权限。以下是如何在 MySQL 中创建一个新用户并为其分配权限的步骤。

1）创建用户

需要使用 CREATE USER 语句来创建新用户。例如，创建一个名为 zhangsan、密码为 123456 的用户，对应的 SQL 语句如下：

```
CREATE USER 'zhangsan'@'localhost' IDENTIFIED BY '123456';
```

这里的'localhost'表示用户只能从本地访问。如果想让用户从任何主机访问，可以使用'%'代替'localhost'。

2）为用户分配权限

使用 GRANT 语句为用户分配权限，可以为用户分配全局权限、数据库权限、表权限等。

（1）全局权限，例如，以下语句允许用户从任何数据库选择数据：

```
GRANT SELECT ON *.* TO 'zhangsan'@'localhost';
```

(2) 数据库权限,例如,以下语句允许用户访问名为 mydatabase 的数据库:

```
GRANT ALL PRIVILEGES ON mydatabase. * TO 'zhangsan'@'localhost';
```

(3) 表权限,例如,允许用户在 mydatabase 数据库中的 mytable 表上执行所有操作。

```
GRANT ALL PRIVILEGES ON mydatabase.mytable TO 'zhangsan'@'localhost';
```

注意:使用 ALL PRIVILEGES 时要特别小心,因为它授予了所有权限。在实际实践中,最好只授予用户所需的权限。

3) 刷新权限

在授予权限后,需要刷新权限以使更改生效。以下是刷新权限的语句:

```
FLUSH PRIVILEGES;
```

3. 删除普通用户

在 MySQL 中,要删除一个普通用户,需要使用 DROP USER 语句。

以下语句删除了 localhost 上名为 zhangsan 的用户:

```
DROP USER 'zhangsan'@'localhost';
```

如果该用户可以从任何主机连接(在创建用户时使用了%作为主机名),需要使用以下命令删除:

```
DROP USER 'zhangsan'@'%';
```

注意:有时可能需要分别删除来自不同主机的同一个用户的所有条目,因为 MySQL 将用户名@主机名视为唯一的用户标识符。

4. root 用户修改密码

在 MySQL 中,可以使用两种方法来修改 root 的密码。

1) 使用 MySQLadmin 命令

在命令行中执行以下命令:

```
MySQLadmin -u root -p password '新密码';
```

系统会提示输入当前 root 用户的密码。输入后,root 用户的密码将被更改为指定的"新密码"。

2) 使用 ALTER USER 语句进行修改

首先登录 MySQL,然后使用 ALTER USER 语句修改密码。

```
ALTER USER 'root'@'localhost' IDENTIFIED BY '新密码';
```

5. 普通用户修改密码

普通用户在拥有相应权限的情况下也可以使用 root 用户修改密码的两种方法(使用 MySQLadmin 命令和使用 ALTER USER 语句进行修改),但是需要有相应的权限。如果没有权限,那么只能向管理员寻求帮助。

6. root 用户密码丢失解决

当忘记 MySQL root 用户的密码时,有以下两种方法可以解决问题。

1）使用 MySQLadmin 工具

首先，打开终端或命令行界面。接着，运行以下命令来重置 root 用户的密码，其中 newpassword 是新密码：

```
MySQLadmin -u root password 'newpassword';
```

如果成功执行，将看到“MySQLadmin：成功设置密码”的消息。

2）使用 MySQLd_safe 命令

首先，停止 MySQL 服务。接着，使用 MySQLd_safe 命令启动 MySQL 服务，并使用 --skip-grant-tables 选项来跳过授权表，从而允许无密码登录。此时，在新的终端或命令行窗口中，使用 MySQL 命令登录 MySQL，因为此时不需要密码。在 MySQL 提示符下，执行以下 SQL 命令来重置 root 用户的密码：

```
USE mysql;
ALTER USER 'root'@'localhost' IDENTIFIED BY 'newpassword';
FLUSH PRIVILEGES;
```

最后，退出并重启 MySQL 服务。

8.1.3 权限管理

MySQL 的权限管理允许数据库管理员控制哪些用户可以连接到 MySQL 服务器，以及他们可以对哪些数据库和表执行哪些操作。首先，要了解 MySQL 权限管理的一些基本概念。

（1）用户账户：在 MySQL 中，用户账户由用户名和主机名组成。例如，'username'@'localhost'是一个用户账户，其中 username 是用户名，localhost 是主机名。

（2）权限：MySQL 提供了多种权限，如 SELECT、INSERT、UPDATE、DELETE、CREATE、DROP 等。这些权限可以应用于数据库、表、列、存储过程等。

（3）授权权限：使用 GRANT 语句为用户账户授权。

1. GRANT 语句的基本语法

GRANT 语句的基本语法如下：

```
GRANT 权限列表 ON 数据库名.表名 TO '用户名'@'主机名' IDENTIFIED BY '密码';
```

其中：

- 权限列表是想要授予的权限的列表，如 SELECT、INSERT、UPDATE、DELETE 等，可以使用 ALL PRIVILEGES 来授予所有权限；
- 数据库名.表名用来指定想要针对哪个数据库和表授予权限，如果想授予针对所有数据库和表的权限，可以使用 *.*；
- '用户名'@'主机名'用于指定想要授予权限的用户和该用户可以从哪个主机连接，使用%表示可以从任何主机连接数据库；
- IDENTIFIED BY '密码'部分是可选的，并且只在创建用户或修改用户密码时使用。

假设现在有一个名为 john_doe 的用户，并且想要授予他在 mydatabase 数据库上的所有权限，可以用以下语句：

```
GRANT ALL PRIVILEGES ON mydatabase.* TO 'john_doe'@'localhost';
```

使用 REVOKE 语句可以撤销用户账户的权限。

2. REVOKE 语句的基本语法

REVOKE 语句的基本语法如下：

```
REVOKE 权限列表 ON 数据库名.表名 FROM '用户名'@'主机名';
```

其中：

- 权限列表指定要收回的权限的列表，如 SELECT、INSERT、UPDATE、DELETE 等，可以使用 ALL PRIVILEGES 收回所有权限；
- 数据库名.表名指定要收回权限的数据库和表，如果要收回所有数据库或所有表的权限，可以使用 *.*；
- '用户名'@'主机名'指定要收回权限的用户和该用户可以从哪个主机连接，使用%表示可以从任何主机连接数据库。

假设用户'john'@'localhost'拥有 mydb 数据库上所有表的 SELECT 和 INSERT 权限。现在想要撤销这个用户对 mydb 数据库中 mytable 表的 INSERT 权限，可以使用以下 REVOKE 语句来实现：

```
REVOKE INSERT ON mydb.mytable FROM 'john@'localhost';
```

使用 SHOW GRANTS FOR 'username'@'hostname'; 语句可以查看特定用户账号的权限。例如，运行 SHOW GRANTS FOR 'root'@'localhost'则可以查看 localhost 上的 root 用户的所有权限。

8.1.4 访问控制

1. 连接核实阶段

连接核实阶段是 MySQL 权限控制中的第一步，它发生在用户尝试连接 MySQL 服务器时。连接核实阶段的过程如下。

1）用户请求连接

当用户尝试连接 MySQL 服务器时，客户端连接请求中会包含以下信息：用户名称、主机地址和密码。

2）服务器验证

MySQL 服务器会接收这个连接请求，并使用 mysql.user 表中的 Host、User 和 authentication_string（在 MySQL 5.7 版本之前为 Password）字段进行用户身份验证。

服务器会检查请求中的 Host 和 User 字段是否与 mysql.user 表中的记录匹配，并且提供的密码是否与 authentication_string 字段中的密码匹配。

MySQL 通过 IP 地址和用户名联合进行身份认证。例如，root@localhost 表示用户 root 只能从本地（localhost）进行连接时才能通过认证。

如果连接核实通过（即客户端请求的主机名、用户名和密码与 mysql.user 表中的记录完全匹配),服务器会接受连接请求并进入下一个阶段:请求核实阶段。

如果连接核实未通过(例如,用户名或密码错误),服务器将完全拒绝访问,并可能返回一个错误信息给客户端。

连接核实阶段是 MySQL 确保只有授权用户可以连接到数据库的重要步骤。通过检查 MySQL. user 表中的记录和用户提供的凭据,MySQL 能够确保只有经过身份验证的用户才能与数据库建立连接。

2. 请求核实阶段

在 MySQL 中,请求核实阶段是在连接核实阶段之后进行的,用于检查用户是否有足够的权限来执行他们请求的数据库操作。如果权限匹配,则允许执行操作;否则,请求被拒绝。

请求核实阶段的过程如下。

1) 用户请求

用户(已经通过连接核实阶段)向 MySQL 服务器发送数据库操作请求。

2) 权限检查

(1) MySQL 服务器会根据用户的身份(由连接核实阶段确定)以及用户尝试执行的数据库操作来检查权限。

(2) 权限检查会涉及 MySQL 的权限表,特别是 mysql. user、mysql. db、mysql. tables_priv、mysql. columns_priv 和 mysql. procs_priv 等表,这些表存储了用户的权限信息。

3) 权限表匹配

服务器会检查用户的请求是否与存储在权限表中的权限相匹配。

4) 操作允许或拒绝

如果请求与用户的权限相匹配,则允许执行操作。如果不匹配,MySQL 会返回一个错误消息,说明用户没有足够的权限来执行该操作。

5) 日志记录

MySQL 可能会将用户尝试执行的操作和结果(包括成功或失败)记录在其日志文件中,这有助于审计和故障排除。

6) 执行操作

一旦请求被允许,MySQL 就会执行该操作并返回结果(如果有的话)给用户。

8.1.5 实战演练——综合管理用户权限

某公司有多个部门和项目,每个部门或项目都需要特定的数据库访问权限。为了安全和方便管理,需要为每个部门或项目创建一个或多个 MySQL 用户,并为其分配适当的权限。因此,需要完成四个任务。

(1) 创建用户和分配权限。该过程又分为三个步骤。

步骤一:创建一个名为 dev_team 的用户,并为其分配对 development 数据库中所有表的 SELECT、INSERT、UPDATE 和 DELETE 权限。

步骤二:创建一个名为 hr_dept 的用户,并为其分配对 hr_database 数据库中 employees 表的 SELECT 和 UPDATE 权限,以及对 departments 表的 SELECT 权限。

步骤三:禁止 dev_team 用户访问 hr_database 数据库。

(2) 验证权限。尝试使用 dev_team 用户登录 MySQL,并尝试执行对 hr_database 数据库的查询操作,确保该操作不被拒绝。

使用 dev_team 用户登录 MySQL,并验证其对 development 数据库中表的增、删、改、查权限。

使用 hr_dept 用户登录 MySQL,并验证其对 hr_database 数据库中 employees 和 departments 表的权限。

(3) 修改和撤销权限。撤销 dev_team 用户对 development 数据库中 sensitive_data 表的 DELETE 权限。给予 hr_dept 用户对 hr_database 数据库中 salary 表的 SELECT 权限。

(4) 管理用户和权限。列出所有 MySQL 用户以及他们的权限。重命名 dev_team 用户为 development_team。删除 hr_dept 用户。

8.2 数据备份与恢复

使用 MySQLdump 进行数据备份和恢复

8.2.1 数据备份

1. 使用 MySQLdump 命令备份

MySQLdump 是 MySQL 提供的一个命令行命令,用于导出(备份)一个或多个 MySQL 数据库的内容到一个 SQL 文件中。这个 SQL 文件可以被用于重新创建数据库,或者将数据迁移到另外一个 MySQL 服务器。

以下是使用 MySQLdump 命令备份的基本语法:

```
MySQLdump [options] database_name [tables] > output_file.sql
```

1) 备份单个数据库

假设有一个名为 mydatabase 的数据库,并且想备份它到一个名为 mydatabase_backup.sql 的文件中。

```
MySQLdump -u root -p mydatabase > mydatabase_backup.sql
```

当运行这个命令时,它会提示输入 root 用户的密码。

2) 备份多个数据库

可以一次备份多个数据库,只需在命令行中列出它们即可。

```
MySQLdump -u root -p mydatabase1 mydatabase2 > multiple_databases_backup.sql
```

3) 备份所有数据库

如果想备份服务器上的所有数据库,可以使用--all-databases 选项。

```
MySQLdump -u root -p --all-databases > all_databases_backup.sql
```

2. 直接复刻整个数据目录

直接复制整个数据目录也可以进行数据库的备份。以下是具体步骤。

(1) 停止数据库服务。

(2) 复制数据目录。MySQL 的数据目录通常包含所有数据库的数据文件。在 Linux 系统上,这个目录通常是/var/lib/MySQL/(但可能因安装和配置而异)。在 Windows 系统上,它可能位于 C:\ProgramData\MySQL\MySQL Server X. X\data\,其中 X. X 是 MySQL 的版本号。

(3) 启动数据库服务。

3. 使用 MySQLhotcopy 工具快速备份

MySQLhotcopy 是一个 Perl 脚本工具,用于快速备份 MySQL 数据库,特别是 MyISAM 存储引擎的数据库。以下是使用 MySQLhotcopy 进行快速备份的详细步骤。

(1) 安装 MySQLhotcopy。首先,需要确保已经安装了 MySQL 服务器和客户端,并且已经安装了 Perl 的 MySQL 数据库接口包(perl-DBD-MySQL)。

(2) 使用 MySQLhotcopy 备份数据库。一旦安装了必要的包,就可以使用 MySQLhotcopy 进行备份了。基本语法如下:

```
MySQLhotcopy [options] database_name1 database_name2.../path/to/backup/directory/
```

其中,database_name1、database_name2 等是要备份的数据库名,/path/to/backup/directory/ 是想要存放备份文件的目录。

例如,要备份名为 mydatabase 的数据库到 d:\MySQL 目录,可以使用以下命令:

```
MySQLhotcopy -u root -p mydatabase d:\MySQL
```

8.2.2 数据恢复

1. 使用 MySQL 命令恢复

以下是如何使用 MySQL 命令恢复数据库的基本步骤。

(1) 登录 MySQL 服务器。首先,需要登录 MySQL 服务器。该步骤前文已有介绍,此处不再赘述。

(2) 恢复数据库。如果要恢复整个数据库的备份(通常是一个 SQL 文件),可以使用以下命令:

```
MySQL -u [username] -p[password] [database_name] </path/to/backup.sql
```

同样,-p 和密码之间没有空格。/path/to/backup. sql 是备份 SQL 文件的路径。

如果希望将备份恢复到一个新的数据库而不是已经存在的数据库,首先创建一个新的数据库,然后使用类似下面的命令恢复:

```
# 创建新数据库
MySQL -u [username] -p[password] -e "CREATE DATABASE new_database_name;"
# 恢复备份到新数据库
MySQL -u [username] -p[password] new_database_name </path/to/backup.sql
```

2. 直接复制到数据库目录

以下是直接复制 MySQL 数据库目录到另外一个 MySQL 实例的详细步骤。

(1) 停止 MySQL 服务。在迁移数据之前,必须停止 MySQL 服务。可以通过 Windows 服务管理器、任务管理器或命令行命令(如 net stop MySQL,但命令可能因 MySQL 安装方式和版本而异)来停止服务。

(2) 找到数据目录。找到 MySQL 的数据目录。默认情况下,它位于 MySQL 安装目录下的 Data 文件夹中。例如,如果 MySQL 安装在 C:\Program Files\MySQL\MySQL Server 8.0\目录下,则数据目录可能是 C:\Program Files\MySQL\MySQL Server 8.0\Data。

(3) 复制数据目录。使用 Windows 资源管理器、xcopy 命令、robocopy 命令或其他文件复制工具将整个数据目录复制到目标机上的相应位置。确保目标位置有足够的磁盘空间,并且路径长度不超过 Windows 的最大限制(通常是 260 个字符,但可以通过启用长路径支持来扩展)。

如果目标机上已经安装了 MySQL,并且不想覆盖现有的数据目录,则可以选择一个不同的目录,并在 MySQL 配置文件中更新 datadir 参数以指向新的数据目录。

(4) 设置文件权限。确保运行 MySQL 服务的用户(通常是 NT AUTHORITY\NETWORK SERVICE 或特定的本地用户账户)对新的数据目录具有适当的访问权限。

(5) 更新 MySQL 配置(如果改变了数据目录位置)。如果更改了数据目录的位置,需要编辑 MySQL 的配置文件(通常是 my.ini 或 my.cnf,位于 MySQL 安装目录下或 Windows 的系统目录下),并更新 datadir 参数以指向新的数据目录位置。

(6) 启动 MySQL 服务。在目标机上启动 MySQL 服务。可以通过 Windows 服务管理器、任务管理器或命令行命令(如 net start MySQL)来启动服务。

(7) 验证迁移。登录到 MySQL 并检查数据是否已成功迁移。可以运行一些简单的查询来验证数据的完整性和准确性。

8.2.3　数据库迁移

MySQL 数据库迁移是一个涉及将数据库从一个系统转移到另一个系统或从一台服务器迁移到另一台服务器的过程。这个过程通常包括数据的复制、转换和验证等步骤,以确保数据的完整性和一致性。以下是 MySQL 数据库迁移的步骤。

(1) 准备工作。

- 备份源数据库:在进行数据迁移之前,务必备份源数据库,以防止意外数据丢失。
- 确定目标环境:确保目标 MySQL 服务器已经正确安装并且可以正常使用,同时评估目标环境的性能是否满足数据库迁移后的需求。
- 确定迁移方法:根据数据迁移的复杂性、迁移速度和数据量大小,选择合适的迁移方法。常见的迁移方法包括数据库复制、导入导出和使用 ETL 工具等。

(2) 选择迁移方法。

- 数据库复制:如果源数据库与目标数据库之间的网络连接良好且数据量不大,可以使用数据库复制的方法进行数据迁移。这种方法可以在源数据库的基础上实时复制数据到目标数据库。
- 导入和导出:如果源数据库与目标数据库之间无法直接连接,或者数据量较大,可以使用导入和导出的方法进行数据迁移。首先,使用 MySQLdump 命令导出源数据库的数据和结构到一个 SQL 文件中,然后在目标服务器上执行这个 SQL 文件来导入数据。

- 使用 ETL 工具:如果数据量非常大,或者需要进行数据清洗和转换,可以使用 ETL 工具进行数据迁移。ETL 工具能够从源数据库中提取数据,进行必要的转换和清洗,再将数据加载到目标数据库。

(3) 执行迁移。

使用 MySQLdump 命令:通过 MySQLdump 命令导出源数据库的数据和结构,然后在目标服务器上导入这个 SQL 文件。示例命令如下:

```
导出数据:MySQLdump -h 源数据库 IP -u 用户名 -p 密码 数据库名 >导出文件名.sql
导入数据:MySQL -h 目标数据库 IP -u 用户名 -p 密码 目标数据库名 <导出文件名.sql
```

使用 MySQL Replication:在源数据库和目标数据库的配置文件中设置复制参数,重启 MySQL 服务后,目标数据库会自动从源数据库同步数据。

(4) 验证和测试。

- 数据验证:在迁移完成后,验证目标数据库中的数据是否与源数据库中的数据一致。这可以通过比较两个数据库中的数据记录或使用专门的验证工具来完成。
- 应用测试:在迁移完成后,对应用程序进行测试,确保应用程序能够正常连接到新的数据库并正确执行操作。

8.2.4 数据表的导出和导入

1. 使用 SELECT...INTO OUTFILE 导出文本文件

以下是 SELECT...INTO OUTFILE 导出文本文件的步骤。

(1) 登录 MySQL。

(2) 编写 SELECT 语句。

编写一个 SELECT 语句查询想要导出的数据。这可以是简单的查询,也可以是包含复杂 WHERE 子句或 JOIN 操作的查询。

使用 SELECT...INTO OUTFILE 语句,即在 SELECT 语句后添加 INTO OUTFILE '目标文件'子句,可以指定导出文件的路径和名称。同时,可以使用各种 OPTION 参数来自定义导出的格式。

以下是一个导出文本文件的例子,其中字段之间用逗号分隔,每个字段用双引号括起来,每条记录以换行符结束。

```
SELECT *
FROM your_table
INTO OUTFILE 'C:\\path\\to\\your\\output.txt'
FIELDS TERMINATED BY ','
ENCLOSED BY '"'
LINES TERMINATED BY '\r\n';
```

使用 MySQLdump 命令导出文本文件,以下是如何使用 MySQLdump 命令导出文本文件的步骤:确保 MySQL 的 bin 目录在系统的 PATH 环境变量中。如果安装了 MySQL

的官方 MSI 包，那么 MySQLdump 应该已经在系统的 PATH 环境变量中了。如果不在，需要找到 MySQLdump 的路径（通常在 MySQL 的 bin 目录下），并将其添加到系统的 PATH 环境变量中。

2. 使用 MySQLdump 命令导出数据库

基本语法如下：

```
MySQLdump -u [username] -p[password] [database_name] >[output_file.sql]
```

注意：在-p 和密码之间没有空格。如果不在命令中包含密码，MySQLdump 会提示输入密码。

例如，以下命令使用 root 用户（密码是 123456）来导出 mydatabase 数据库。

```
MySQLdump -u root -p 123456 mydatabase >mydatabase_backup.sql
```

3. 使用 LOAD DATA INFILE 方式导入文本文件

在 Windows 系统下使用 LOAD DATA INFILE 语句来导入文本文件到 MySQL 数据库是一种高效的方法。以下是如何使用 LOAD DATA INFILE 的步骤。

(1) 准备文本文件。首先，需要一个符合数据库表结构的文本文件。这个文件应该是一个纯文本文件（如 .txt 或 .csv），并且每行数据应该按照数据库表结构来组织。

例如，假设有一个 users 表，结构如下：

```
CREATE TABLE users (
    id INT AUTO_INCREMENT PRIMARY KEY,
    name VARCHAR(50),
    email VARCHAR(100)
);
```

文本文件（比如 users.txt）可能看起来像下面这样：

```
John,john@example.com
Jane,jane@example.com
...
```

(2) 确保 MySQL 用户有 FILE 权限。需要确保执行 LOAD DATA INFILE 的 MySQL 用户有 FILE 权限。可以通过以下 SQL 语句来授予该用户权限：

```
GRANT FILE ON *.* TO 'your_username'@'localhost';
```

将 your_username 替换为实际的 MySQL 用户名。

(3) 设置文件路径和格式。在 Windows 系统中，需要使用双反斜杠（\\）来表示文件路径中的反斜杠（\）。同时，需要指定文本文件的格式，如字段终止符、行终止符等。

使用 LOAD DATA INFILE 语句的示例如下：

```
LOAD DATA INFILE 'C:\\path\\to\\your\\users.txt'
INTO TABLE users
FIELDS TERMINATED BY ','
ENCLOSED BY '"'
```

```
LINES TERMINATED BY '\r\n'
IGNORE 1 ROWS; --如果文件包含标题行,则可以使用这个选项来忽略它
```

(4) 执行 LOAD DATA INFILE 语句。现在可以在 MySQL 客户端(如 MySQL 命令行命令、MySQL Workbench 等)执行这个 LOAD DATA INFILE 语句了。如果一切正常,文本文件中的数据将被导入 users 表。

4. 使用 MySQLimport 命令导入文本文件

在 Windows 下,MySQLimport 是一个命令行命令,它允许从文本文件导入数据到 MySQL 数据库的表。这个命令是 MySQL 客户端命令集的一部分,通常与 MySQL 服务器一起安装。

以下是使用 MySQLimport 命令导入文本文件的基本步骤。

(1) 准备文本文件。确保文本文件与数据库表结构相匹配。文本文件应该是一个纯文本文件(如 . txt 或 . csv),并且数据已经按照表的列进行组织。

(2) 存储文本文件。将文本文件存储在一个 MySQL 服务器可以访问的位置。这个位置通常是 MySQL 的数据目录或任何其他 MySQL 用户有权限读取的目录。

(3) 使用 MySQLimport 命令。打开命令提示符,使用 MySQLimport 命令进行导入。该命令的基本语法如下:

```
MySQLimport --local -u [username] -p[password] --fields-terminated-by=[delimiter]
--lines-terminated-by='\r\n' [database_name] [path_to_textfile]
```

其中:

- [username]表示 MySQL 用户名;
- [password]表示 MySQL 密码(注意-p 和密码之间没有空格,或者可以只使用-p,然后在提示时输入密码);
- [delimiter]表示文本文件中的字段分隔符(如 . csv 文件的字段分隔符);
- [database_name]表示要导入数据的数据库名;
- [path_to_textfile]表示文本文件的完整路径。

例如,如果用户名是 root,密码是 mypassword,数据库名是 mydb,文本文件是 C:\data\users. txt,并且字段之间是用逗号分隔的,那么可以使用以下命令:

```
MySQLimport --local -u root -pmypassword --fields-terminated-by=, --lines-
terminated-by='\r\n' mydb C:\data\users.txt
```

注意:如果文本文件位于 MySQL 服务器上,并且 MySQL 用户有权访问它,可以省略--local 选项和完整的文件路径,只指定文件名(假设它位于 MySQL 的默认数据目录中)。

(4) 验证数据。登录 MySQL 数据库,并运行一些查询来验证数据是否已成功导入表。

8.2.5 实战演练——数据的备份和恢复

为了管理一个名为 mydatabase 的 MySQL 数据库,该数据库使用 MyISAM 存储引擎,

并且希望定期对其进行备份以保证数据的安全，需要完成以下步骤。

(1) 准备工作。确保 MySQL 服务器上安装了 MySQLhotcopy 工具。创建一个备份目录，例如/backup/mydatabase_backups/，并确保 MySQL 用户有写入该目录的权限。

(2) 使用 MySQLhotcopy 进行备份。编写一个命令，使用 MySQLhotcopy 工具将 mydatabase 数据库备份到/backup/mydatabase_backups/目录下，并且备份文件夹的命名格式为 mydatabase_YYYYMMDD(其中 YYYYMMDD 是备份当天的日期)。

(3) 验证备份。备份完成后，检查/backup/mydatabase_backups/目录下是否有一个新创建的文件夹，并且其名称符合上述格式。

进入该文件夹，确认所有 MyISAM 表的文件(如 .frm、.MYD、.MYI)都已被正确复制。

8.3 MySQL 日志

8.3.1 日志简介

MySQL 日志是 MySQL 数据库管理系统中的重要组成部分，记录了数据库的各种操作和信息，对数据库的运行、维护、故障排查和性能优化都起着至关重要的作用。以下是 MySQL 中常见的几种日志及其简介。

1. 二进制日志(binary log, binlog)

功能：记录所有引起或可能引起数据库变化的操作，如表的创建、数据的增、删、改等。主要用于数据复制和即时恢复。

格式：二进制日志有多种格式，包括 ROW、STATEMENT 和 MIXED。ROW 格式记录每一行数据的变化情况，STATEMENT 格式记录 SQL 语句的执行过程，MIXED 格式则根据数据变化的情况自动选择记录方式。

注意事项：二进制日志对于数据恢复和主从复制非常重要，但也会占用一定的磁盘空间。

2. 错误日志(error log)

功能：记录 MySQL 服务器启动、运行或停止时发生的问题，包括错误信息、警告信息等。

位置：默认情况下，错误日志的位置和名称取决于操作系统和 MySQL 的配置。在 Linux 系统中，错误日志通常位于/var/log/MySQL/error.log 位置，在 Windows 系统中则可能位于 MySQL 的安装目录下。

管理：可以使用日志旋转工具(如 logrotate)来管理错误日志的大小和保留历史记录。

3. 通用查询日志(general query log)

功能：记录 MySQL 服务器接收到的所有客户端查询语句，包括 SELECT、INSERT、UPDATE、DELETE 等语句。

位置：位置和名称同样取决于操作系统和 MySQL 的配置。在 Linux 系统中，通用查询日志通常就是 MySQL 数据目录下的 hostname.log 文件。

注意事项：由于通用查询日志会记录所有查询操作，包括敏感信息，因此在生产环境中启用它可能会带来安全风险，并且可能会对数据库性能产生一定的影响。

4. 慢查询日志(slow query log)

功能：记录所有执行时间超过 long_query_time 秒(默认值为 10 秒)的查询语句，用于分析和优化 SQL 语句的性能。

位置：位置和名称也取决于操作系统和 MySQL 的配置。

注意事项：慢查询日志可以帮助数据库管理员找到执行缓慢的查询语句，但在操作过程中同样需要注意对敏感信息的保护。

5. 中继日志(relay log)

功能：在从服务器上，中继日志是从主服务器的二进制日志文件中复制而来的事件，并保存的日志文件。它主要用于 MySQL 的主从复制过程中。

6. 事务日志(transaction log)

功能：主要记录 InnoDB 等支持事务的存储引擎执行事务时产生的日志，用于确保事务的 ACID 特性，即原子性(atomicity)、一致性(consistency)、隔离性(isolation)、持久性(durability)。

特性：通过将随机 I/O 转换为顺序 I/O，提高数据库的性能和可靠性。

默认情况下，MySQL 只启用错误日志，其他类型的日志需要手动配置才能启用。这些日志的配置信息通常存储在 MySQL 的配置文件(如 my.cnf 或 my.ini)中。通过合理配置这些日志，可以更有效地管理和维护 MySQL 数据库。

8.3.2 二进制日志

1. 启动和设置二进制日志

在 Windows 下启动 MySQL80 并设置二进制日志，可以按照以下步骤进行。

(1) 启动 MySQL80。启动过程包含三个步骤。

步骤一：打开命令提示符。

步骤二：进入 MySQL 的安装目录。

假设 MySQL 安装在 C:\Program Files\MySQL\MySQL Server 8.0\目录下，使用 cd 命令进入该目录。

步骤三：启动 MySQL 服务。

可以使用 MySQLd_safe 脚本来启动 MySQL 服务。在命令提示符中输入以下命令：

```
MySQLd_safe --console
```

这个命令将在当前命令提示符中启动 MySQL 服务，并显示其输出。如果想让 MySQL 在后台运行，可以将--console 选项移除，并将输出重定向到日志文件。

(2) 设置二进制日志。设置过程包含四个步骤。

步骤一：编辑配置文件。

MySQL 的配置文件通常是 my.ini(Windows 中)或 my.cnf(Linux/UNIX 中)。

使用文本编辑器(如记事本)打开 my.ini 文件，并添加或修改以下设置启用二进制日志。

```
ini
[MySQLd]
log-bin=MySQL-bin
binlog-format=ROW
server-id=1  # 可以选择一个唯一的 ID,如果有多台 MySQL 服务器的话
```

其中,log-bin 参数指定了二进制日志文件的基本名称(不带扩展名);binlog-format 设置了二进制日志的格式(这里选择了 ROW,意味着它会记录数据行的修改);server-id 为 MySQL 服务器分配了一个唯一的 ID。

步骤二:保存并关闭配置文件。

保存对 my.ini 文件的修改,并关闭文本编辑器。

步骤三:重启 MySQL 服务。

为了使配置更改生效,需要重启 MySQL 服务。可以通过任务管理器或服务管理器来停止和启动 MySQL 服务,或者如果之前是在命令提示符中启动 MySQL 的,那么可以简单地关闭该窗口并重新执行 MySQLd_safe--console 命令。

步骤四:验证二进制日志设置。

在 MySQL 服务启动后,可以登录 MySQL 客户端并运行以下命令来验证二进制日志是否已启用:

```
SHOW VARIABLES LIKE 'log_bin';
```

如果返回的结果是 ON,那么说明二进制日志已经成功启用。

2. 查看二进制日志

在 Windows 中,利用 MySQL 8.0 查看二进制日志的过程主要涉及确认二进制日志是否已开启、找到日志文件的位置以及使用 MySQLbinlog 工具查看日志内容。以下是详细的步骤和说明。

(1) 确认二进制日志是否已开启。首先,需要确认 MySQL 服务器的二进制日志是否已经开启。可以通过以下 SQL 命令在 MySQL 命令行或管理工具中查看 log_bin 参数的值:

```
SHOW VARIABLES LIKE 'log_bin';
```

如果 log_bin 的值为 ON,则表示二进制日志已经开启;如果为 OFF,则表示未开启。

(2) 找到二进制日志文件的位置。如果二进制日志已开启,需要知道日志文件的确切位置。这通常可以通过 MySQL 配置文件(如 my.cnf 或 my.ini)中的 log_bin_basename 和 log_bin_index 参数来确定。也可以直接在 MySQL 中通过以下命令查看当前正在使用的二进制日志文件列表:

```
SHOW BINARY LOGS;
```

或者使用以下命令查看当前二进制日志的状态:

```
SHOW MASTER STATUS;
```

这些命令将列出可用的二进制日志文件及其相关的文件大小和位置信息。

(3) 使用 MySQLbinlog 工具查看日志内容。一旦知道了二进制日志文件的位置，就可以使用 MySQLbinlog 工具查看其内容。MySQLbinlog 是 MySQL 提供的一个命令行工具，用于处理二进制日志文件。

可以使用以下命令来查看二进制日志文件的内容：

```
MySQLbinlog "C:\path\to\your\binary-log-file.000001"
```

其中，C:\path\to\your\binary-log-file.000001 是要查看的二进制日志文件的完整路径。这个命令会将二进制日志的内容以文本格式输出到命令行窗口。

如果希望将输出保存到文件中，可以使用重定向操作符>，命令如下：

```
MySQLbinlog "C:\path\to\your\binary-log-file.000001" >output.txt
```

这将把日志文件的内容保存到名为 output.txt 的文件中。

3. 删除二进制日志文件

在 Windows 中，要删除 MySQL 的二进制日志文件，可以采用多种方法。以下是几种常见的删除 MySQL 二进制日志文件的方法。

(1) 使用 RESET MASTER 语句删除。

功能：该语句将删除所有二进制日志文件，并重置二进制日志文件的编号。

操作：登录 MySQL 服务器，在 MySQL 命令提示符下执行以下 RESET MASTER 语句。

```
RESET MASTER;
```

执行该语句后，MySQL 将删除所有二进制日志文件，并重新开始记录。

(2) 使用 PURGE BINARY LOGS 语句删除。

功能：该语句允许根据文件名或日期删除二进制日志文件。

操作：登录 MySQL 服务器，根据文件名删除二进制日志。

```
PURGE BINARY LOGS TO 'MySQL-bin.000015';
```

这将删除所有编号小于或等于 MySQL-bin.000015 的二进制日志文件。也可以根据日期删除二进制日志：

```
PURGE BINARY LOGS BEFORE '2024-01-01 00:00:00';
```

这将删除所有在指定日期之前创建的二进制日志文件。

(3) 使用 MySQLadmin flush-logs 命令删除。

功能：该命令将关闭当前的二进制日志文件，并打开一个新的日志文件，从而间接地"删除"旧的日志文件(实际上，旧文件仍然存在于文件系统中，但 MySQL 不再使用它们)。

操作：打开命令提示符，执行以下 MySQLadmin 命令(确保 MySQLadmin 路径已添加到系统路径中)。

```
MySQLadmin -u 用户名 -p flush-logs
```

然后输入密码。

注意：这并不会直接删除旧的二进制日志文件，但会关闭它们并使 MySQL 开始写入新的日志文件。

(4) 手动删除文件。

功能:可以直接在 MySQL 的数据库目录下找到二进制日志文件,并手动删除它们。

注意:不推荐直接手动删除文件,因为这样做可能会干扰 MySQL 的复制功能或导致数据不一致。只有在明确知道自己在做什么,并且 MySQL 服务器已关闭或不再使用这些二进制日志文件时,才应该使用此方法。

(5) 通过配置文件自动清理。

功能:可以通过修改 MySQL 的配置文件(my.cnf 或 my.ini)来设置二进制日志文件的保留时间,这样一来,过期的日志文件会被自动清理。

操作:编辑 MySQL 的配置文件,添加或修改以下设置。

```
ini
[MySQLd]
expire_logs_days =7
```

这将设置二进制日志文件的保留时间为 7 天。保存并关闭配置文件,然后重启 MySQL 服务以使更改生效。

4. 使用二进制日志恢复数据库

在 Windows 中,使用 MySQL 的二进制日志恢复数据库是一个有效的过程。以下是具体的步骤指南。

(1) 准备工作。首先,确保 MySQL 服务器的二进制日志功能已经开启。可以通过运行 SHOW VARIABLES LIKE 'log_bin';来检查是否已开启。

备份当前数据库(可选但推荐),在进行任何恢复操作之前,最好先备份当前的数据库,以防万一。

(2) 停止 MySQL 服务。为了确保在恢复过程中数据不会被修改或不会丢失,需要停止 MySQL 服务。这可以通过服务管理工具(如 services.msc)或命令行(如 net stop MySQL)来完成。

(3) 查找并备份二进制日志文件。可以通过运行 SHOW BINARY LOGS;或 SHOW MASTER STATUS;来查找当前和最近的二进制日志文件列表。在进行恢复操作之前,最好先备份二进制日志文件,以防数据丢失或损坏。可以简单地将文件复制到另一个位置作为备份。

(4) 选择要恢复的二进制日志文件。根据需求,选择包含要恢复的数据的二进制日志文件。可能需要查看日志文件的内容(使用 MySQLbinlog 工具)来确定哪些文件包含需要的数据。

(5) 使用 MySQLbinlog 工具恢复数据。打开命令提示符(cmd)并导航到 MySQL 的 bin 目录(如 C:\Program Files\MySQL\MySQLServer 8.0\bin)。使用以下命令来恢复数据:

```
MySQLbinlog "C:\path\to\your\binary-log-file.xxxxxx" | MySQL -u username -p
database_name
```

其中,C:\path\to\your\binary-log-file.xxxxxx 是要恢复的二进制日志文件的完整路

径;username 是 MySQL 用户名;database_name 是要恢复数据的数据库名称。

执行命令后,系统会提示输入密码。输入 username 的密码后,数据将被恢复到指定的数据库中。

(6) 启动 MySQL 服务并验证数据。在完成数据恢复后,启动 MySQL 服务(使用服务管理工具或命令行命令,如 net start MySQL)。连接到 MySQL 数据库并验证恢复的数据是否完整和正确。

5. 暂时停止二进制日志功能

在 Windows 中,MySQL 暂时停止二进制日志功能可以通过在 MySQL 会话中执行特定的 SQL 语句来实现。以下是具体的步骤。

步骤一:登录 MySQL 数据库。

步骤二:验证当前二进制日志状态。

成功登录 MySQL 数据库后,可以使用以下命令查看当前二进制日志功能的状态:

```
SHOW VARIABLES LIKE 'log_bin';
```

如果 log_bin 的值是 ON,则表示二进制日志功能是开启的。

步骤三:暂时停止二进制日志功能。

要暂时停止二进制日志功能,可以使用 SET 语句设置 SQL_LOG_BIN 系统变量的值为 0。执行以下 SQL 命令:

```
SET SQL_LOG_BIN =0;
```

执行这条命令后,MySQL 将不再记录任何修改到二进制日志中,直到再次启用它。

8.3.3 错误日志

1. 启动和设置错误日志

以下是启动和设置错误日志的步骤。

(1) 启动 MySQL。

(2) 设置错误日志。

① 找到 MySQL 的配置文件。MySQL 的配置文件通常为 my.ini(在某些安装环境下可能是 my.cnf)。这个文件包含了 MySQL 服务器启动和运行时的各种设置。

② 编辑配置文件。使用文本编辑器(如记事本、Notepad++等)打开 my.ini 文件。

③ 定位到[MySQLd]部分。在配置文件中,找到[MySQLd]部分。这个部分包含了与 MySQL 服务器相关的各种设置。

④ 添加或修改错误日志的配置项。在[MySQLd]部分下,找到或添加 log-error 配置项。这个配置项用于指定错误日志文件的存储位置和文件名。

如果配置项已经存在,可以直接修改它的值来指定新的日志文件路径。

如果配置项不存在,需要在[MySQLd]部分下添加一行,例如 log-error=D:/path/to/your/error.log(这里的路径应替换为希望存储错误日志的实际路径)。

⑤ (可选)设置日志警告级别。除了 log-error 配置项外,还可以使用 log_warnings 配置项来控制是否将警告信息也记录到错误日志中。这个配置项的值可以是 0、1 或大于 1 的

数字,分别表示不记录警告信息、将警告信息写入错误日志、将各类警告信息(如网络故障和重新连接信息)写入错误日志。

例如,可以添加或修改以下行来设置日志警告级别:log_warnings=1。

⑥ 保存并关闭配置文件。完成上述修改后,保存并关闭配置文件。

⑦ 重启 MySQL 服务。为了使新的错误日志设置生效,需要重启 MySQL 服务。

(3) 验证错误日志设置。重启 MySQL 服务后,可以通过查看指定的错误日志文件来验证新的设置是否生效。如果文件按照指定的路径和文件名创建,并且包含了 MySQL 服务器启动和运行过程中的错误信息,那么说明设置已经成功。

这里需要注意的是,在设置错误日志路径时,请确保 MySQL 服务有权限写入该路径下的文件。如果 MySQL 服务没有足够的权限,它可能无法创建或写入错误日志文件。

如果不确定错误日志的路径或文件名,可以通过执行 SHOW VARIABLES LIKE 'log_error';来查看 MySQL 当前使用的错误日志路径和文件名。这个命令可以在 MySQL 命令行客户端中执行。

2. 查看错误日志

以下是在 Windows 中查看 MySQL 错误日志的步骤。

(1) 确定错误日志的位置。MySQL 错误日志的位置取决于 MySQL 的安装方式和配置文件(my.ini 或 my.cnf)中的设置。通常,可以在 MySQL 安装目录下的 data 文件夹中找到错误日志,或者通过配置文件中的 log-error 选项来确定其位置。

(2) 通过配置文件查看。打开 MySQL 的配置文件(my.ini 或 my.cnf)。这个文件通常位于 MySQL 安装目录或 Windows 的系统目录下(如 C:\ProgramData\MySQL\MySQL Server x.x\)。

查找 log-error 配置项。这个配置项后面跟着的就是错误日志文件的路径。

(3) 直接访问错误日志文件。一旦知道了错误日志的位置,就可以使用文本编辑器(如记事本、Notepad++等)打开并查看该文件。

(4) 通过 MySQL 命令行查看。虽然 MySQL 命令行本身不提供直接查看错误日志的功能,但可以通过执行某些命令来获取与错误日志相关的信息。例如,可以使用 SHOW VARIABLES LIKE 'log_error';来查看 log-error 选项的值,从而确定错误日志的位置。

(5) 使用 Windows 资源管理器搜索。如果不确定错误日志的确切位置,可以使用 Windows 资源管理器中的搜索功能来查找。在搜索栏中输入 *.err(或可能的日志文件扩展名,如 .log),并指定 MySQL 安装目录或相关目录作为搜索范围。

(6) 查看 Windows 事件查看器。MySQL 也可能将某些错误或事件记录到 Windows 的事件查看器中。可以通过运行 eventvwr.msc 命令来打开事件查看器,并检查与 MySQL 相关的日志条目。

例如,假设找到了 MySQL 的配置文件 my.ini,并且在该文件中看到了以下信息。

```
ini
[MySQLd]
log-error="C:/ProgramData/MySQL/MySQL Server x.x/Data/hostname.err"
```

那么,就可以使用文本编辑器打开 C:/ProgramData/MySQL/MySQL Server x.x/

Data/hostname.err 文件来查看 MySQL 的错误日志。

3. 删除错误日志

以下是删除错误日志的步骤。

(1) 查找错误日志文件。有两种方法可以进行查找错误日志文件。

方法一:通过 MySQL 命令查找。

登录 MySQL 数据库,然后执行以下命令查看错误日志的路径:

```
SHOW VARIABLES LIKE'log_error';
```

该命令会返回一个结果,结果中 Value 字段的值就是错误日志文件的完整路径。

方法二:直接查看配置文件。

MySQL 的配置文件(如 my.ini 或 my.cnf)中可能包含错误日志的路径设置。可以打开这个文件并搜索 log_error 配置项,找到日志文件的路径。

(2) 停止 MySQL 服务。在删除错误日志文件之前,需要先停止 MySQL 服务,以防止在删除过程中发生数据写入错误。可以通过以下命令停止 MySQL 服务:

```
net stop MySQL
```

(3) 删除错误日志文件。导航到错误日志所在的文件夹(通过前面步骤找到的路径)。手动删除该日志文件。

(4) 重启 MySQL 服务。删除错误日志文件后,需要重启 MySQL 服务以便生成新的错误日志文件。

8.3.4 通用查询日志

1. 启动和设置通用查询日志

在 Windows 下启动 MySQL 并设置通用查询日志,以下是详细步骤。

1) 修改 MySQL 配置文件

(1) 找到 MySQL 的配置文件 my.ini,通常位于 MySQL 安装目录的根目录下。

(2) 使用文本编辑器打开 my.ini 文件。

2) 启用通用查询日志

在[MySQLd]部分下,添加或修改以下配置项:

```
[MySQLd]
general_log=1
general_log_file="C:/path/to/your/logfile.log"
```

其中,general_log=1 表示启用通用查询日志;general_log_file 指定了通用查询日志文件的存储路径和文件名,请替换为实际的路径和文件名。

3) 重启 MySQL 服务

(1) 保存并关闭 my.ini 文件。

(2) 重启 MySQL 服务,使新的配置生效。可以使用服务管理器或命令行(net stop MySQL 和 net start MySQL)来重启服务。

4）验证通用查询日志设置

(1) 登录 MySQL 数据库，执行查询语句。

(2) 检查之前指定的通用查询日志文件，确认查询语句已被记录。

2. 查看通用查询日志

在 Windows 中，如果已经启用了 MySQL 的通用查询日志，可以通过以下两种方法来查看通用查询日志。

方法一：使用文本编辑器查看日志文件。

一旦知道了日志文件的路径，可以使用任何文本编辑器（如记事本、Notepad＋＋等）打开并查看该文件。日志文件会包含 MySQL 服务器接收的所有查询语句。

方法二：使用命令行工具查看。

如果不想打开整个文件，也可以使用命令行命令（如 type 命令）来查看日志文件的内容。在命令提示符中，转到日志文件所在的目录，然后输入以下命令：

```
type your_log_file.log
```

将 your_log_file.log 替换为通用查询日志文件的实际名称。这将显示日志文件的内容。

需要注意的是，要确保 MySQL 服务正在运行，并且通用查询日志已启用。

如果日志文件非常大，使用文本编辑器打开可能会很慢或导致程序崩溃。在这种情况下，可以考虑使用命令行工具或专门的日志查看器查看文件内容。

通用查询日志会记录所有查询语句，包括那些可能包含敏感信息的查询。因此，请确保日志文件的安全，并避免将其存储在不受信任的位置或共享给未经授权的人员。

3. 删除通用查询日志

要删除 MySQL 的通用查询日志，需要先确保知道日志文件的位置，然后可以手动删除它，或者通过修改 MySQL 的配置文件来停止日志记录并自动删除旧的日志文件。以下是详细的步骤。

(1) 确定通用查询日志的位置。首先，需要确定 MySQL 的通用查询日志文件的位置。通常可以在 MySQL 的配置文件（my.ini 或 my.cnf）中找到日志文件的位置。在这个配置文件中，查找与通用查询日志相关的配置项，如 general_log_file，这个配置项后面跟着的就是通用查询日志文件的路径。

(2) 手动删除通用查询日志文件。一旦知道了通用查询日志的位置，可以直接通过文件浏览器或命令行工具（如 cmd 或 PowerShell）来删除它。请注意，在删除任何日志文件之前，确保了解这个操作可能带来的后果，并确保已经做好了备份。

(3) 停止通用查询日志记录（可选）。如果希望阻止 MySQL 继续记录通用查询日志，可以通过修改配置文件来关闭它。在配置文件中，找到与通用查询日志相关的配置项，如 general_log，将其值设置为 off。这将阻止 MySQL 将查询内容记录到通用查询日志中。

(4) 设置日志文件自动清理（可选）。如果希望 MySQL 自动清理旧的日志文件，可以通过修改配置文件中的相关参数来实现。例如，可以设置 expire_logs_days 参数来指定日志文件保留的天数。超过这个天数的日志文件将被自动删除。这个参数通常用于控制二进制日志的保留时间，但也适用于其他类型的日志文件，包括通用查询日志。请注意，具体的实现可能因 MySQL 版本和配置而异。

需要注意的是，在删除或修改任何文件或配置文件之前，请务必备份重要的数据和配置信息。

8.3.5 慢查询日志

1. 启动和设置慢查询日志

启动 MySQL 并设置慢查询日志，可以按照以下步骤进行。

1）启动 MySQL 服务

2）设置慢查询日志

慢查询日志主要用于记录执行时间超过指定阈值的 SQL 语句，以便进行性能分析和优化。

(1) 临时设置慢查询日志(重启 MySQL 后失效)。登录 MySQL 数据库，执行以下 SQL 命令来开启慢查询日志(临时生效)：

```
SET GLOBAL slow_query_log = 'ON';
```

设置慢查询日志的存储位置(可选，临时生效)，命令如下：

```
SET GLOBAL slow_query_log_file = 'D:\\path\\to\\your\\MySQL-slow.log';
```

注意将代码中的文件路径替换为希望存储日志的实际路径。

设置慢查询的时间阈值(可选，默认 10 秒，可根据需要调整)，命令如下：

```
SET GLOBAL long_query_time = 2;   --设置为 2 秒,可根据需要调整
```

(2) 永久设置慢查询日志(修改配置文件)。找到 MySQL 的配置文件(通常是 my.ini 或 my.cnf)，它位于 MySQL 的安装目录下或系统目录下。

在配置文件的[MySQLd]部分下面添加或修改以下配置项：

```
ini
[MySQLd]
slow_query_log = 1  --开启慢查询日志
slow_query_log_file = "D:\\path\\to\\your\\MySQL- slow.log"  --设置慢查询日志的存
                                                             --储位置
long_query_time = 2                                          --设置慢查询的时间阈
                                                             --值,单位为秒
log_timestamps = SYSTEM                                      --设置日志中的时间戳
                                                             --为系统时区
```

注意将代码中的文件路径替换为希望存储日志的实际路径。

保存并关闭配置文件。重启 MySQL 服务使设置生效。

注意：在设置慢查询日志之前，请确保 MySQL 服务已经正确安装并可以正常运行。

如果 MySQL 服务使用的是非默认端口或需要特殊连接参数，请确保在连接时使用正确的参数。

修改配置文件后，需要重启 MySQL 服务才能使新的配置生效。

在设置慢查询日志时，请注意选择合适的阈值，避免因为阈值设置过低而导致很快就无法容纳日志文件。

如果需要定期清理旧的慢查询日志文件，可以编写脚本或使用第三方工具来实现。

2. 查看慢查询日志

查看慢日志可以采用以下步骤。

(1) 确定慢查询日志文件的路径。首先，需要知道慢查询日志文件的存储路径。这个路径通常在 MySQL 的配置文件(对于 Windows 系统，通常是 my.ini 或 my.cnf)中指定。

找到 MySQL 配置文件：这个文件通常位于 MySQL 安装目录下的某个子目录中，或者在 Windows 的“程序数据”目录下。

打开配置文件：使用文本编辑器(如记事本、Notepad++等)打开配置文件。

搜索慢查询日志相关配置项：在配置文件中搜索 slow_query_log_file 配置项，这个配置项后面跟的就是慢查询日志文件的路径。例如：

```
ini
slow_query_log_file="C:/ProgramData/MySQL/MySQL Server 8.0/Data/hostname-slow.log"
```

这里的路径只是示例，实际路径可能会有所不同。

(2) 查看慢查询日志文件。一旦知道了慢查询日志文件的路径，就可以使用文本编辑器或命令行工具查看。

如果使用文本编辑器查看，可以直接打开慢查询日志文件，会看到所有执行时间超过指定阈值的 SQL 查询语句及其相关信息。

如果使用命令行工具查看，可以在命令提示符中使用 type 命令查看文件内容。例如：

```
type "C:/ProgramData/MySQL/MySQL Server 8.0/Data/hostname-slow.log"
```

这里的路径需要替换为实际的慢查询日志文件路径。

(3) 理解慢查询日志的内容。慢查询日志通常包含以下内容：

- 时间戳用于记录查询发生的时间；
- 用户与主机信息表示执行查询的 MySQL 用户以及该用户所在的主机信息；
- 查询时间表示查询实际执行的时间长度；
- 锁定时间表示查询在 MySQL 内部锁定表或其他资源的时间长度；
- 发送的行数表示查询结果返回的行数；
- 检查的行数表示为了执行查询，MySQL 需要检查或扫描的行数；
- 查询语句表示导致慢查询的 SQL 语句本身。

3. 删除慢查询日志

删除慢查询日志，通常有以下几种方法。

方法一：直接删除日志文件，具体操作过程如下。

(1) 定位日志文件。首先，需要知道慢查询日志文件的存储位置。该存储位置通常可以在 MySQL 的配置文件(如 my.ini 或 my.cnf)中的 slow_query_log_file 配置项中找到，或者通过以下 MySQL 命令行查询：

```
SHOW VARIABLES LIKE 'slow_query_log_file'
```

(2) 删除文件。一旦知道了日志文件的路径,就可以使用 Windows 的文件浏览器或命令行工具(如 cmd 或 PowerShell)来删除。

在命令行中,可以使用 del 命令删除文件。例如:

```
DEL"C:\path\to\your\MySQL-slow.log"
```

注意:直接删除日志文件不会影响 MySQL 服务的运行,但会导致正在运行的查询记录丢失。

方法二:通过 MySQL 命令行清空慢查询日志表(此方法需要慢查询日志被存储为表),具体操作过程如下。

(1) 登录 MySQL。首先需要进入 MySQL 命令行界面。

(2) 选择数据库。如果慢查询日志被存储为一个表(例如在 MySQL 数据库的 slow_log 表中),需要选择这个数据库。

```
USE mysql;
```

如果要清空慢查询日志表,可以使用 TRUNCATE TABLE 命令来清空 slow_log 表。

```
TRUNCATE TABLE slow_log;
```

这将删除 slow_log 表中的所有记录,但不会删除表本身。

方法三:配置 MySQL 自动删除或循环使用慢查询日志,具体操作过程如下。

在 MySQL 的配置文件(如 my.ini 或 my.cnf)中,可以设置慢查询日志的循环策略。但请注意,MySQL 本身不直接支持日志文件的自动循环或按大小分割。

此外,还可以使用外部工具或脚本删除慢查询日志,比如可以使用 Windows 的定时任务(如 cron job)或脚本(如 PowerShell 脚本)来定期滚动和删除旧的慢查询日志文件。

8.3.6 实战演练——MySQL 日志的综合管理

在 MySQL 数据库中,日志是记录数据库活动、错误、慢查询等信息的重要文件。这些日志对于数据库的性能调优、故障排查、安全审计等方面都具有重要作用。

完成以下任务。

1. 查看当前日志配置

登录 MySQL 服务器,查看当前 MySQL 的日志配置情况,包括二进制日志、错误日志、慢查询日志、通用查询日志等是否已开启,以及它们的存储位置和格式。

2. 配置二进制日志

开启二进制日志,并指定一个存储位置。重启 MySQL 服务使配置生效。

3. 配置错误日志

如果错误日志未开启或配置不正确,请修改 MySQL 配置文件(通常是 my.cnf 或 my.ini),确保错误日志已开启,并指定一个易于管理的位置。重启 MySQL 服务使配置生效。

4. 配置慢查询日志

开启慢查询日志，并设置一个合适的慢查询时间阈值(如 2 秒)，以便记录执行时间超过该阈值的查询。

指定慢查询日志的存储位置。重启 MySQL 服务使配置生效。

5. 配置通用查询日志

开启通用查询日志，并指定一个存储位置。重启 MySQL 服务使配置生效。

本章小结

本章围绕 MySQL DBA 的用户管理和数据备份与恢复进行展开。用户管理部分介绍了权限表的功能与结构，以及通过 GRANT 和 REVOKE 语句进行权限分配和回收的方法。同时，本章详细说明了用户账户的创建、删除、密码管理及登录验证等操作，强调了最小权限原则和安全性。数据备份与恢复方面，介绍了 mysqldump、MySQLhotcopy 等备份工具的使用，以及通过 SQL 文件、二进制日志恢复数据的方法。此外，还涉及数据库迁移、数据表导出导入操作，以及 MySQL 日志的配置与管理。通过实战演练，读者可掌握实际操作技能，提升数据库管理能力。

课后习题

1. 使用 mysqldump 进行备份

编写一个命令，使用 mysqldump 工具将所有数据库备份到 d:\backup\mysql_backups 目录下，并且备份文件的命名格式为 all_databases_YYYYMMDD. sql(其中 YYYYMMDD 是备份当天的日期)。

2. MySQL 日志管理

找到 MySQL 错误日志的位置(通常在 MySQL 配置文件中指定)，并查看日志内容，确认没有严重的错误或警告。

第 9 章 数据库设计与应用

在前面的章节中，读者深入实践了 SQL 语句在教务管理系统中的应用，通过增、删、改、查等操作，亲自体验了数据库管理系统的强大功能。本章将带领我们进入更深层次的学习——数据库设计与应用。本章从关系数据理论开始，接着介绍概念结构设计、逻辑结构设计和物理结构设计的原则和方法，逐步揭开数据库设计的神秘面纱。

9.1 关系数据理论

9.1.1 规范化

通过前几章的学习，读者了解了如何新建一个教务管理系统数据库以及对该数据库进行增、删、改、查等操作，但一定很疑惑：这个系统的关系模式是怎么设计出来的？有什么样的设计原则？通过本章的学习，读者能掌握数据库设计与应用的相关原理，进而使这一疑惑得到解答。先设想一个场景：为了实现教务管理系统的选课功能，最初只设计了一个关系模式——选课表(见表 9.1)。

表 9.1 选课表

学号	学生姓名	课程 id	课 程 名 称	选课日期
1	张杨	1	Java 程序设计	2023/9/1
1	张杨	4	前端开发基础	2023/9/5
2	李芝芝	2	数据库原理及应用	2023/9/2
3	王长娟	3	计算机网络	2023/9/3
3	王长娟	4	前端开发基础	2023/9/2
5	孙乐	1	Java 程序设计	2023/9/10

可以看到，在这个原始的关系模式中存在一些问题。

(1) 数据冗余。每名学生的学号、学生姓名及每门课程的 id 和名称在多条记录中重复出现，比如学生张杨的学号、学生姓名存储了两次，这将导致数据冗余。

(2) 更新异常。如果某个学生的姓名或某门课程的名称发生变化，需要更新多条记录，容易出现遗漏或错误。假设课程 id 为 4 这门课程的名称更改为“Web 前端开发基础”，则一共需要更新两条记录，即每个选修了该门课程的学生对应的选课记录都要更新。如果只更新了张杨该门课程的选课记录，没有更新王长娟该门课程的选课记录，则会造成数据不一致。

(3) 插入异常。如果新开设一门课程但还没有学生选修，或者新增一名学生(比如新生入学)但还没有选课，都无法将信息插入当前的关系模式。

(4) 删除异常。如果一名学生退选了所有课程，由于系统会删除他的所有选课记录，这将导致他的个人信息从数据库中消失，进而产生信息丢失。

为了解决这些问题，可以通过对原始的关系模式进行规范化来解决。规范化的目标是消除不合适的数据依赖，减少数据冗余，并避免上述各种异常。

在进行规范化之前，需要了解一些相关概念。

1. 函数依赖

数据库中的函数依赖是数据依赖的一种，它反映了属性或属性组之间相互依存、相互制约的关系，即现实世界的约束关系。

具体来说，设 $R(U)$ 是属性 U 上的一个关系模式，X 和 Y 均为 $U=\{A_1,A_2,\cdots,A_n\}$ 的子集，r 为 R 的任一关系。如果对于 r 中的任意两个元组 u、v，只要 $u[X]=v[X]$，就有 $u[Y]=v[Y]$，则称函数 X 决定 Y，或称函数 Y 依赖于 X，记为 $X\rightarrow Y$。

函数依赖还可以分为完全函数依赖和部分函数依赖。在 $R(U)$ 中，如果 $X\rightarrow Y$，并且对于 X 的任何真子集 X' 都有 $X'\rightarrow Y'$，则称 Y 完全依赖于 X，记作 $X\rightarrow Y$。否则，如果 $X\rightarrow Y$，且 X 中存在一个真子集 X'，使得 $X'\rightarrow Y$ 成立，则称 Y 部分依赖于 X。

此外，当关系中属性集合 Y 是属性集合 X 的子集时，存在函数依赖 $X\rightarrow Y$，即一组属性函数决定它的所有子集，这种函数依赖被称为平凡函数依赖。

在实际应用中，例如设计一个教务管理系统时，函数依赖的概念有助于合理地设计数据库表结构。通过明确属性间的依赖关系，可以确保数据的完整性和一致性，从而更有效地管理学生选课、成绩等信息。

2. 码

码是由一个或几个属性组成的，用于唯一标识数据表中的元组(记录)。根据属性的不同组合和特性，码可以分为以下几种。

1) 超码

能唯一标识实体的属性或属性组被称为超码。超码的特性在于其唯一性，能够区分数据表中的不同记录。超码的任意超集也是超码，例如，在之前见过的学生表(学号、学生姓名、性别、出生日期)中，学号可以唯一标识一个学生，所以学号是学生表的一个超码。此外，学号和其他属性组成的超集也可以唯一标识一个学生，如(学号，学生姓名)也是学生表的一个超码。可见，超码并不唯一。

2) 候选码

在超码集合中，如果它们的某个子集可以用来区分同一个表中的元组，且该子集只有一个元素或者再从中提取的子集无法用来区分同一个表中的元组，那么这个子集就是候选码。一个关系表中至少有一个候选码。候选码是最小的超码，即它能够唯一标识元组，并且任何真子集都不能唯一标识元组。在学生表中，可以看到(学号)和(学号，学生姓名)都是学生信息表的超码，但是(学号)只包含一个元素，所以(学号)是学生表的候选码。

3）主码

从所有候选码中选定一个用来区别同一实体集中的不同实体，这个被选定的候选码就是主码。主码在实体集中具有唯一性，任意两个实体在主码上的取值都不能相同。在学生信息表里，(学号)是一个候选码，假设增加一个身份证号字段，那么该字段也可以唯一标识一条记录，即(身份证号)也是一个候选码。可以从这两个候选码中选择一个作为主码，用来唯一标识一条记录。

4）外码

外码在一个关系模式中不是主码或者候选码，但在其他关系模式中是主码。外码用于关联不同关系模式，实现关系模式之间的数据一致性和引用完整性。例如，在课程表中，教师ID不是该关系模式的主码，却是教师表这个关系模式的主码。课程表中的教师id取值需要来自教师表，教师id是教师表的一个外码。

3. 范式

数据库中的范式(normal form)是数据库设计中的重要概念，它指的是将数据库中的数据按照一定的规则进行组织和存储，以达到数据的高效性、一致性和可维护性。这些规则主要是为了解决关系数据库中数据冗余、更新异常、插入异常、删除异常等问题而引入的。

范式通常分为五个级别，每个级别都有其特定的规则和要求。

1）第一范式(1NF)

第一范式要求每个数据表中的每个字段都是原子性的，即不可再分解。这意味着每个字段只能包含一个值，而不能包含多个值或者数组。例如，在学生表(学号，学生其他信息)关系模式中，学生其他信息包含了学生姓名、出生日期，这样的关系模式就不符合第一范式的要求。

2）第二范式(2NF)

在第一范式的基础上，第二范式要求每个非主属性完全依赖于整个主键，而不是依赖于主键的一部分。假设课程表这个关系模式最初的设计是(课程id，课程名称，课程学分，教师id)，由于同一门课程可由多名教师教授，比如课程id为1的课程"Java程序设计"由教师id为1和2的两名教师分别教授，教师id这个非主属性就不能由主键课程id完全决定，也就是说，教师id并非完全依赖于主键课程id，故该关系模式不符合第二范式的要求。

3）第三范式(3NF)

在第二范式的基础上，第三范式要求消除传递依赖，即任何非主属性不依赖于其他非主属性。现在在学生表里面增加一个属性：年龄，此时表格将变成：学生表(学号，学生姓名，性别，出生日期，年龄)，由于年龄可以根据学生出生日期进行计算，依赖于非主属性学生出生日期，故更改后的表格不满足第三范式的要求。

需要指出的是，第一范式、第二范式和第三范式在数据库设计中确实是层层递进的关系，这种递进关系体现为对数据表结构的要求越来越严格，从而确保数据的完整性和一致性。以下是对这种递进关系更为清楚明确的描述。

第一范式是数据库设计的基础。它要求数据库表的每一列都是不可分割的基本数据项，即每一列都应该是原子性的，不可再分解。这意味着表中的每个字段都只能包含单一的值，不能包含其他数据项或重复的数据。满足第一范式的要求，可以消除数据冗余和重复，为后续的范式设计打下坚实的基础。

第二范式在第一范式的基础上进一步提升了数据表的规范性。第二范式要求数据库表中的每个非主键字段都完全依赖于主键,而不是依赖于主键的一部分。这意味着非主键字段与主键之间必须是直接关联的,不能存在部分依赖的情况。满足第二范式的要求可以消除部分数据冗余,确保数据表的逻辑结构更加清晰和合理。

第三范式则是在第二范式的基础上进一步细化了数据表的设计原则。第三范式要求数据库表中的每个非主键字段都不能传递依赖于主键,即非主键字段之间不能存在依赖关系。这意味着每个非主键字段都应该与主键直接相关,而不能通过其他非主键字段间接相关。满足第三范式的要求可以消除非主键字段之间的冗余依赖,进一步提高数据的完整性和一致性。

综上所述,第一范式、第二范式和第三范式在数据库设计中是层层递进的关系。它们通过逐步提高对数据表结构的要求,确保数据库的设计更加规范、合理和高效。在实际应用中,根据具体需求和场景,可以选择合适的范式级别来设计数据库表结构,以实现最佳数据管理和性能表现。

此外,还有巴斯—科德范式(BCNF)、第四范式(4NF)和第五范式(5NF,又称完美范式)。

范式实战

9.1.2 模式分解

模式分解在数据库设计中是一项重要的任务,特别是在设计教务管理系统这样复杂的应用时。以“选课信息表”模式为例,该模式包含学号、学生姓名、课程 id、课程名称和成绩等字段。假设最初设计的模式为选课信息表(学号,学生姓名,课程 id,课程名称,成绩)。通过上述范式相关知识可以知道,该初始模式满足第一范式的要求,但不满足第二范式的要求。如果将“学号”和“课程 id”的组合视为复合主键,那么“学生姓名”应该只依赖于“学号”,而“课程名称”应该只依赖于“课程 id”。然而,在当前的设计中,“学生姓名”和“课程名称”都作为非主键字段存在,它们不仅依赖于主键的一部分,而且依赖于整个主键组合。这违反了第二范式的原则。同时,该关系模式还存在数据冗余的问题。例如,同一个学生的姓名会在他选的所有课程的记录中重复出现,同样,一门课程的名称也会在多个学生的选课记录中重复出现。由于初始的关系模式存在以上问题,很有必要对其进行模式分解。

观察到原始的选课信息表包含多种类型的信息,包括学生信息、课程信息和选课成绩信息。为了提高数据的规范性和一致性,需要将这些信息按照其性质进行拆分,并分别存储在独立的表中。

第一步是识别哪些字段属于同一类信息。在选课信息表中,学号和学生姓名属于学生信息,课程 id 和课程名称属于课程信息,而成绩则属于选课成绩信息。

接下来,根据这些信息类别创建相应的表。首先,创建一个学生表(students),用于存储学生信息。学号是学生的唯一标识,因此将其作为主键。这样,就可以通过学号唯一确定一个学生的信息。值得注意的是,还可以根据系统需求在学生表中加入学生的其他属性,比如性别、出生年月。此时得到:学生表(学号,学生姓名,性别,出生年月)。

其次,创建一个课程表(courses),用于存储课程信息。课程 id 是课程的唯一标识,因此将其作为主键。这样,就可以通过课程 id 唯一确定一门课程的信息。此外,在课程表中加入学分属性来记录每门课程的学分，即课程表(课程 id，课程名称，课程学分)。

最后，创建一个选课信息表(course_enrollments)，用于记录学生的选课情况和成绩。该表包含学号、课程 id 和成绩三个字段。学号和课程 id 作为外键，分别关联学生表和课程表。这样，就可以通过外键关联确保选课信息表中的学号和课程 id 必须是已经存在于学生表和课程表中的有效值，从而保证了数据的引用完整性。最终得到选课信息表(选课记录 id，学生 id，课程 id，选课日期)。

通过以上设计思路，将选课信息表拆分为三个符合范式要求的表：学生表、课程表和选课信息表。这样的设计不仅消除了数据冗余，提高了数据的一致性和完整性，还使每个表的功能更加明确，便于后续的数据查询和维护操作。

在整个设计过程中，始终遵循数据库设计的规范化原则，确保了表结构的合理性和清晰性。同时，也考虑到了实际应用的需求，通过外键关联的方式保持了表之间数据的正确引用和完整性约束。

综上所述，通过以上设计思路，成功地对选课信息表进行了模式分解，并得到了三个符合规范化要求的表。这样的设计不仅能够满足实际应用的需求，还能够为后续的数据库操作和开发提供便利。

9.2 数据库设计

本节结合教务管理系统来说明如何进行数据库设计。

9.2.1 数据库设计概述

数据库设计是指依据特定应用需求，通过规划和优化数据结构、关系及访问方式，构建出逻辑清晰、物理可行的数据库模式，以确保数据的完整性、一致性和安全性，同时提供高效、可靠的数据服务的过程。

1. 定义与目标

数据库设计是指针对给定的应用环境，通过分析和规划，构造最优的数据库模式，并建立相应的数据库及其应用系统。其目标是有效地存储和管理数据，以满足各类用户的需求，包括信息需求和处理需求。

2. 设计特点

1）结构化

数据库设计强调数据的结构化存储，以便于数据的检索、更新和管理。

2）完整性

保证数据的正确性和一致性，防止数据出现矛盾或错误。

3）安全性

确保数据库只能被授权用户访问，防止数据泄露或非法修改。

4）可扩展性

设计应考虑到未来业务的发展和变化，使数据库结构能够灵活调整。

3. 设计原则

1）一致性原则

确保数据来源统一、系统分析，协调各种数据源，以保证数据的一致性和有效性。

2）完整性原则

数据的正确性和相容性至关重要，防止用户向数据库加入不合语义的数据，并对输入数据进行审核和约束。

3）安全性原则

保护数据免受非法访问和篡改，需要有认证和授权机制。

4）可伸缩性与可扩展性原则

设计应考虑到未来发展的需要，具有良好的扩展性和伸缩性。

5）规范化原则

遵循规范化理论，减少数据冗余，提高数据独立性。

4. 基本步骤

数据库设计的基本步骤包括需求分析、概念结构设计、逻辑结构设计、物理结构设计、数据库实施与维护。这些步骤是循环迭代的，需要在设计过程中不断调整和优化。

1）需求分析

收集和分析用户对数据的需求，包括数据的内容、格式、处理方式等，为后续的设计提供基础。

2）概念结构设计

将需求分析的结果抽象为信息结构，即概念模型，通常用 E-R 图来表示。

3）逻辑结构设计

将概念模型转换为具体的数据库管理系统所支持的数据模型，如关系模型，形成数据库的逻辑结构。

4）物理结构设计

根据数据库的逻辑结构和存储设备的特性，设计数据的物理存储结构，包括数据的存储方式、索引策略等。

5）数据库实施与维护

根据物理结构设计建立数据库，并装入数据进行测试。在数据库运行过程中，还需要进行定期的维护和优化。

5. 设计方法

数据库设计可以采用多种方法，如自顶向下、自底向上等。应根据项目的规模、复杂度和团队的经验选择具体的方法。

总的来说，数据库设计是一个系统工程，需要综合考虑用户需求、数据结构、存储方式、安全性等多个方面。通过科学的设计方法和步骤，可以构建高效、稳定、安全的数据库系统，为企业的信息化建设提供有力支持。

9.2.2 需求分析

通过对教务管理系统的功能需求和非功能需求进行分析，得到如下结果。

1. 系统用户及功能需求分析

教务管理系统的主要用户包括学生、教师和管理员。学生需要查询课程信息、选课、查看成绩等；教师需要录入课程信息、查看选课学生名单、录入成绩等；管理员则负责系统的整体维护和数据管理。

基于这些用户需求，系统需要实现以下功能：

- 学生信息管理，包括学生基本信息的录入、修改和查询；
- 教师信息管理，包括教师基本信息的录入、修改和查询；
- 课程信息管理，包括课程信息的录入、修改、查询和删除；
- 选课管理，学生可以选择课程，系统记录选课信息；
- 成绩管理，教师可以录入成绩，学生可以查询成绩；
- VR资源管理，系统需要管理VR资源信息，如资源的上传、下载、查询等。

2. 数据实体及关系分析

根据系统功能和用户需求，可以识别出以下实体：

- 学生实体，包含学生的基本信息，如学号、学生姓名、性别、出生日期等；
- 教师实体，包含教师的基本信息，如教师id、教师姓名等；
- 课程实体，包含课程的基本信息，如课程id、课程名称、学分等；
- VR资源实体，记录了VR资源的基本信息，如资源id、资源名称、描述和存储路径。

这些实体之间存在以下关系：

- 教师和课程之间存在多对多(m∶n)的教授关系，一名教授可以同时教多门课程，一门课程可以由多名教师来教授；
- 学生和课程之间存在多对多(m∶n)的选修关系，一名同学可以选修多门课程，一门课程可以有多名学生选修。

9.2.3 概念结构设计

E-R图绘制实战

概念结构设计位于需求分析之后，它是数据库设计过程中的一个关键阶段，主要目的是抽象地表示现实世界中的数据对象(实体)及其联系，而不涉及具体的数据库管理系统(DBMS)或数据结构。

1. 概念结构设计的主要特点

1) 概念结构设计能真实、充分地反映现实世界

概念结构设计不仅仅是对数据的简单记录，更是对现实世界事物及其联系的抽象和模拟。通过概念模型，能够更准确地描述和理解现实世界中的复杂现象，满足用户对数据的处理要求。

2) 概念结构设计具有易于理解的特点

概念结构设计采用简洁明了的表达方式，将复杂的现实世界数据抽象为简单的信息结构，使不熟悉计算机的用户也能够轻松理解并参与数据库的设计过程。这种易于理解的特点有助于促进用户与设计者之间的有效沟通，确保设计的准确性和实用性。

3) 概念结构设计还具有易于更改的特点

当应用环境和应用要求发生变化时，可以方便地对概念模型进行修改和扩充，以适应新

的需求。这种灵活性使概念结构设计能够应对不断变化的现实世界，保持数据库的稳定性和可用性。

4）概念结构设计还易于向其他数据模型转换

由于概念结构设计是各种数据模型的共同基础，因此可以方便地将其转换为关系、网状、层次等各种具体的数据模型，为后续的数据库实现提供便利。

2. 概念模型的工具——E-R 模型

E-R 模型，全称为实体—关系模型（entity-relationship model），是一种概念数据模型中高层描述所使用的数据模型或模式图，由美籍华裔计算机科学家陈品山发明。该模型通过以下几个核心概念来描述现实世界的数据结构。

1）实体

实体（entity）代表了现实世界中可以被区分的对象，如人、地点、事件或概念。在数据库中，实体通常对应于一张表。

2）属性

属性（attribute）是实体的特性，描述了实体的各种细节，如人的姓名、地址或出生日期。属性对应于数据库表中的列。

3）联系

联系（relationship）描述了实体之间的关联，例如一个人"居住在"一个地点。联系可以是一对一（1∶1）、一对多（1∶n）或多对多（m∶n）。

4）键（key）

键是一种特殊的属性，用于唯一标识实体的实例。例如，员工编号可以是员工实体的键。在数据库设计中，键用于实现实体之间的联系。

3. 实体之间的联系

E-R 模型通常可以使用 E-R 图来描述。在 E-R 图中，实体使用矩形表示，实体名称标注在其中，联系使用菱形表示。菱形的两端需要用直线来与实体连接，需要在菱形中标注联系的名称，在直线上标注联系的类型（一对一、一对多、多对多）。实体和联系还可以具有属性，属性用椭圆形表示，并用直线与实体或者联系连接起来，可以在椭圆形中标注属性的名称。

1）两个实体之间的联系

（1）一对一联系（1∶1）。这种联系表示两个实体集之间的关联关系，其中实体集 A 中的每一个实体最多（可以没有）只能与实体集 B 中的一个实体相关联，同时实体集 B 中的每一个实体也最多只能与实体集 A 中的一个实体相关联。这种关系具有互斥性和唯一性。例如，在学校的环境中，一个班级与它的正班长之间的联系就是一对一的，因为每个班级只有一个正班长，而每个正班长也只负责一个班级，一对一联系 E-R 图如图 9.1 所示。

（2）一对多联系（1∶n）。在这种联系中，实体集 A 中的每一个实体可以与实体集 B 中的多个实体相关联（n 表示数量，且 $n \geqslant 0$），但实体集 B 中的每一个实体最多只能与实体集 A 中的一个实体相关联。这种关系表现出一种层次结构或包含关系。以学校为例，一个班级可以有多名学生，但每个学生只属于一个班级，因此班级与学生之间是一对多的联系，一对多联系 E-R 图如图 9.2 所示。

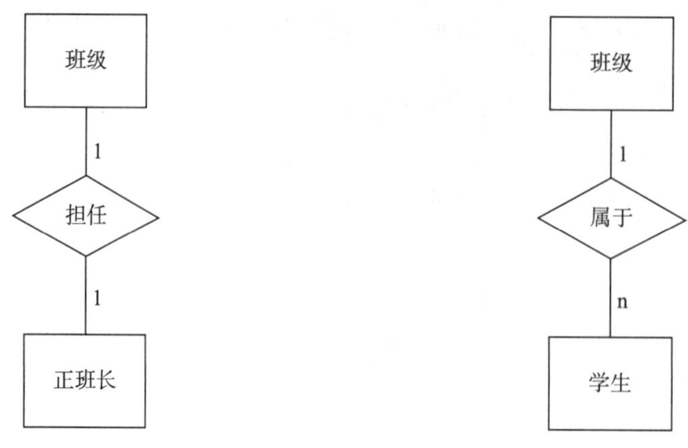

图 9.1 一对一联系 E-R 图　　图 9.2 一对多联系 E-R 图

(3) 多对多联系(m∶n)。这种联系是最为复杂的一种,它表示实体集 A 中的每一个实体可以与实体集 B 中的多个实体相关联,同时实体集 B 中的每一个实体也可以与实体集 A 中的多个实体相关联。这种联系没有限制,两个实体集之间可以形成任意的交叉关联。例如,在学校环境中,一门课程可以被多个学生选修,而一个学生也可以选修多门课程,因此课程与学生之间的联系是多对多的,如图 9.3 所示。

2) 多个实体之间联系

有些联系可能涉及两个以上的实体,仍然可以使用 E-R 图来描述。比如一个供应关系可能涉及供应商、项目和零件三个实体。它们之间仍然可能存在一对一、一对多、多对多的联系。比如,一个供应商能够给多个项目供应多种零件,一个项目可能需要多个供应商供应多种零件,同一种零件也可以由多个供应商供应给多个项目使用。所以供应商、项目、零件的关系是多对多联系,如图 9.4 所示。

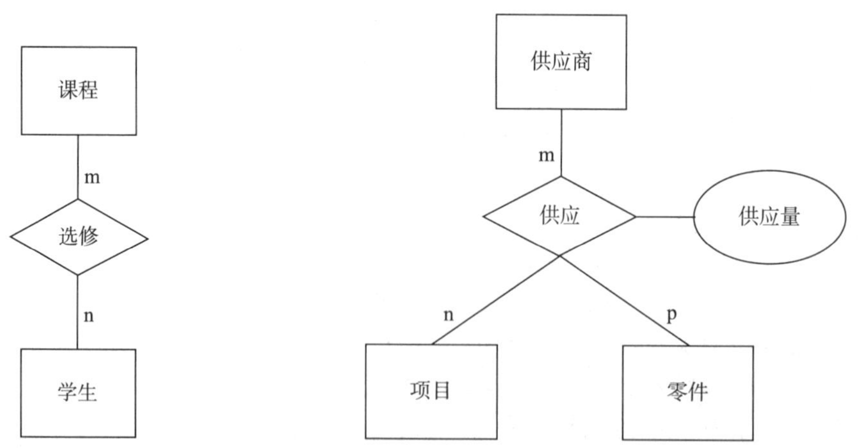

图 9.3 多对多联系 E-R 图　　图 9.4 多个实体之间的联系 E-R 图

在数据库设计阶段,完成了需求分析之后要进行的是概念结构设计。概念结构设计阶段要完成的是 E-R 图的绘制。

在需求分析里面,明确了教务管理系统里涉及的实体有学生、教师、课程和 VR 资源,并且根据它们之间的联系可以绘制出如图 9.5 所示的 E-R 图。

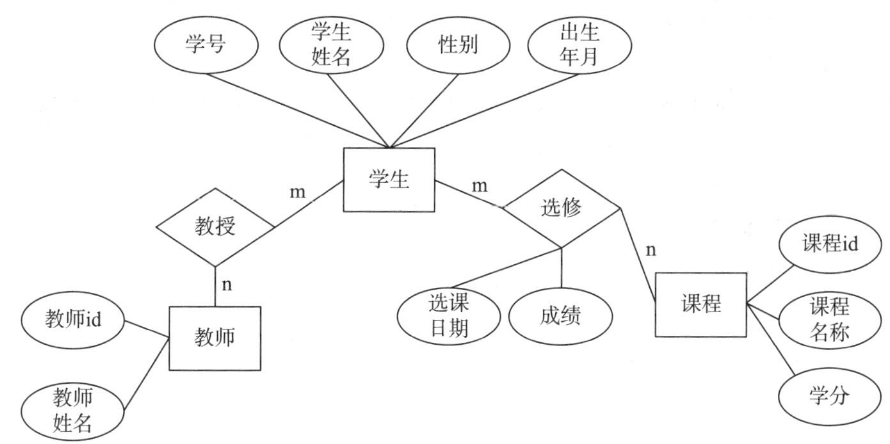

图 9.5 教务管理系统 E-R 图

可以看到，学生和课程、教师和课程之间分别存在多对多的联系。同时，E-R 图显示了实体和联系的属性。学生拥有学号、姓名、性别、出生年月四个属性，教师拥有教师 id、姓名两个属性，课程拥有课程 id、课程名称、学分三个属性，联系“选修”拥有选课日期、成绩两个属性。

9.2.4 逻辑结构设计

逻辑结构设计的核心工作是将概念结构设计阶段得到的结果（E-R 图）转换为数据模型，并且这一转换过程需要针对特定的数据库管理系统进行细致的优化。总的来说，逻辑结构设计包括以下几项内容：

- 确定数据模型，并将 E-R 图转换为指定的数据模型；
- 数据模型的优化；
- 确定用户视图。

接下来要结合教务管理系统的 E-R 图进行逻辑结构设计。由于 MySQL 是关系数据库，因此将数据模型确定为关系模型。

E-R 图转换成关系模型需要遵循以下原则。

1. 实体转换为关系模式

每个实体类型在关系模型中转换为一个关系模式。实体的属性直接对应到关系模式的属性，实体的键则成为关系的键。

2. 一对一联系

可以将一对一联系转换为一个独立的关系模式，该关系模式的属性包括两个关联实体的键以及联系本身的属性。或者，将一对一联系与任一实体所对应的关系模式合并，即在那一关系模式的属性中加入另外一个实体的键和联系本身的属性。

3. 一对多联系

同样，一对多联系也可以转换为一个独立的关系模式，其属性包含两个实体的键及联系的属性。或者，将联系归并到“多”方实体所对应的关系模式中，在“多”方实体的属性集中增加“一”方实体的键和该联系的属性。

4. 多对多联系

多对多联系必须转换为一个独立的关系模式。其属性由关联的两个实体的键和联系本身的属性组成，而该关系模式的键由这两个实体的键组合而成。

5. 多元联系

对于三个或更多实体间的多元联系，也可以转换为一个关系模式。与该多元联系相连的各实体的键以及联系本身的属性均转换为关系的属性，各实体键的组合变成该关系模式的键。

根据以上原则，E-R 图中的学生、课程、教师三个实体分别转换为三个关系模式，它们的属性直接作为关系模式的属性，键直接作为关系模式的主键，因此得到以下三个关系模式：

```
学生(学号,学生姓名,性别,出生日期)
课程(课程 id,课程名称)
教师(教师 id,教师姓名)
```

由于 VR 资源是一个单独的实体，没有和其他实体产生联系，可以单独转换为一个关系模式。

```
VR 资源(资源 id,资源名称,资源描述,资源路径)
```

同时，多对多联系“选修”转换为一个独立的关系模式：选修，它的属性包含与它关联的实体“学生”和“课程”的键，以及联系本身的属性“成绩”“选修日期”。选修的主键由“学生”和“课程”的主键组合而成。此时得到的关系模式为选修(学号，课程 id，成绩，选修日期)。类似地，将多对多的联系“教授”进行转换，得到关系模式教授(教师 id，学生 id)。

至此，已经将 E-R 图完全转换为关系模式。

数据库逻辑设计的结果并非唯一，而是可以根据应用需求进行灵活调整和优化。为了提升数据库应用系统的性能，有必要对数据模型结构进行适当修改。这个步骤需要用到关系数据模型的优化，通常依赖于规范化理论，通过使关系模式达到较高的范式级别来完善设计。

一个好的关系模式应当避免插入和删除异常，同时尽量减少冗余度。针对存在问题的关系模式，可以采用模式分解的方法进行规范化。分解不仅是解决冗余问题的主要手段，也是规范化的一个核心原则。当关系模式存在冗余问题时，应当考虑对其进行分解。

检查得到的 6 个关系模式，全部达到了第三范式的要求，可以不进行进一步分解。但为了更贴近业务，可以把选修关系模式分解成“选修”和“成绩”两个关系模式。“选修”只存放与选修相关的信息，成绩存放学生的考试成绩。分解后的两个关系模式为选修(学号，课程 id，选修日期)和成绩(学号，课程 id，成绩)。

最后，根据数据流图及用户信息建立视图模式，提高数据的安全性和独立性。该步骤可以结合业务需求分析出常用的视图，比如学生查询成绩这一功能需要同时显示学生姓名、课程名称、成绩，可以设计一个视图来展示相关信息。此外，可以为不同用户分配权限，如学生只能看到自己的成绩，教师可以看到教授的全部学生的成绩。

9.2.5　物理结构设计

数据库设计的物理结构设计位于逻辑结构设计之后，是数据库设计过程中的重要环节，它指的是对一个给定的逻辑数据模型选取一个最适合应用环境的物理结构的过程。物理结构主要涉及数据库在物理设备(如硬盘)上的存储结构和存取方法，具体包括数据的存储结构、存取路径、存放位置以及存储分配等。

物理结构设计的目的是优化存储结构和存取方法，以满足应用要求，提高时间和空间效率。物理结构设计的目标主要有：使设计出的物理数据库占用较少的存储空间；使数据库的操作拥有更快的运行速度。

由物理结构设计的含义可以看出，物理结构设计主要需要完成以下工作。

1. 确定存储结构

根据教务管理系统的特点，可以生成以下对应的存储策略。

1) 分离易变与稳定部分

将经常变动的数据(如成绩、选课记录等)与相对稳定的数据(如学生基本信息、课程基本信息等)分开存放。可以将变动频繁的数据存储在高性能的存储设备上，以提高写入和更新的速度；而稳定的数据可以存储在成本较低的存储设备上，以节省成本。

2) 分离高频与低频存取部分

根据数据的访问频率来区分存储位置。高频访问的数据(比如学生选课信息)应存放在能够快速响应的位置，而低频访问的数据可以存放在较慢的存储设备上。

3) 不同磁盘存放

将表和索引分别存放在不同的磁盘上，利用磁盘并行处理来提高I/O效率。

4) 大表分割

对于非常大的表，如成绩表或选课记录表，可以将其分割成多个较小的表或分区，并分布在多个磁盘上，以加快存取速度。

5) 日志文件与数据库对象分离

将数据库的日志文件(如事务日志、错误日志等)与数据库对象(如表、索引等)存放在不同的磁盘或存储设备上，以减少I/O争用并提高系统性能。

2. 确定存取方式

B+树索引、哈希索引和聚簇存储方法是三种常用的存取方式。

1) B+树索引

B+树索引是一种树形数据结构，用于在数据库中快速查找数据。在B+树中，数据通常存储在叶子节点上，而非叶子节点只存储键值和指向子节点的指针。这种结构使B+树特别适合于处理范围查询和排序操作。

2) 哈希索引

哈希索引是基于哈希函数实现的，哈希函数可以将任意键值转换为一个固定的地址(哈希值)，该地址在哈希表中唯一标识该键值。在数据库中，哈希索引用于快速定位特定值。

3) 聚簇存储方法

聚簇存储方法是一种物理存储策略，它将具有相同或相似聚簇码值的元组(行)集中存放在连续的物理块中。这种方法有助于提高某些查询的效率，尤其是当查询频繁涉及这些聚簇码时。

在设计数据库的物理结构时，需要根据具体的应用场景和数据特点选择合适的存取方式。例如，如果查询主要涉及等值查询，那么哈希索引可能是一个好的选择；而如果查询经常需要涉及范围查询和排序操作，那么B+树索引可能更为合适。此外，聚簇存储方法也可以作为一种优化策略来提高查询效率。

针对教务管理系统，可以采取如下存取方式来提高系统的性能和响应速度。

1）B+树索引

（1）学生表。由于学生表中经常需要根据学号、学生姓名等字段进行查询，因此可以在这些字段上建立B+树索引。这样，当进行范围查询（如查询某个学号范围内的学生）或排序操作（如按学号排序）时，可以大大提高查询效率。

（2）课程表。课程表中经常需要根据课程id、课程名称等字段进行查询，因此同样可以在这些字段上建立B+树索引。

（3）成绩表。在成绩表中，可以根据学生学号和课程id的组合建立复合B+树索引，以便快速查询特定学生的特定课程成绩。

2）哈希索引

在教师表中，如果经常需要根据教师id进行查询，可以建立哈希索引。由于哈希索引适用于等值查询，因此可以快速定位到特定的教师信息。同样，在学生表中也可以建立基于学号的哈希索引，以便快速检索学生信息。

3）聚簇(clustering)

在教务管理系统中，学生表和成绩表经常需要关联查询。为了提高查询效率，可以将这两个表按学号进行聚簇存储。这样，具有相同学号的学生信息和成绩数据将被存放在连续的物理块中，减少了磁盘I/O操作次数。

类似地，为了快速查询特定课程的成绩信息，可以将课程表和成绩表按课程id进行聚簇存储。这样，当查询特定课程的成绩时，系统可以快速定位到相关的物理块，提高查询速度。

总而言之，在教务管理系统的物理结构设计中，通过合理选择和组合B+树索引、哈希索引和聚簇存储方法，可以显著提高系统的查询性能和响应速度。同时，还需要根据实际的业务需求和数据特点进行细致的调优和优化，以确保系统的高效稳定运行。

9.3 数据库实施和维护

9.3.1 数据库实施

数据库实施是一个涵盖了多个关键步骤的过程，旨在将逻辑和物理设计的结果转换为实际运行的数据库系统。数据库实施包含如下步骤。

1. 建立实际数据库结构

根据逻辑设计的结果，数据库管理员或开发人员会在计算机上创建数据库实例，并定义实际的数据库结构。这包括使用DDL(数据定义语言)创建表、视图、索引、序列、存储过程和触发器等对象。在教务管理系统的场景下,这些对象包括学生表、课程表、成绩表、教师表、选课记录表等,以及相关的视图和索引,用于优化查询性能。

2. 数据加载

数据加载是数据库实施中的关键步骤之一。在这个阶段,需要将收集到的数据加载到数据库中。对教务管理系统而言,这通常涉及从各种来源(如旧系统、纸质文档、电子表格等)获取数据,进行数据清洗和转换,然后将其导入新建的数据库。数据加载过程中需要确保数据的准确性、完整性和一致性,以避免后续操作出现错误或问题。

3. 试运行

在数据库结构建立和数据加载完成后,系统会进入试运行阶段。试运行是为了验证数据库的性能和功能是否满足实际需求。在教务管理系统的场景下,试运行可能包括模拟学生选课、成绩录入、课程安排等实际业务场景,以测试系统的稳定性和可靠性。同时,还需要对系统的安全性进行测试,确保数据的安全和保密性。

4. 评价

试运行阶段结束后,需要对数据库系统进行全面的评价。评价的内容包括性能评估、功能测试、安全检查等方面。性能评估旨在了解数据库系统的响应时间、吞吐量、并发处理能力等性能指标;功能测试则是对系统的各项功能进行全面测试,确保它们能够正常工作并满足业务需求;安全检查则是检查系统是否存在安全漏洞或潜在风险,以确保数据的安全和保密性。

5. 反馈与调整

根据评价结果,可能需要对数据库结构或应用程序代码进行调整和优化。例如,如果发现某个查询的响应时间过长,可能需要优化查询语句或增加索引来提高查询性能。如果某个功能存在缺陷或不足,可能需要修改代码或增加新功能来满足业务需求。此外,还需要根据用户反馈和实际需求进行持续改进和优化,以确保数据库系统能够持续满足业务需求并保持良好的运行状态。

综上所述,数据库的实施(或称实现)是一个复杂而关键的过程,需要综合考虑业务需求、技术实现、性能优化等多个方面。通过建立起实际的数据库结构、进行数据加载、试运行和评价等步骤,可以确保数据库系统能够稳定运行并满足业务需求。

9.3.2　数据库维护

数据库维护是指当一个数据库被创建以后进行的所有工作,包括确保数据库高效、安全运行涉及的一系列活动。数据库维护主要包括以下工作。

1. 备份系统数据

定期备份数据库和事务日志至关重要。由于教务数据涉及学生的成绩、课程信息、教师资料等敏感且关键的信息,一旦数据丢失或损坏,将会对学校的日常运作造成严重影响。因此,需要制订详细的备份策略,确保数据的完整性和可用性。备份数据应存储在安全可靠的地方,并定期进行检查和恢复测试,以确保备份的有效性。

2. 恢复数据库系统

在系统发生崩溃或数据丢失时，及时使用备份数据进行恢复至关重要。恢复过程需要迅速而准确，以最大限度地减少数据丢失和服务中断的时间。教务管理系统应提供灵活的恢复选项，如恢复到某个时间点或恢复到某个备份集，以满足不同的恢复需求。关于数据库备份和恢复的相关操作可以查看第 8 章相关内容。

3. 监视系统运行状况

使用监控工具定期检查数据库的性能和健康状况是确保系统稳定运行的关键。监控指标可以包括响应时间、吞吐量、磁盘空间、CPU 和内存使用情况等。通过监控这些指标，可以及时发现潜在的性能瓶颈和故障点，并采取相应的措施进行修复和优化。

4. 及时处理系统错误

当系统出现错误或异常时，需要迅速采取措施进行修复。这包括分析错误日志、定位问题原因、修复代码或配置错误等。教务管理系统应提供完善的错误处理和日志记录功能，以帮助管理员快速定位问题并进行修复。同时，建立应急响应机制，确保在系统崩溃或数据丢失时能够迅速恢复服务。

5. 保证系统数据安全

在数据库运维过程中，保护数据的安全性和完整性至关重要。通过实施访问控制、数据加密等措施，可以确保数据库中的数据不被未授权访问或泄露。系统应提供强密码策略、身份验证和授权机制等功能，以防止未经授权的访问和操作。同时，对敏感数据进行加密存储和传输，以确保数据在传输和存储过程中的安全性。

6. 周期更改用户口令

为了增加系统的安全性，系统应定期要求用户更改密码。这可以防止密码被破解或泄露后长期被恶意用户利用。系统可以设置密码更改的周期和策略，如强制要求用户每三个月更改一次密码，并限制密码的复杂度和历史重用次数等。通过周期更改用户口令，可以有效地降低密码泄露的风险，提高系统的安全性。

值得注意的是，数据库实施和维护是数据库运行阶段有区别却关系紧密的两个重要环节。其中，数据库实施关注的是数据库从无到有的建立过程，而数据库维护则关注的是数据库在运行过程中的管理和优化工作。两者都是数据库管理中不可或缺的部分，共同确保数据库的高效、安全运行。

本 章 小 结

本章深入探讨了数据库设计与应用，从关系数据理论的基础概念出发，详细介绍了范式理论以及模式分解的方法。然后，结合教务管理系统案例，系统阐述了数据库设计的全过程，包括需求分析、概念结构设计（E-R 图）、逻辑结构设计（关系模式转换与优化）以及物理结构设计（存储策略与索引选择）。此外，本章还强调了数据库实施与维护的重要性，包括数据加载、试运行、备份恢复及安全性保障等关键环节。

课后习题

为了更有效地管理图书资源，学校决定开发一个图书管理系统。该系统需要能够处理以下主要功能。

(1) 图书管理。系统应能记录每本书的基本信息，包括书名、作者、ISBN号、出版年月、出版社、库存数量等。图书可以被归入不同的类别，如文学、科学、技术等。

(2) 读者管理。系统应能管理学生的借阅信息，包括学生的姓名、学号、班级、联系方式等。每名学生都有一个唯一的学号作为身份标识。

(3) 借阅管理。系统应能记录每本书的借阅历史，包括借阅者(学生)、借阅日期、应还日期、是否已归还等信息。同时，系统应能自动计算逾期费用(如果有的话)。

(4) 图书分类管理。系统应能管理图书的分类，包括添加新的分类、修改现有分类的信息等。

要求基于上述业务场景，完成以下任务。

(1) 概念设计。

抽象出该业务场景中的实体，确定每个实体的主要属性。分析实体之间的关系(如一对多、多对多等)，并确定关系的名称(如借阅、分类等)。

(2) 绘制E-R图。

第10章 VR全息膳食管理系统的MySQL实现

相信通过前9章的学习，读者已经掌握了关系数据库相关理论及MySQL的基本使用。前9章理论知识主要围绕教务管理系统进行讲解，本章将围绕VR全息膳食管理系统介绍MySQL数据库的设计、用户权限设置、存储过程设计、日志管理、数据库备份与恢复等内容。

10.1 系统分析与数据库设计

本章要实现的是VR全息膳食管理系统，其界面如图10.1～图10.3所示。

该系统的主要功能：VR全息膳食管理系统通过集成先进的营养学知识和算法，为用户提供精准、科学的膳食建议，帮助用户实现健康饮食的目标。

当用户进入系统后，首先会被要求输入一系列基本信息，包括身高、体重以及劳动强度。这些信息是系统推荐膳食搭配的重要依据。身高和体重可以帮助系统估算用户的身体基础代谢率(BMR)，而劳动强度则会影响用户每天的能量消耗，如图10.1所示。

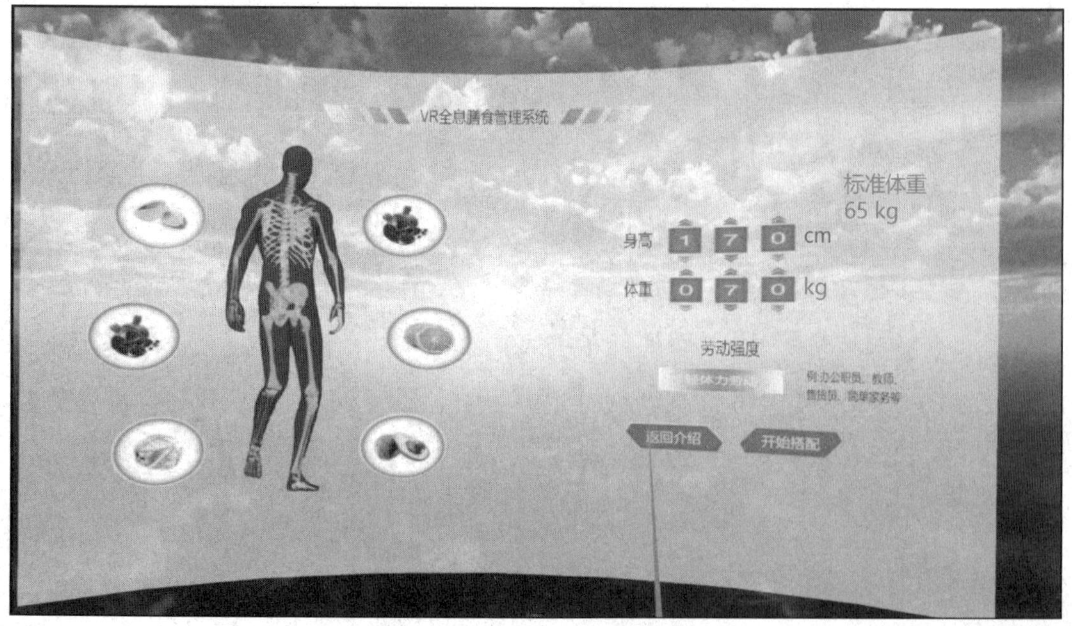

图10.1 VR全息膳食管理系统界面1

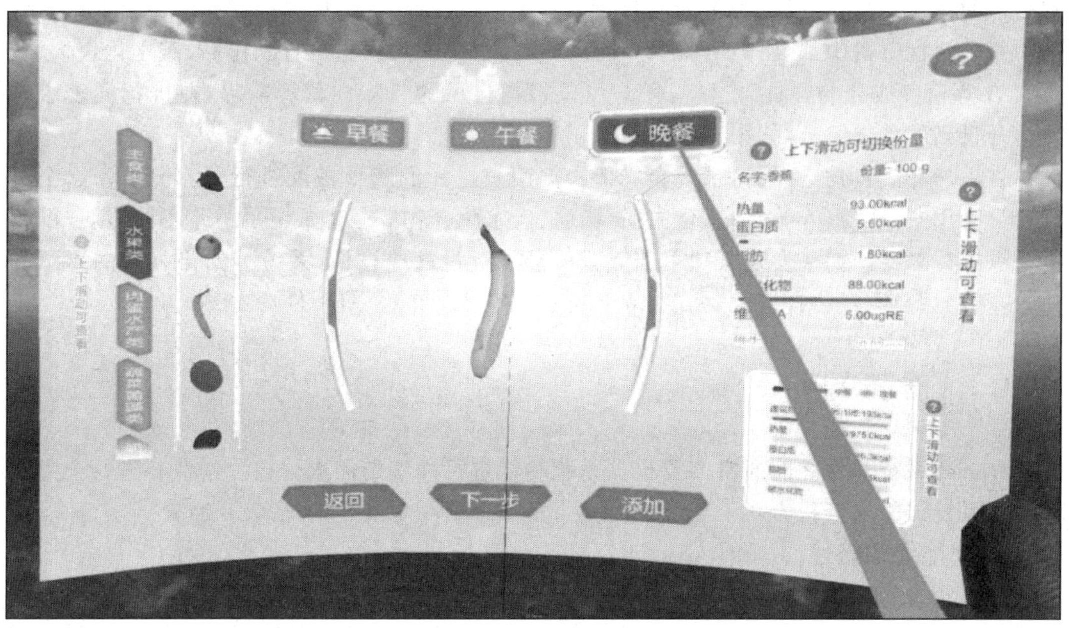

图 10.2　VR 全息膳食管理系统界面 2

图 10.3　VR 全息膳食管理系统界面 3

一旦用户完成了基础信息的输入，系统会立即根据这些信息开始计算用户每天所需的热量摄入。这个过程考虑了用户的性别、年龄、身体组成和活动水平等多个因素，确保推荐的热量摄入既不会过多，导致肥胖，也不会过少，影响健康。

接下来，系统会根据用户所需的热量摄入，为用户推荐早、中、晚三餐的膳食搭配。这些推荐会考虑食物的多样性、口感和营养平衡。系统会从海量的食物数据库中筛选出符合用户需求的食材,并组合成多种不同的膳食方案供用户选择。

每个膳食方案中都会详细列出每种食物及其对应的热量、蛋白质、脂肪、碳水化合物、维生素 A 等营养成分的含量。这样,用户可以根据自己的口味和营养需求,在推荐列表中选择适合自己的食物组合,如图 10.2 所示。

当用户完成食物选择后,系统会立即根据用户选择的膳食搭配进行营养分析。这个过程会计算用户最终摄入的热量、蛋白质、脂肪、碳水化合物等营养成分的总量,并与用户的营养需求进行对比。如果发现某项营养成分的摄入量过高或过低,系统会给出相应的提示和建议,帮助用户调整膳食搭配,如图 10.3 所示。

10.1.1 需求分析

在进行系统开发之前通常需要根据系统功能进行详细的需求分析。本节将进行全息膳食管理系统的需求分析。

1. 功能需求概述

全息膳食管理系统旨在根据用户输入的身高、体重、劳动强度等信息,为用户推荐合适的膳食搭配,并提供营养分析功能。系统主要包括用户信息管理、膳食推荐、营养分析和系统维护四大功能模块。根据功能模块的划分,可以画出系统的功能模块图。功能模块图按照功能的从属关系进行绘制,清晰地展示了系统中各个功能模块的结构和层次关系。这使开发人员能够一目了然地了解系统所要实现的各种功能,以及这些功能是如何分类和组织的。

2. 功能结构图

系统的功能结构图如图 10.4 所示。

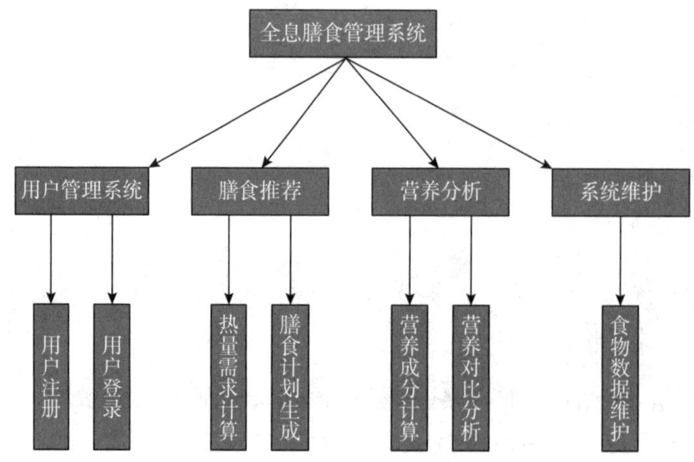

图 10.4 VR 全息膳食管理系统功能结构

3. 功能详细需求

对于每个功能点,进行进一步的详细需求分析。

1) 用户信息管理

- 用户注册:提供新用户注册功能,收集用户的基本信息(如用户名、密码等)。

- 用户登录：验证用户身份，确保只有注册用户才能使用系统。

2）膳食推荐

- 热量需求计算：允许用户输入身高、体重、劳动强度等基本信息。根据用户输入的基本信息，计算用户每日所需的热量。
- 膳食计划生成：基于用户热量需求和偏好，生成早、中、晚三餐的膳食计划，包括具体的食材和食谱。

3）营养分析

- 营养成分计算：计算用户选择的膳食计划中每种营养成分的摄入量。
- 营养对比分析：将用户的营养摄入量与推荐的营养摄入量进行对比分析，评估膳食计划的合理性。根据对比分析结果，给出相应的营养建议，帮助用户调整膳食计划。

4）系统维护

食物数据维护：定期更新食物数据库，确保系统推荐的膳食计划符合最新的营养学标准。

10.1.2　概要结构设计

在完成功能详细需求以后，要进行的阶段是概要结构设计。概要结构设计阶段在软件开发过程中起着承上启下的关键作用，该阶段的主要任务是将需求分析阶段提出的需求转换为具体的实现方案。

概要设计阶段一个重要的任务就是抽象出数据库设计的E-R图。根据系统的功能需求分析，可以确定出系统存在以下实体：

- 用户，拥有用户名、密码、姓名、身高、体重、劳动强度等属性；
- 食物，拥有食物名称、热量、蛋白质、维生素A、碳水化合物、脂肪等属性。

用户和食物之间存在摄入联系，并且这是一种多对多联系。一个用户每餐可以摄入多种食物，一种食物每一餐可以推荐给多个用户。这个系统的实体和关系比较简单，可以绘制出如图10.5所示的E-R图。

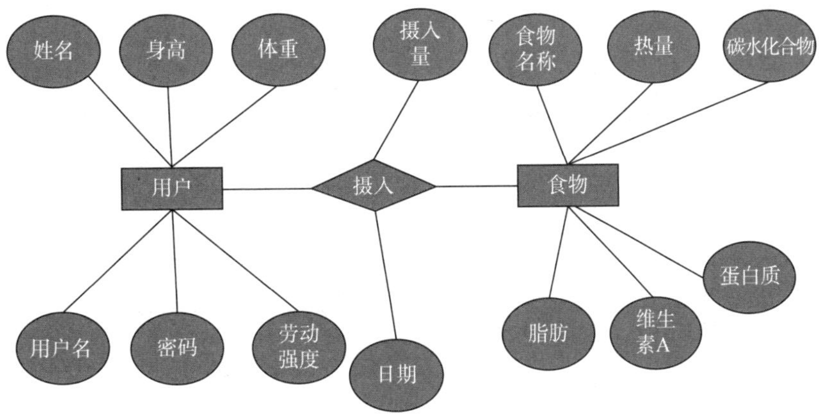

图10.5　VR全息膳食管理系统E-R图

10.1.3 逻辑结构设计

首先，每个实体都会被逐一转换为一个关系模式。实体的属性直接对应关系模式的属性，而实体的码(主键)则成为关系模式的码(主键)。基于这一原则，对于"用户"和"食物"这两个实体，可以得到以下两个关系模式(带有下画线的属性表示该关系模式的码)：

用户(<u>用户名</u>,密码,姓名,身高,体重,劳动强度)
食物(<u>食物名称</u>,热量,蛋白质,维生素 A,碳水化合物,脂肪)

其次，对于多对多联系，需要转换为一个独立的关系模式。这个新关系模式的属性包括所关联的两个多方实体的码以及联系的属性。关系的码则是由这两个多方实体的码组成的属性组，而这些多方实体的码则分别作为新关系模式的外键。基于这一原则，对于"摄入"这一多对多联系，可以得到以下关系模式：

摄入(用户名,食物名称,日期,摄入量)

逻辑结构设计

综上所述，这个系统一共可得到三个关系模式。

用户(用户名,密码,姓名,身高,体重,劳动强度)
食物(食物名称,热量,蛋白质,维生素 A,碳水化合物,脂肪)
摄入(用户名,食物名称,日期,摄入量)

10.1.4 物理结构设计

10.1.3 小节得到了系统的三个关系模式。现在进行物理结构设计，其中一个重要的环节就是选择合适的数据库及在数据库上建立表。

由于数据是结构化数据，选择 MySQL 这样的关系数据库来存储非常合适。关系模式转换成表也非常直接。每个关系模式对应的就是一张数据库表格。这样一来，得到了三张表格：用户表(表 10.1)、食物表(表 10.2)和摄入表(表 10.3)。表的字段就是关系模式的属性，表的主键就是关系模式的码。其中摄入关系的用户名字段参照了用户表里的用户字段，摄入关系里的食物名称参照了食物表的食物名称，所以摄入表里的用户名和食物名称作为外键。

值得注意的是，需要根据字段取值选择合适的数据类型，例如，用户名这样包含字母、数字、特殊符号的组合可以选择变长字符串 VARCHAR 类型，同时根据业务逻辑选择合适的最大长度。例如，系统在用户注册时限制用户名最大长度是 10 位，那数据类型就可以设置为 VARCHAR(10)。比如热量、蛋白质这样的字段，具体取值是带有小数的浮点数类型，那可以选择浮点型 FLOAT。

表 10.1 用户表

字 段	数据类型	备 注
用户名	VARCHAR(10)	主键，最大长度为 10 的变长字符串
密码	VARCHAR(16)	最大长度为 16 的变长字符串

续表

字　段	数据类型	备　　注
姓名	VARCHAR(30)	在 UTF-8 编码格式下，一个汉字占 3 字节，想要保存 10 个汉字需要 30 字节
身高	FLOAT	
体重	FLOAT	
劳动强度	INT	劳动强度一共分为 4 个等级，这里选择用 0、1、2、3 来表示，也可以用枚举类型

表 10.2　食物表

字　　段	数据类型	备　　注
食物名称	VARCHAR(90)	主键，最多存储 30 个汉字
热量	FLOAT	
蛋白质	FLOAT	
维生素 A	FLOAT	
碳水化合物	FLOAT	
脂肪	FLOAT	

表 10.3　摄入表

字　段	数据类型	备　　注
用户名	VARCHAR(10)	外键，和食物名称组合作为主键
食物名称	VARCHAR(90)	外键，和用户名组合作为主键
日期	DATETIME	DATETIME 可以存储年月日、时分秒，因为每天摄入早、中、晚三餐，需要记录到小时
摄入量	FLOAT	

注意：当考虑在数据库或程序中如何存储劳动强度时，可以选择使用整数类型(INT)或枚举类型(ENUM)。

1. 使用整数类型

使用整数类型存储劳动强度是一种常见且高效的方法。通常，可以为不同的劳动强度级别分配一个唯一的整数值。例如：0—轻体力劳动；1—低体力劳动；2—中体力劳动；3—高体力劳动。

这种方法有诸多好处。

- 高效存储：整数类型在数据库和内存中占用较小的空间，提高了存储效率。
- 快速计算：整数类型的计算速度通常比字符串或枚举类型快。
- 灵活性高：整数类型可以很容易地进行排序、比较和数学运算。

然而，这种方法也有一些缺点。

- 可读性差：整数类型的值本身不具有描述性，需要查阅文档或代码才能理解每个整数值所代表的劳动强度级别。
- 存在错误风险：如果程序员或用户错误地输入了无效的整数值，可能会导致数据错误或程序崩溃。

2. 使用枚举类型

枚举类型是一种在编程语言中定义固定集合的值的类型。使用枚举类型存储劳动强度可以提供更好的可读性和类型安全性。在 MySQL 中，ENUM 是一个字符串对象，其值来自预定义的列表。它允许为一列指定一个可能的值的集合。每个值在集合中必须是唯一的。

使用枚举类型有诸多好处。

- 可读性强：枚举类型的值具有描述性，可以直接理解每个值所代表的劳动强度级别。
- 类型安全性强：枚举类型限制了可以赋给变量的值的范围，减少了错误输入的风险。

这种方法也有诸多缺点。

- 存储效率差：与整数类型相比，字符串类型在数据库和内存中占用更多的空间。
- 计算速度慢：字符串类型的比较和计算速度通常比整数类型慢。
- 数据库支持不足：不是所有数据库系统都直接支持枚举类型（MySQL 支持），不支持的数据库可能需要额外的配置或模拟。

由此可见，数据类型的选择并不是唯一的，一个字段可能可以存在几种可行的存储方式，在实践中，读者可以根据系统的实际需求来确定数据结构。

读者可能容易混淆几种日期类型。在 MySQL 中，标准的日期和时间数据类型是 DATETIME、DATE、TIME。它们的主要区别如表 10.4 所示。

表 10.4 DATETIME、DATE、TIME 的主要区别

数据类型	格　式	描　述
DATETIME	YYYY-MM-DD HH:MM:SS	用于表示日期和时间的组合，可以存储从 1000 年到 9999 年的日期以及当前时间
DATE	YYYY-MM-DD	仅用于表示日期，只存储年、月和日，不存储时间信息
TIME	HH:MM:SS（或 HHH:MM:SS，用于表示超过 24 小时的时间）	仅用于表示时间，可以存储一天中的时间，但不存储日期。此外，还可以表示超过 24 小时的时间段（例如，在表示时长或持续时间时）

从表 10.4 中可以看出，如果只保存年月日，选择 DATE 即可；如果需要保存年月日加上时分秒，需要选择 DATETIME；如果不需要保存年月日，只需要时分秒，选择 TIME 即可。

设计好表后可以使用如下 SQL 语句来创建表、插入部分实例数据。

创建用户表的 SQL 语句如下：

```
CREATE TABLE 用户表(
    用户名 VARCHAR(10) PRIMARY KEY, --用户名，主键，最大长度为 10 的变长字符串
    密码 VARCHAR(16) NOT NULL,        --密码，最大长度为 16 的变长字符串
```

```
    姓名 VARCHAR(30) NOT NULL,       --姓名,在 UTF 8 编码下,最多存储 10 个汉字
    身高 FLOAT NOT NULL,             --身高
    体重 FLOAT NOT NULL,             --体重
    劳动强度 INT DEFAULT 0 CHECK (labor_intensity BETWEEN 0 AND 3)
                                     --劳动强度,一共分为 4 个等级,用 0、1、2、3 来表示。添加
                                     --检查约束以确保值在范围内
);
```

注意:这个 SQL 语句为劳动强度字段添加了一个 DEFAULT 0 默认值和 CHECK 约束,以确保该字段的值始终在 0 到 3 的范围内。

通常在实际开发应用中,密码字段会使用哈希算法(如 bcrypt)来存储哈希值而不是明文密码,以增加安全性。

创建食物表的 SQL 语句如下:

```
CREATE TABLE 食物表(食物名称 VARCHAR(90) PRIMARY KEY, --主键,最多存储 30 个汉字
    热量 FLOAT NOT NULL,
    蛋白质 FLOAT NOT NULL,
    维生素 A FLOAT NOT NULL,
    碳水化合物 FLOAT NOT NULL,
    脂肪 FLOAT NOT NULL
);
```

这里将每个营养成分字段(热量、蛋白质、维生素 A、碳水化合物、脂肪)都设置为 FLOAT 类型,并且添加了 NOT NULL 约束,表示这些字段在插入新记录时都必须有值,不能留空。这样就不会出现某些食物缺失营养成分造成后续计算失败的情况。

创建摄入表的 SQL 语句如下:

```
CREATE TABLE 食物摄入记录 (
    用户名 VARCHAR(10) NOT NULL,
    食物名称 VARCHAR(90) NOT NULL,
    日期 DATETIME NOT NULL,
    摄入量 FLOAT NOT NULL,
    PRIMARY KEY (用户名, 食物名称),
    FOREIGN KEY (用户名) REFERENCES 用户表(用户名) --设置外键
    FOREIGN KEY (食物名称) REFERENCES 食物表(食物名称)
);
```

在开发过程中,可以插入一些测试数据来模拟系统运行的真实数据,以编写业务功能对应的 SQL 语句。

以下是三个表插入测试数据的 SQL 语句。

用户表插入语句如下:

```
--插入第一条数据
INSERT INTO 用户表 (用户名, 密码, 姓名, 身高, 体重, 劳动强度)
VALUES ('zhangsan', '123456', '张三', 170.0, 65.0, 1);
--插入第二条数据
```

```
INSERT INTO 用户表 (用户名, 密码, 姓名, 身高, 体重, 劳动强度)
VALUES ('lisi', '123456', '李四', 165.0, 55.0, 2);
--插入第三条数据
INSERT INTO 用户表 (用户名, 密码, 姓名, 身高, 体重, 劳动强度)
VALUES ('wangwu', '123456', '王五', 180.0, 80.0, 0);
```

食物表插入语句如下：

```
--插入第一条数据
INSERT INTO 食物表 (食物名称, 热量, 蛋白质, 维生素 A, 碳水化合物, 脂肪)
VALUES ('苹果', 52.0, 0.26, 0.0003, 13.5, 0.2);
--插入第二条数据
INSERT INTO 食物表 (食物名称, 热量, 蛋白质, 维生素 A, 碳水化合物, 脂肪)
VALUES ('香蕉', 89.0, 1.09, 0.0001, 22.8, 0.3);
--插入第三条数据
INSERT INTO 食物表 (食物名称, 热量, 蛋白质, 维生素 A, 碳水化合物, 脂肪)
VALUES ('鸡胸肉', 165.0, 31.0, 0.00002, 0.0, 3.7);
--插入第四条数据
INSERT INTO 食物表 (食物名称, 热量, 蛋白质, 维生素 A, 碳水化合物, 脂肪)
VALUES ('全麦面包', 240.0, 8.5, 0.00005, 50.0, 1.5);
--插入第五条数据
INSERT INTO 食物表 (食物名称, 热量, 蛋白质, 维生素 A, 碳水化合物, 脂肪)
VALUES ('鸡蛋', 147.0, 12.6, 0.00015, 1.1, 10.5);
--插入第六条数据
INSERT INTO 食物表 (食物名称, 热量, 蛋白质, 维生素 A, 碳水化合物, 脂肪)
VALUES ('牛奶', 61.0, 3.1, 0.0002, 4.7, 3.2);
--插入第七条数据
INSERT INTO 食物表 (食物名称, 热量, 蛋白质, 维生素 A, 碳水化合物, 脂肪)
VALUES ('菠菜', 23.0, 2.9, 0.0045, 3.6, 0.4);
--插入第八条数据
INSERT INTO 食物表 (食物名称, 热量, 蛋白质, 维生素 A, 碳水化合物, 脂肪)
VALUES ('三文鱼', 180.0, 22.0, 0.00003, 0.0, 8.0);
--插入第九条数据
INSERT INTO 食物表 (食物名称, 热量, 蛋白质, 维生素 A, 碳水化合物, 脂肪)
VALUES ('糙米', 365.0, 7.7, 0.00002, 77.0, 2.5);
--插入第十条数据
INSERT INTO 食物表 (食物名称, 热量, 蛋白质, 维生素 A, 碳水化合物, 脂肪)
VALUES ('豆腐', 81.0, 8.1, 0.00001, 3.8, 3.7);
```

摄入表插入语句如下：

```
--插入第一条数据
INSERT INTO 食物摄入记录 (用户名, 食物名称, 日期, 摄入量)
VALUES ('zhangsan', '鸡蛋', '2023-10-23 08:00:00', 50.5);
--插入第二条数据
INSERT INTO 食物摄入记录 (用户名, 食物名称, 日期, 摄入量)
VALUES ('zhangsan', '牛奶', '2023-10-23 08:00:00', 250);
```

```
--插入第三条数据
INSERT INTO 食物摄入记录 (用户名, 食物名称, 日期, 摄入量)
VALUES ('zhangsan', '全麦面包', '2023-10-23 12:00:00', 267.5);
--插入第四条数据
INSERT INTO 食物摄入记录 (用户名, 食物名称, 日期, 摄入量)
VALUES ('zhangsan', '菠菜', '2023-10-23 18:00:00', 100.0);
--插入第五条数据
INSERT INTO 食物摄入记录 (用户名, 食物名称, 日期, 摄入量)
VALUES ('zhangsan', '鸡胸肉', '2023-10-23 18:00:00', 250.0);
```

10.2　用户权限设置

根据系统的功能，可以对不同用户设置不同的权限，分别是具有所有权限的管理员admin、普通用户（对三个表拥有只读权限）、食物添加管理员（对食物表拥有修改权限）。

首先，需要使用以下 SQL 语句创建三个用户：

```
--创建管理员用户,用户名是 admin,密码是 123456
CREATE USER 'admin'@'localhost' IDENTIFIED BY '123456';
--创建普通用户(只读权限),用户名是 readonly_user,密码是 user123
CREATE USER 'readonly_user'@'localhost' IDENTIFIED BY 'user123';
--创建食物添加管理员用户,用户名是 food_admin,密码是 food123
CREATE USER 'food_admin'@'localhost' IDENTIFIED BY 'food123 ';
```

接着，使用以下语句来进行用户授权，这里假设数据库名是 food_db：

```
--为管理员用户授予所有权限
GRANT ALL PRIVILEGES ON food_db.* TO 'admin'@'localhost';
--为普通用户授予三个表的只读权限
GRANT SELECT ON food_db.用户表 TO 'readonly_user'@'localhost';
GRANT SELECT ON food_db.食物表 TO 'readonly_user'@'localhost';
GRANT SELECT ON food_db.摄入表 TO 'readonly_user'@'localhost';
--为食物添加管理员用户,授予对食物表的修改权限(包括插入、更新和删除)
GRANT INSERT, UPDATE, DELETE ON food_db.食物表 TO 'food_admin'@'localhost';
--如果食物添加管理员也需要查看食物表,可以额外授予 SELECT 权限
GRANT SELECT ON food_db.食物表 TO 'food_admin'@'localhost';
--刷新权限,使更改生效
FLUSH PRIVILEGES;
```

10.3　存储过程设计

通过前面章节的学习可以知道，存储过程是一组为了完成特定功能的 SQL 语句集，它存储在数据库中，可以被用户调用。存储过程的设计带来了诸多好处，如提高性能、增强安

全性、简化复杂操作、促进代码重用以及优化网络传输等。由于 VR 全息膳食系统中根据每餐膳食搭配计算出当前搭配的营养成分是一个很常用的功能，可以设计成一个存储过程来反复调用。存储过程的实现如下：

```
DELIMITER //
CREATE PROCEDURE Calculate Nutrition(
    IN diet_list VARCHAR(255),          --膳食搭配列表,食物名称之间用逗号分隔
    OUT total_calories FLOAT,           --总热量
    OUT total_protein FLOAT,            --总蛋白质
    OUT total_vitamin_a FLOAT,          --总维生素 A
    OUT total_carbohydrates FLOAT,      --总碳水化合物
    OUT total_fat FLOAT                 --总脂肪
)
BEGIN
    --声明变量
    DECLARE done INT DEFAULT FALSE;
    DECLARE food_name VARCHAR(90);
    DECLARE cur CURSOR FOR
        SELECT food_name FROM 食物表 WHERE FIND_IN_SET(food_name, diet_list);
    DECLARE CONTINUE HANDLER FOR NOT FOUND SET done =TRUE;
    --初始化输出参数
    SET total_calories =0;
    SET total_protein =0;
    SET total_vitamin_a =0;
    SET total_carbohydrates =0;
    SET total_fat =0;
    --打开游标
    OPEN cur;
    --循环处理每个食物
    read_loop: LOOP
        FETCH cur INTO food_name;
        IF done THEN
            LEAVE read_loop;
        END IF;
        --计算每种食物的营养摄入量并累加到总和中
        SELECT
            SUM(热量) INTO @ food_calories,
            SUM(蛋白质) INTO @ food_protein,
            SUM(维生素 A) INTO @ food_vitamin_a,
            SUM(碳水化合物) INTO @ food_carbohydrates,
            SUM(脂肪) INTO @ food_fat
        FROM 用户表
        WHERE 食物名称 =food_name;
        SET total_calories =total_calories +@food_calories;
        SET total_protein =total_protein +@food_protein;
```

```
        SET total_vitamin_a =total_vitamin_a +  @food_vitamin_a;
        SET total_carbohydrates =total_carbohydrates +  @food_carbohydrates;
        SET total_fat =total_fat +  @food_fat;
    END LOOP;
    --关闭游标
    CLOSE cur;
END //
DELIMITER ;
```

由于 MySQL 存储过程不能直接接收一个列表，所以该存储过程接收一个用逗号分隔的食物名称列表(程序里的变量 diet_list)，并输出总热量、总蛋白质、总维生素 A、总碳水化合物和总脂肪的值。过程首先声明游标以遍历食物列表。这里用到了一个 MySQL 的函数 FIND_IN_SET，它用于在一个以逗号分隔的字符串列表中查找一个字符串的位置。如果找到了该字符串，则返回它在列表中的位置(从 1 开始计数)；如果没有找到，则返回 0。这个函数在处理包含多个值的字段时非常有用，尤其是当这些值被存储为单个字符串(用逗号分隔)时。然后针对每种食物，从用户表中检索其营养成分并累加到总和中。通过循环处理每种食物，并使用局部变量存储中间结果，最终得到营养成分的总和，并通过输出参数返回这些值。此存储过程利用了 MySQL 的游标和条件处理程序来管理循环和错误处理。

10.4 日志管理

为了更好地记录和跟踪数据库错误，现根据第 8 章错误日志设置和查看的相关内容为 VR 全息膳食系统设置 MySQL 错误日志。

(1) 打开配置文件。使用文本编辑器(如记事本、Notepad＋＋、Visual Studio Code 等)打开 MySQL 配置文件 my. ini。

(2) 设置错误日志路径和级别。在配置文件中，找到[mysqld]部分。如果 log-error 配置项已经存在，可以直接修改它的值来指定新的日志文件路径。

如果 log-error 配置项不存在，则需要在[mysqld]部分下方添加一行，如 log-error＝D:/path/to/your/error. log。

在 MySQL 的配置文件中，用于设置日志级别的配置项是 log_error_verbosity。这个配置项决定了错误日志中记录的详细程度。本系统只记录错误日志，所以将 log_error_verbosity 设置为 1。

(3) 保存并关闭 my. ini 文件。

(4) 重启 MySQL。

10.5 数据库备份与恢复

某个系统的数据备份应该根据需求和系统运行情况来确定备份的策略，由于用户表、食物表的内容相对固定，定期进行全部备份即可，摄入表每天都有更新，使用定时增量备份策略。除了制定备份策略，还需要制订详细的备份恢复计划，计划应包括恢复步骤、所需资源、预期恢复时间和责任分配等信息。

一般来说，最佳的备份时间应该选择系统用户使用相对较少的时间段，如深夜或早晨，因为这些时候系统负载相对较低，备份对用户使用影响较小。

可以使用 mysqldump 进行用户表、食物表的全量备份。具体操作步骤可以参考第 8 章。

MySQL 的增量备份依赖二进制日志。具体的步骤如下。

1. 启用二进制日志

要启用二进制日志，需要在 MySQL 配置文件（如 my.cnf 或 my.ini）中添加或修改以下参数：

```
log-bin=mysql-bin(指定二进制日志的文件名前缀)
server-id=1(指定 MySQL 实例的唯一标识)
```

修改配置后，需要重启 MySQL 服务以应用更改。

2. 创建备份用户

创建用户 backup，并完成授权。

```
CREATE USER 'backup'@'localhost' IDENTIFIED BY '123456';
GRANT REPLICATION CLIENT, REPLICATION SLAVE, PROCESS, SUPER, RELOAD ON *.*
TO 'backup'@'localhost';
```

3. 执行增量备份

首先，记录当前二进制日志的文件名和位置（在首次全量备份后）。然后，使用 mysqlbinlog 指定时间范围或上次备份结束的二进制日志位置来生成增量备份文件。命令如下：

```
mysqlbinlog --start-datetime='YYYY-MM-DD HH:MM:SS'
--stop-datetime='YYYY-MM-DD HH:MM:SS' --start-position=[上次备份结束的位置]
mysql-bin.000001 >incr_backup_YYYY-MM-DD.sql
```

如果需要设置定时备份，可以使用 Linux 的 cron 或 Windows 的任务计划程序来设置定时任务以达到目标。

数据库恢复的步骤可参考 8.2.2 小节，这里不再赘述。

10.6 程序实现 MySQL 数据库连接和操作

本章介绍的 VR 全息膳食管理系统使用 Unity 3D 进行开发，编程语言使用的是 C#。

在客户端与数据库交互的架构中，有两种常见的模式：一种是客户端直接连接数据库进行操作，另一种是前端通过请求后端的接口，后端接口再与数据库进行连接。这两种架构各有其优缺点，下面将分别进行介绍。

1. 客户端直接连接数据库进行操作

1）优点

- 速度快：直接连接数据库可以避免中间层转化，减少了网络传输时间和资源消耗，因此速度更快。
- 精度高：直接连接数据库可以获取更原始、更真实的数据，避免了中间层可能出现的误差。
- 灵活性强：通过编写 SQL 语句可以自由控制需要获取的数据内容和格式。
- 可扩展性好：如果需要增加新的数据源，只需要修改 SQL 语句即可。

2）缺点

- 安全性问题：数据库通常包含敏感和私密的信息，如果客户端能够直接访问数据库，那么攻击者就可以利用客户端代码中的漏洞，通过伪造请求或注入恶意代码等手段，轻易获取数据库中的敏感信息。
- 性能问题：客户端直接连接数据库会增加网络负担，降低系统的响应速度。此外，频繁地连接和释放也会浪费资源，影响系统性能。
- 可维护性差：如果数据库的结构或访问方式发生变化，就需要对客户端代码进行大量修改和测试，这无疑增加了开发成本和风险。
- 硬编码问题：在客户端代码中直接编写数据库连接和 SQL 语句，会导致代码难以维护和更新。

2. 后端接口与数据库进行连接

1）优点

- 安全性高：后端接口可以实施严格的安全控制，如身份验证、授权、数据加密等，从而保护数据库中的敏感信息不被未经授权的用户访问。
- 性能优化：后端服务可以根据业务需求进行灵活扩展和优化，如使用缓存、负载均衡等技术提高系统性能。前端则无须关心这些细节，只需关注用户界面的展示和交互即可。
- 易于维护：前端和后端可以独立开发和测试，提高了开发效率。同时，后端接口通常采用统一的 API 设计规范（如 RESTful API），使前端调用更加简单明了。
- 扩展性强：通过后端接口，可以轻松集成其他数据源或服务，实现系统的快速扩展。

2）缺点

- 网络延迟：前端与后端之间需要进行网络通信，可能会产生一定的网络延迟。
- 依赖后端服务：前端需要依赖后端服务来获取数据，如果后端服务出现故障或性能瓶颈，会直接影响前端的使用体验。
- 学习成本：需要学习和掌握后端开发技术和 API 设计规范，增加了开发者的学习成本。

两种架构各有其优缺点，选择哪种架构取决于项目的具体需求、团队的技术能力和目标平台等因素。在实际开发中，可以根据项目的实际情况进行综合评估，选择最适合的架构模式。

本章的 VR 全息膳食管理系统使用的是前端直接连接 MySQL 数据库的方式。由于本项目采用的是 C# 语言进行开发，所以按照 C# 连接 MySQL 的方式来实现即可。

以下是 C# 连接 MySQL 数据库的步骤。

1. 下载和安装 MySQL Connector/NET

前往 MySQL 官方网站下载与 MySQL 服务器版本兼容的 Connector/NET。

2. 安装 Connector/NET

安装时确保记住安装位置，因为稍后需要在 C# 项目中引用它。

3. 创建 C# 项目并添加引用

1）创建新项目

打开 Visual Studio 或其他 C# 开发环境，创建一个新项目。

2）添加引用

在项目中，右击“引用”或“依赖项”，选择“添加引用”。浏览之前安装 Connector/NET 的位置，并添加 MySql.Data.dll 或类似的文件作为引用。

4. 编写代码以建立连接

1）导入必要的命名空间

```
using MySql.Data.MySqlClient;
```

2）定义连接字符串

连接字符串包含了连接 MySQL 数据库所需的所有信息，如服务器地址、端口、数据库名、用户名和密码等，代码如下：

```
string connectionString =
"server = localhost; port = 3306; database = mydatabase; user = myuser; password =
mypassword;";
```

其中，下面这些参数需要根据实际情况替换：

- server 表示 MySQL 服务器地址(可以是 IP 地址或主机名)；
- port 表示 MySQL 服务器端口(默认为 3306)；
- database 表示要连接的数据库名；
- user 表示用于连接的用户名；
- password 表示用户的密码。

3）创建连接对象并打开连接

```
MySqlConnection connection =new MySqlConnection(connectionString);
connection.Open();
```

这里使用 MySqlConnection 类创建一个新的连接对象，并通过调用 Open 方法打开连接。

4）执行 SQL 语句并获取结果

首先，创建一个 MySqlCommand 对象执行 SQL 语句。接着使用 ExecuteReader、ExecuteNonQuery 或 ExecuteScalar 等方法执行 SQL 语句并获取结果，代码如下：

```
string sql ="SELECT * FROM mytable";
MySqlCommand command =new MySqlCommand(sql, connection);
MySqlDataReader reader =command.ExecuteReader();
```

```
while (reader.Read())
{
    //读取和处理数据
    int id =reader.GetInt32(0);
    string name =reader.GetString(1);
    //...
}
reader.Close();
```

5）关闭连接

使用完连接后，务必关闭它以释放资源。

```
connection.Close();
```

或者，可以使用 using 语句确保连接在使用后被正确关闭，即使在发生异常时也是如此，代码如下：

```
using (MySqlConnection connection =new MySqlConnection(connectionString))
{
    connection.Open();
    //……执行 SQL 语句等……
}   //在这里，连接将自动关闭
```

下面给出一个代码片段，统计了用户 zhangsan 在 2023-10-23 这天摄入的总热量：

```
using System;
using System.Data;
using System.Data.SqlClient;

class Program
{
    static void Main()
    {
         string connectionString ="Server=localhost;Database=vr;User Id=root;
Password=123456;"; //需要根据数据库的参数做适当修改
        string query =@ "
            SELECT SUM(f. 热量 * ir. 摄入量) AS TotalCalories FROM 摄入表 ir JOIN 食物
            表 f ON ir. 食物名称 =f. 食物名称 JOIN 用户表 u ON ir. 用户名 =u. 用户名 WHERE
            u. 用户名 ='zhangsan' AND CAST(ir. 日期 AS DATE) ='2023-10-23';";
        using (SqlConnection connection =new
        SqlConnection(connectionString))
        {
            SqlCommand command =new SqlCommand(query, connection);
            try
            {
                connection.Open();
                object result =command.ExecuteScalar(); //执行查询并返回结果集中的
                                                        //第一行的第一列
```

```
                if (result ! =null && result ! =DBNull.Value)
                {
                    doubletotalCalories =Convert.ToDouble(result);
                    Console.WriteLine("用户张三一天摄入的总热量为: " + totalCalories +
" 千卡");
                }
                else
                {
                    Console.WriteLine("没有找到用户张三一天内的摄入记录");
                }
            }
            catch (SqlException ex)
            {
                    Console.WriteLine("数据库查询发生错误: " + ex.Message);
            }
        }
        Console.ReadLine(); //等待用户按键以继续
    }
}
```

使用 Python 连接 MySQL

10.7 实战演练

根据本章介绍的 VR 全息膳食管理系统的相关功能，请读者尝试自行进行概要结构设计、逻辑结构设计和物理结构设计。

本章小结

本章通过综合案例展示了如何根据需求分析进行系统的数据库设计。同时，在完成数据库设计以后，结合 MySQL 实现了 VR 全息膳食管理系统的数据存储。首先对系统功能进行详细分析，明确了用户信息管理、膳食推荐、营养分析和系统维护等核心功能模块。然后通过 E-R 图和关系模式设计，完成了系统的逻辑结构设计，并基于 MySQL 完成了物理结构设计，创建了用户表、食物表和摄入表。此外，本章还介绍了针对该系统的用户权限设计、存储过程设计、日志管理、数据库备份与恢复、程序连接 MySQL 数据库等内容。本章内容帮助读者将前九章的理论知识应用于实际项目开发，提升其对关系型数据库应用的综合理解。

参考文献

[1] 王珊,萨师煊. 数据库系统概论[M]. 5 版. 北京:高等教育出版社,2014.

[2] 教育部考试中心. MySQL 数据库程序设计(2020 版)[M]. 北京:高等教育出版社,2020.

[3] 明日科技. MySQL 从入门到精通[M]. 3 版. 北京:清华大学出版社,2023.

[4] 张方兴. 精讲 MySQL 复杂查询[M]. 北京:清华大学出版社,2023.

[5] 姚远. MySQL 8.0 运维与优化[M]. 北京:清华大学出版社,2022.

[6] 李辉. 数据库系统原理及 MySQL 应用教程[M]. 2 版. 北京:机械工业出版社,2022.

[7] SILBERSCHATZ A Z,KORTH H,SUDARSHANL S. Database System Concepts[M]. 6th ed. McGraw-Hill,2022.

[8] 刘华贞. 精通 MySQL 8[M]. 北京:清华大学出版社,2019.